ウズウズカレッジ資格

基礎からわかる！

CCNA

200-301 対応

最短合格講義

ウズウズカレッジ 編

河合大輔／浦川晃 執筆

実務教育出版

はじめに

「CCNAの取得なんて簡単！　さっさと合格しちゃいなよ！」

先輩エンジニアからこんなことを言われてプレッシャーを感じていませんか？少しでもCCNA試験について調べたことがある人ならわかってもらえると思うのですが「そんなに簡単じゃないよ！」と言いたくなりますよね。でも、本書を読み進めてもらえばきっと「意外とできるかも！」と思ってもらえるはずです。

ウズウズカレッジの受講生はこれまでに５万人を超え、動画教材は受講生から最高レベルの評価を受けベストセラーにもなっています。個人ユーザーだけでなく企業研修や公共事業でも多くの実績があり、IT分野の大企業にも新入社員研修の教材として活用されています。

ところで、皆さんはこんな悩みを抱えていませんか？

「会社からCCNAを取得しろと言われたけど、勉強が進まず先送りしてしまう。」

「いろいろな参考書を買ったが内容が難しくて、継続できなかった。」

そんな悩みを持つ方々のために、５万人が学習する教材を作成したウズウズカレッジが本書を制作しました。

何をどの順番で学ぶかによって、学習の効果・効率は大きく変わります。ネットで検索したりＡＩに質問をしたりすれば多くの情報を得ることができますが、いずれも初学者にとってはかなり効率の悪い学習方法です。

さらに、2023年８月現在、CCNA試験の受験料は税込42,900円とかなり高額になっています。お試し受験も簡単にできない状況で、皆さんはCCNA試験に臨むことになるのです。ですから、一夜漬けの勉強や丸暗記などで試験を突破しようなんて思わないでください。

本書を前から順番に読んでいけば、ネットワーク技術の基本的・本質的な内容が自然と理解できるようになっています。また、５万人の受講生から集まった質問を分析して、学習者がつまずきやすいポイントを抽出し、解説に落とし込んでいます。「私もちょうど同じことを疑問に思っていた！」と思うような箇所がたくさんあるはずです。

本書と一緒にネットワーク技術の学習をスタートし、CCNA試験の受験準備をしましょう！

2023年8月　ウズウズカレッジ

本書の使い方

▷STEP

STEP 1 入門編、STEP 2 基礎編、STEP 3 標準編で構成され、レベルごとに丁寧に解説します。

▷ポイント

各テーマのポイントを簡潔に示しています。

▷重要度

本書では各テーマを次の重要度で分類しています。

∞　：大前提となる内容で、当たり前すぎて試験では問われにくい。
★★★　：とてもよく出題されている内容で、かなり重要。
★★　：よく出題される内容で、重要。
★　：本書では優先度が低い内容で、余裕があれば押さえる。

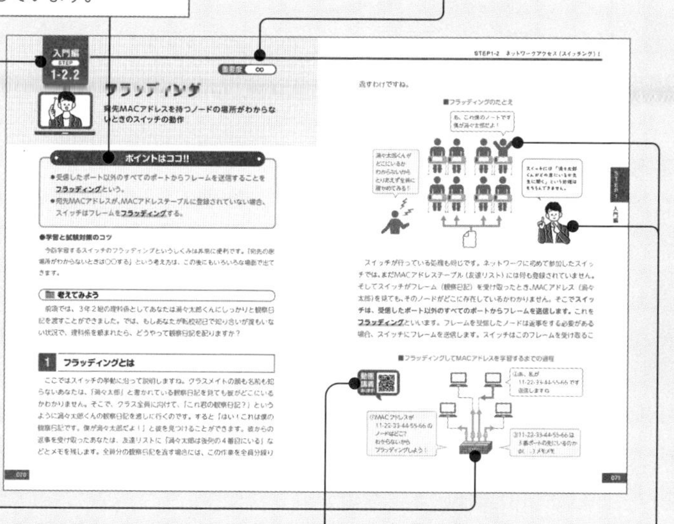

▷動画講義

知識ゼロの学習者が、書籍では理解しにくい学習項目を容易に理解できるようにQRコードから動画解説を視聴することができます。

▷イラストと補足説明

イメージがつかみやすいイラストや補足説明も豊富に掲載しています。

▷ネットワーク機器の表記

本書では主なネットワーク機器のデザインや表記を次のように記しています。

本文での表記	ルータ	スイッチなど	レイヤ3スイッチなど	サーバ
図版での表記	RT	SW	L3 SW	SV

本書の特長と学習の進め方

CCNA試験（200-301）の出題範囲は、大きく以下の６つの分野に分かれています。また各分野で出題割合が違い、前半の３分野だけで65%を占めています。つまりそれだけ重要な分野ということです。

1. **ネットワーク基礎**（Network fundamentals）**20%**
2. **ネットワークアクセス**（Network access）**20%**
3. **IPコネクティビティ**（IP connectivity）**25%**
4. **IPサービス**（IP services）**10%**
5. **セキュリティ基礎**（Security fundamentals）**15%**
6. **自動化とプログラマビリティ**（Automation and programmability）**10%**

▶類書との違い

CCNA試験の参考書の多くは、基本的に上記の１～６の分野の並びに沿って解説がなされています。たとえば多くの入門書では、１のネットワーク基礎分野のやさしい学習内容から解説している書籍が多いですが、全６分野について網羅的に解説しているものは多くなく、また受験可能なレベルまで学習することもできません。一方、技術書系の書籍では全分野を網羅的に解説しており、受験可能レベルの知識を得ることができますが、入門書ほどかみくだいた解説が少なく、知識ゼロの状態から独学で読み進めることが難しくなっています。

本書は**「知識ゼロの人が、本書を読み終えた後は、独学で学び続けられる状態になる」**ことをめざして制作されています。類書との比較を表にすると次のようになります。

	入門書	本書	技術書
知識ゼロからでも読み進められるか	○	○	△
受験可能なレベルまで学習できるか	×	△	○
出題範囲を網羅しているか	×	○	○

▶学習のプロセスに注目した構成

CCNA試験に関する書籍の多くでは１～６の分野の並びに沿って解説がなされています。この学習の順番だと、１章でネットワーク基礎分野を学習し切ることになるので、学習の初期段階で、まだ学習する必要のない項目まで学習することになります。

■類書との構成比較

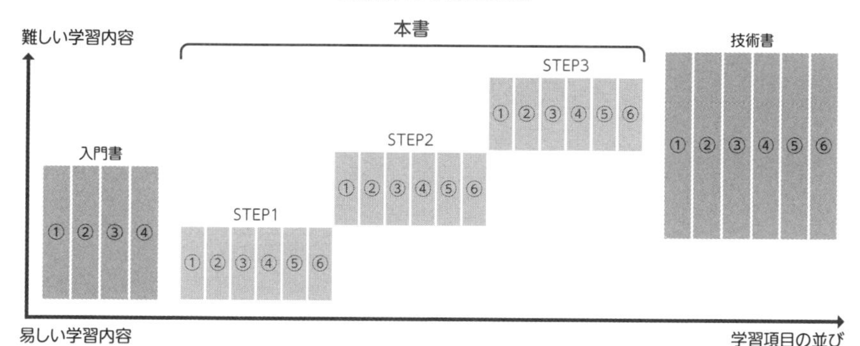

CCNAの出題分野　①ネットワーク基礎　②ネットワークアクセス　③IPコネクティビティ　④IPサービス　⑤セキュリティ基礎　⑥自動化

本書はちょうど中学校の数学のカリキュラムのように、各分野を少しずつ積み重ねながら学習できるようになっています。たとえば、中学校の数学では同じ関数の分野でも、y=ax（比例）を中1で、y=ax+b（一次関数）を中2で、$y=ax^2$（二次関数）を中3で学習します。他の分野とも関連させながら段階的に学習を積み重ねられるようになっていますよね。本書でも1～6の学習分野の関係性を考慮して学習の順番を設計しています。**本書を最初から順番に読み進めていくことで、少しずつ着実に知識を積み重ねられるようになっています。**

▶動画講義で理解をフォロー

書籍では理解するのが難しいところや、過去の受験生の多くがつまずいているところなどには、無料の動画講義がついています。動画で解説を見ながら、理解を深めていきましょう。

▶問題演習は、登録不要・無料の「ウズカレテスト」で

ウズウズカレッジの問題演習サイト「ウズカレテスト」では、CCNAに関する基本問題や試験想定問題に無料で取り組むことができます。登録不要でも利用できますが、アカウントを作成すると学習履歴を残すことができるようになります。ぜひご活用ください。

CONTENTS

基礎からわかる！CCNA最短合格講義

入門編

STEP 1-1 ▷ ネットワーク基礎Ⅰ

STEP 1-2 ▷ ネットワークアクセス（スイッチング）Ⅰ

STEP 1-3 ▷ IPコネクティビティ（ルーティング）Ⅰ

STEP 1-4 ▷ IPサービスⅠ

STEP 1-5 ▷ セキュリティ基礎Ⅰ

STEP 1-6 ▷ 自動化とプログラマビリティⅠ

STEP 1-補講 ▷ ルータの操作方法

基礎編

STEP 2-1 ▷ ネットワーク基礎Ⅱ

STEP 2-2 ▷ ネットワークアクセス（スイッチング）Ⅱ

STEP 2-3 ▷ IPコネクティビティ（ルーティング）Ⅱ

STEP 2-4 ▷ IPサービスⅡ

STEP 2-5 ▷ セキュリティ基礎Ⅱ

STEP 2-6 ▷ 自動化とプログラマビリティⅡ

標準編

STEP 3-1 ▷ ネットワーク基礎Ⅲ

STEP 3-2 ▷ ネットワークアクセス（スイッチング）Ⅲ

STEP 3-3 ▷ IPコネクティビティ（ルーティング）Ⅲ

CCNA試験の概要

▶CCNAとはシスコシステムズ社が実施する権威ある資格

CCNA（正式名称:Cisco Certified Network Associate）とは、ネットワーク関連機器の世界最大手といわれるシスコシステムズ社が実施している資格試験（シスコ技術者認定）の1つです。2021年の日本国内ネットワーク機器市場シェアの第1位はシスコで48.1%です。**世界基準で認定される資格**のため、知識や技術を世界的に証明できます。

▶シスコ技術者認定には5つの資格レベルがある

現在、シスコ技術者認定には入門レベルのCCTから技術を極めたレベルであるCCArまで、全部で5つの段階があります。CCNA試験は入門の次の初級レベルという位置づけになっています。

■シスコ技術者認定試験の種類

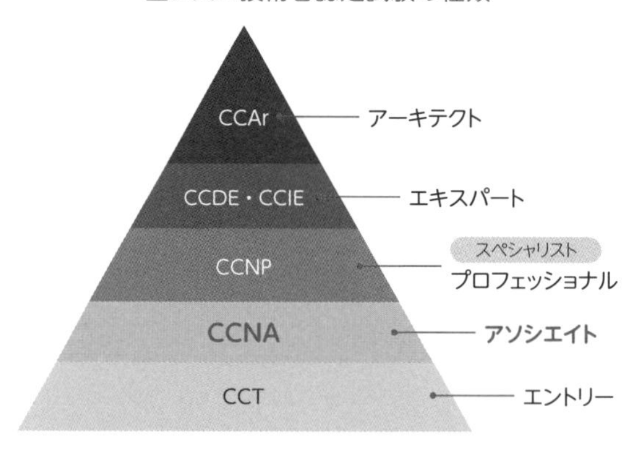

本書はネットワークに関する知識がゼロの読者を対象としていますが、資格としては入門レベルのCCTではなく、初級レベルのCCNA試験の学習をサポートしています。その理由は、IT業界未経験者がインフラエンジニアになるには、CCTよりも**CCNAのほうが企業に評価されやすい**からです。弊社のITスクール「ウズウズカレッジ」では、今までに数多くのIT業界未経験者をインフラエンジニアとして世に送り出してきました。その学習のノウハウを詰め込んだのが本書です。皆さんがただ単に資格試験に合格するだけでなく、インフラエンジニアとしてIT

業界で活躍することを願って制作されたのが本書です。

▶CCNA試験の難易度と学習時間の目安

IT系の資格でCCNA試験と同等の難易度といわれているものに基本情報技術者試験があります。CCNA試験の合格率は非公表ですが、基本情報技術者試験（2023年度以前の試験）の**合格率は25〜35％**となっています。なお、CCNA試験よりもグレードが低いといわれている試験には、前述のCCTやLinuCレベル１、LPICレベル１などがあります。

CCNA取得までの必要となる勉強時間の目安は、IT業界未経験者か経験者かで大きく変わります。ネットワークに関する知識や経験がない初心者の場合は、一から学習しなければなりません。そのため、一般的には問題演習の時間も含めて、**160時間程度の学習時間が必要**だと考えられます。弊社のITスクールの受講生は、IT業界未経験かつ仕事と並行しながらの学習で、**平均３か月程度でCCNA試験に合格**しています。

IT業界で働いた経験が多少ある人は、ある程度の勉強時間を短縮できるでしょう。本書であればSTEP1程度の知識はすでに持っているかもしれません。しかし、CCNA試験の全体像まで把握できている人は少ないでしょうから、100時間程度の学習が必要と考えられます。

▶受験資格、申し込み方法、受験料

シスコ認定試験を受験するには、18歳以上であるか18歳未満の場合は保護者の承諾が必要になります。しかし、年齢制限以外に特に**受験資格は必要ありません**。CCNA試験の受験では前段階の資格であるCCTの取得も不要です。皆さんの努力次第で、ネットワークの世界で評価の高い資格をいつでも取得できるのです。

申し込みは、試験配信の委託先となっている**ピアソンVUE**にて行います。その後、全国にある指定の受験会場または自宅で試験を受けます。平日や土日の受験が可能ですが、会場によって試験可能日が変わるので、あらかじめ確認しておきましょう。2023年７月時点で**受験料は税込42,900円**です。

▶試験形式、合否判定、資格の有効期限

試験は**CBT（Computer Based Testing）形式**で行われます。CBT形式とは、

コンピュータを使用して行われる試験の形式で、受験者は紙と鉛筆を使用せずに、コンピュータ上で試験を受けます。試験の問題がコンピュータの画面に表示され、受験者はキーボードやマウスを使って回答を入力します。試験の時間制限や試験規則も、コンピュータ上で管理されます。

CCNA試験は、**試験時間は120分で、問題数は103問程度**です。すべての問題に解答するとその場で合否が表示されます。なお、CCNA試験の合格点は公表されておらず、受験後の合否結果でも自分の得点を確認することはできません。

晴れてCCNA試験に**合格すると３年間認定が有効**になります。更新（再認定）の方法は複数ありますが、主な方法は、CCNA試験を３年以内に再受験して合格するか、CCNAよりも上位の資格を取得することです。

▶出題範囲と出題形式

CCNA試験の詳しい出題範囲と出題形式はシスコ公式サイトを参照してください。英語ですが動画での試験チュートリアルなども視聴することができます。出題範囲についてはこの後の項目でも説明します。なお、本書はこの出題範囲をもとにして、皆さんがより学習しやすいように項目を再構成しています。

▶CCNA試験やネットワークエンジニアについてもっと知る

ウズウズカレッジのWebサイト（ウズカレマガジン）ではCCNA試験に関する情報やネットワークエンジニアに関するさまざまな情報を確認することができます。ぜひご活用ください。

入門編

STEP 1-1

ネットワーク基礎Ⅰ

この章では、出題割合の20%を占める重要項目であるネットワーク基礎分野について、その入門知識を学習していきます。

最初にネットワークコンポーネントの役割について学習します。コンポーネントとは構成要素のことで、コンピュータネットワークではどんな機器が相互に接続されて稼働しているのかを確認していきます。

次にネットワークトポロジとアーキテクチャの特徴について学習します。トポロジとはもともと幾何学という意味で、ネットワークの世界ではネットワークの形を意味しています。また、アーキテクチャはもともと構造、建築という意味です。建物にもいろいろな構造があるようにコンピュータネットワークにもさまざまな構造の種類があります。

最後にプロトコルについて学習します。プロトコルとはネットワークの世界での共通ルールのことです。プロトコルを学習することで、より具体的にネットワーク技術を理解できるようになります。

入門編 STEP 1-1.1

重要度 ∞

ネットワークの学習を始めよう!

そもそも「ネットワーク」って何だ!?

ポイントはココ!!

- ネットワークとは広い意味で「**つながり**」を意味する。
- 郵便や交通などと同じように、コンピュータの世界にもつながりのしくみがある。
- 相互に接続されたコンピュータ同士のつながりのことを**コンピュータネットワーク**と呼ぶ。
- コンピュータネットワークではデータを交換したり、処理を分担したりできる。

考えてみよう

これからネットワークについて学習していきます。まず、皆さんに1つだけ質問があります。「ネットワーク」と聞いたらどんなことをイメージしますか。少しだけでもいいので、本を閉じて考えてみてください。

1 ネットワークって何?

どんなイメージを持ちましたか。「ネットワーク」なので「インターネット」をイメージする人もいるでしょう。「メールを送る際に使うもの」と想像した人もいるかもしれません。もしかすると、人と人の交流や物流などを想像した人もいるかもしれませんね。皆さんが描いたイメージはどれも正解です。

その中で1点、皆さんの描いたイメージに共通する部分があります。それは「**つながっているイメージ**」です。つまり、ネットワークとは広い意味で「つながり」を意味するんですね。ネットワークには広い意味と狭い意味がありますが、まずは広い意味でネットワークとは「つながり」をさすとを知っておきましょう(狭い意味でのネットワークについてはSTEP1-1.4のレッスンで説明します)。

皆さんはこれからCCNA試験の学習を通して、コンピュータなどのデジタル機器がどのようにつながっているのかを学習していくことになります。今はまだ難しいイメージを持っているかもしれませんが、本書を読み進めているうちに、実はすごく当たり前のことを学んでいることに気がつくと思います。ハガキや郵便物はどのようにして相手まで届くのか、電車や飛行機を使って目的地までどうやってたどり着くのか、身近にあふれるこのような「つながりのしくみ」は、コンピュータ同士のつながりでも活用されているのです。

■電車や飛行機などの「つながりのしくみ」と似ている部分がたくさんある

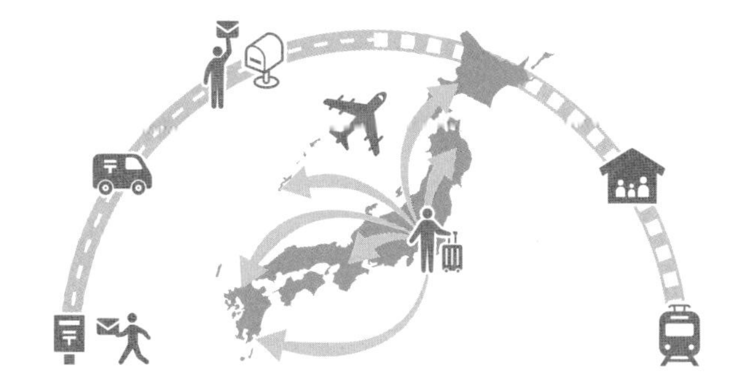

コンピュータの世界におけるネットワークではコンピュータ同士がケーブルでつながっていることによって、インターネットでWebサイトを閲覧したり、友達とメールのやり取りをしたりすることができます。このようにコンピュータ同士がつながって、データ通信などのやり取りができることを「**コンピュータネットワーク**」といいます。

現在では、コンピュータネットワークを利用することで、データを遠く離れている相手に届けることができるようになりました。これは、コンピュータネットワークを利用するメリットの1つですね。次のステップでは、コンピュータネットワークに代表される機器についてどんなものがあるか見ていきましょう。

入門編 STEP 1-1.2

重要度 ∞

スイッチ

「データを転送することに特化した機器」を利用して効率よくデータをやり取りをする

ポイントはココ!!

- 「データを転送することに特化した機器」のことを**スイッチ（Switch）**という。
- スイッチは、ケーブルを集める機器（**集線機器**）とも呼ばれる。
- ケーブルの差し込み口のことを**インターフェース（interface）**や、**ポート（port）**と呼ぶ。

考えてみよう

ケーブルで機器をつなぐことができるようになると、たとえば以下の図のようにコンピュータを複数台つなぐこともできますね。しかし、このような接続方法は実際にはほとんど使われません。なぜでしょうか。

■こんな機器の接続のしかたはない!?

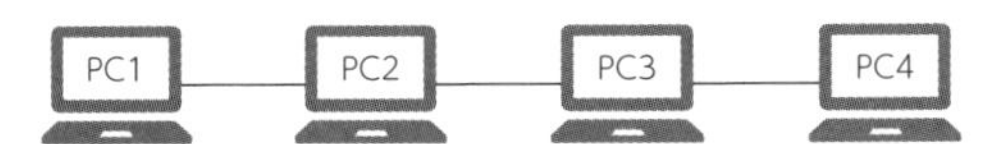

1 スイッチとは

上の図のようなネットワークは、データをやり取りするうえで効率が悪くなります。パソコン１からパソコン４にメールを送ろうとすると、パソコン２とパソコン３にも手伝ってもらわないといけません。もしもパソコン２がとても大変な作業をしていて余力がない場合には、パソコン１からパソコン４にメールは届かなくなってしまいます。

各パソコンはそれぞれに大事な仕事（資料を作ったり、映画を流したり）があるはずですので、他のパソコンのためにデータを転送していると、自分の作業効率が落ちてしまいます。

　ではどうすれば各パソコンに負担をかけることなく、効率よくデータを転送できるでしょうか。「データを転送することに特化した機器」を用意すればいいのです。

■スイッチはデータを転送することに特化した機器

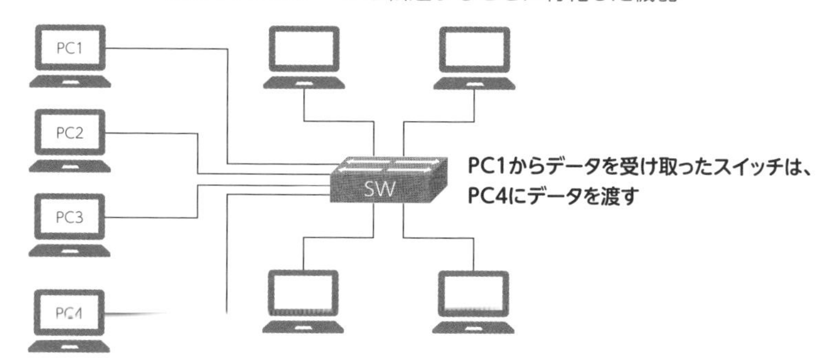

「データを転送することに特化した機器」を使えば、パソコン1は「このデータをパソコン4に送っておいてね」とデータを渡すだけです。あとはこの機器がパソコン4にデータを届けてくれます。これでパソコン2には負担がかかりませんね。

　このように、「データを転送することに特化した機器」のことを**スイッチ（Switch）**といいます。または「ケーブルを集める機器（**集線機器**）」とも表現されます。複数のコンピュータなどを接続する場合は、このスイッチを使います。スイッチを利用することでたくさんの機器を相互に接続することができます。

■スイッチにコンピュータが接続されている例

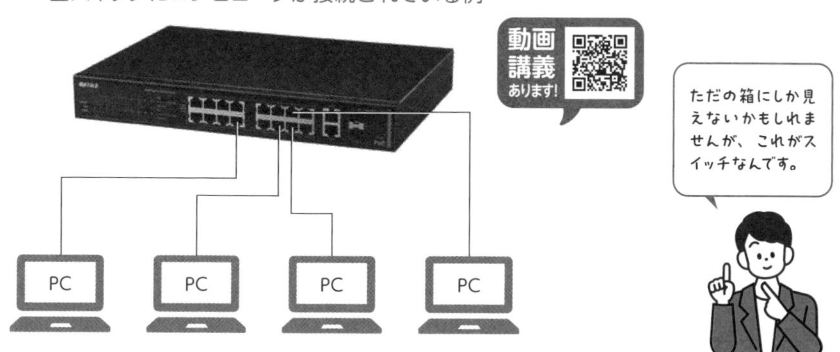

動画講義あります！

ただの箱にしか見えないかもしれませんが、これがスイッチなんです。

前ページの図が実際のスイッチの例です。いくつも穴が空いていますが、この穴にケーブルを差し込んで機器を接続します。この穴は**インターフェース(interface)**や、**ポート（port）**と呼ばれます。ITの分野ではいろいろな場面で、この「インターフェース」や「ポート」という言葉が出てきますので、注意していきましょう。

ポートにはインターフェース名が割り振られています。よく見かけるのは「Fa0/1」や「Gi0/0」などです。機器によっては「Gi1/0/1」のようなものもあります。詳細な説明は割愛しますが、ここでは「Fa0/1」などの文字がインターフェース名を表しているということを覚えておいてください。

Column 「Fa」や「Gi」って何を表しているの？

ネットワーク機器の各ポートは対応している通信速度が決まっています。１秒間に送信できるデータ量を表す単位にbps(bits per second)があります。たとえばEthernet（イーサネット）という規格だと10Mbpsの通信速度でデータを転送できます。スイッチのポートがEthernet規格に対応していて「0/1」という番号を与えられている場合、そのポートは「Ethernet0/1」というインターフェース名になります。省略して「E0/1」などと表記されることもあります。

FastEthernet（ファストイーサネット）規格は100Mbpsで通信できます。省略表記だと「Fa1/1」のように表記されます。FastEthernetはEthernetの10倍の速度でデータを転送できます。GigabitEthernet（ギガビットイーサーネット）規格は1000M（1G）bpsで通信できます。省略表記だと「Gi0/1/1」のように表記されます。

入門編
STEP
1-1.3

重要度 ∞

アクセスポイント

ケーブルではなく無線でデータを転送することに特化した機器

ポイントはココ!!

- **アクセスポイント（Access Point）**はスイッチと同様に、データを転送することに特化した機器だが、ケーブルではなく電波を利用して無線で機器を接続する。

●学習と試験対策のコツ

無線ネットワークのことを一般的にワイヤレスLAN（Wireless LAN、またはWLAN）と呼びます。なお、CCNA試験ではワイヤレスLANについても出題されますが、細かい暗記が中心になる項目なので、本書では割愛しています。

考えてみよう

スイッチという機器があることがわかったと思いますが、ここで疑問に思った方もいると思います。「我が家にはパソコンもプリンタもあるけど、スイッチなんて機器はないぞ……」と。確かに、一般的な家庭にスイッチはないでしょう。しかし、パソコンからプリンタにデータを転送したり、スマホの動画をテレビに映していたりしませんか？　その転送作業はどの機器が行っているのでしょうか。

1　アクセスポイントとは

スイッチはケーブルを集めてデータ転送をしていますが、ケーブルの代わりに電波を使って機器同士を無線接続することができる機器を**アクセスポイント（AP：Access Point）**といいます。

家庭やオフィスなどでは、ケーブルにつないで通信するだけでなく無線の電波を使って通信することも多くなりました。ケーブルの配線が不要であることから、家庭やオフィス内で自由に移動して利用できるノートパソコンやタブレットなどで多く利用されています。

■スイッチとアクセスポイントの比較

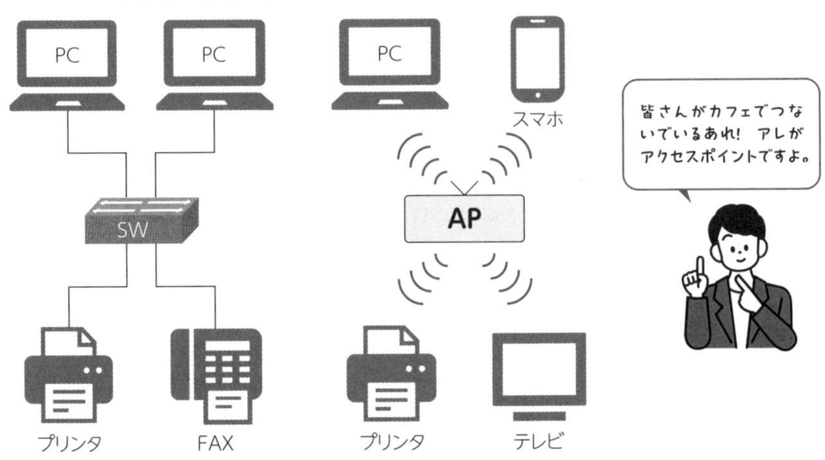

Column　WiFiとBluetoothの違いって何？

WiFiもBluetoothも無線通信技術の1つです。それぞれ規格が違い、用途に合わせて使い分けられます。通信距離はWiFiのほうが長く、通信速度もWiFiのほうが速くなっています。一方でBluetoothは消費電力が少ないため、ワイヤレスイヤホンなど、長時間使用するような機器で利用されています。

■無線通信（無線 LAN）

入門編
STEP
1-1.4

重要度 ∞

ルータ

ネットワークを分割し、ネットワーク同士を接続する機器

ポイントはココ!!

- ネットワークを分割することができる（エリア分けできる）機器を**ルータ（Router）**という。
- ルータとは**ネットワークとネットワークをつなぐ機器**である。
- ルータによって分けられたエリアのことを狭い意味でのネットワークという。
- スイッチはネットワークを分割することができない。
- スイッチに接続している機器はすべて、同じネットワークに属するとみなされる。
- ルータやスイッチは、「**ネットワーク機器**」と呼ばれる。

●学習と試験対策のコツ

CCNA試験では、ルータが具体的にどのようにネットワークとネットワークを結びつけるのか、そのしくみが詳しく出題されます。

ネットワーク間での通信のしくみ、つまりルータに関する学習項目は、CCNA試験の「IPコネクティビティ」という単元にあたり、この単元だけで出題比率の25%を占める最も重要な単元です。

考えてみよう

スイッチやアクセスポイントを利用することで、あなたのパソコンと、隣の席に座っている同僚のパソコンとの間で通信が可能になります。スイッチが中継役になってくれているのですね。しかし、スイッチだけを利用していると会社のネットワークは次のような状態になってしまいます。この図を見て、皆さんならどんなふうにネットワークを整理したいと考えますか。

■1つのスイッチにいろんな部署のコンピュータが接続されている様子

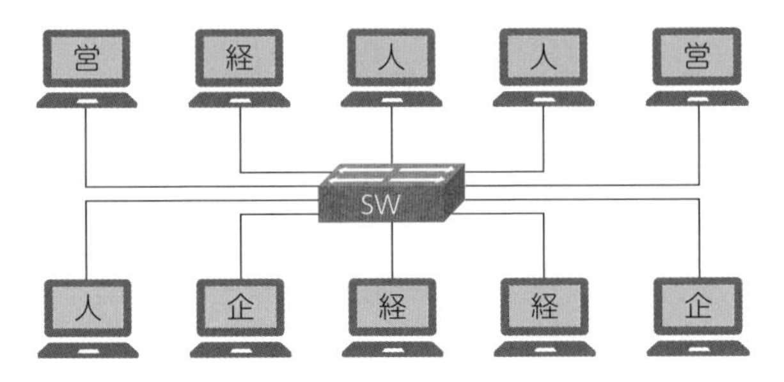

1 ルータとは

ネットワーク（つながり）を整理整頓するという点で、皆さんは次のように考えたのではないでしょうか。

■部署ごとにネットワークを分けたい

スイッチを利用することで、複数のパソコンなどの機器を接続できるようになりました。しかし実は、**スイッチはデータを届ける範囲を制御することができない機器**なのです（レイヤ３スイッチというスイッチであれば制御できます。STEP1-1.15で紹介します）。

たとえば、会社内には人事部や営業部といった複数の部署がありますね。ある人事部のパソコン１から同じ人事部の全員のパソコンデータを送りたい場合でも、スイッチに接続していると他の部署のパソコンにもデータが届いてしまうのです。

■スイッチはデータを届ける範囲を制御することができない

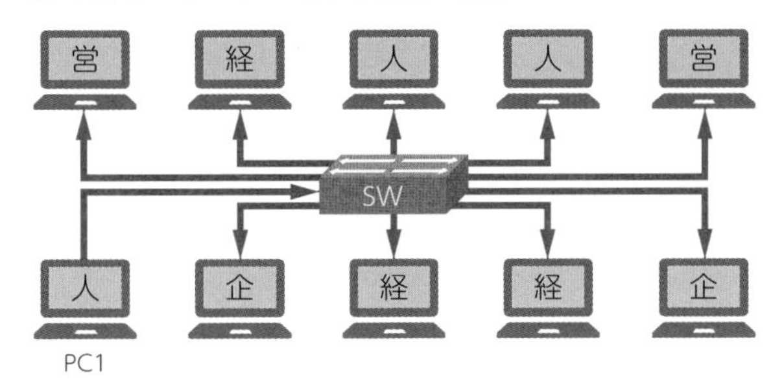

上の図が表しているのは、人事部のパソコン1から人事部のパソコンだけにデータを送りたい場合でも、他の部署のパソコンにもデータが届いてしまう状況です。このような問題を避けるためには部署単位で**エリア分けができる機器**が必要です。この機器のことを**ルータ（Router）**といいます。ネットワークを分割するということは、**「ネットワークとネットワークをつなぐ」**ということでもあります。ルータを利用すると以下の図のようにエリアを分けることができます。

■ルータを利用するとネットワークを分割することができる

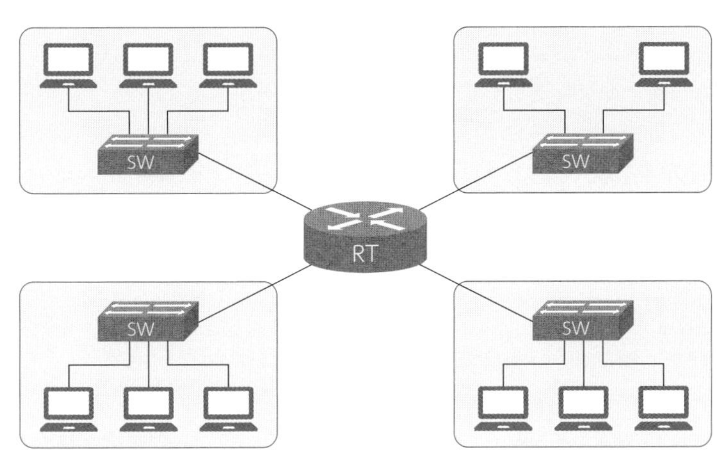

このように**ルータによって分けられたエリア**のことを**狭い意味でのネットワーク**といいます。みなさんが本書で学ぶネットワークとは、本書の冒頭でお伝えした広い意味での「つながり」ではなく、**狭い意味での「ルータによって分けられたエリア」**のことをさしますのでしっかりと理解しておきましょう。

■ルータはネットワーク間のデータ転送を制御できる

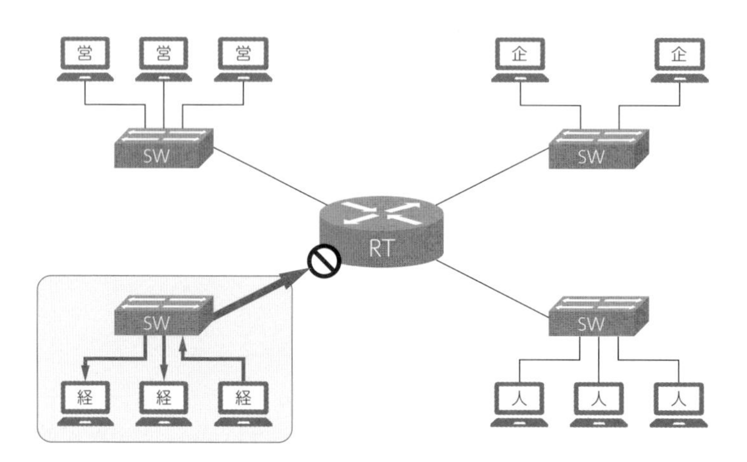

スイッチはネットワークを分割できない機器なので、逆にいうと**スイッチに接続している機器は同じネットワークに属している**と考えることができます。

たとえば、上の図の左下の経理部を見てみましょう。あるパソコンから経理部のネットワーク全体に通信が行われるとき、スイッチは前述したようにデータを届ける範囲を制御できないので、受信したポート以外の接続されているすべてのポートからデータを転送します。しかし今回はルータがあるので、経理部からのデータを受け取ったルータは「ここから先は経理部のネットワークではないから、データ転送はしないでおこう」と判断します。なお、スイッチやルータなどの機器のことを総称して**ネットワーク機器**といいます。

■コンピュータとスイッチ、ルータが接続されている様子

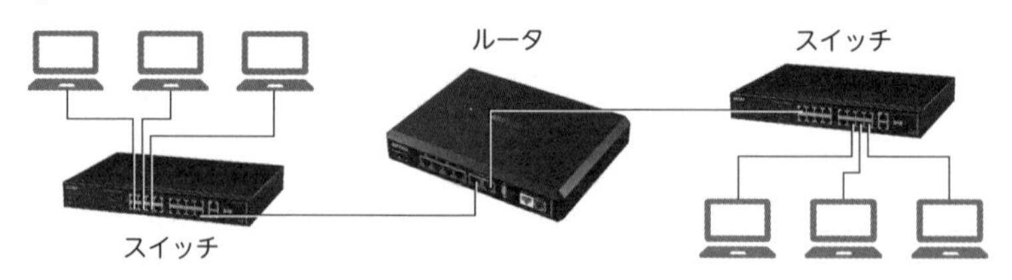

前ページの写真が実際のルータの例です。スイッチとよく似ていますね。ルータにあるケーブルの差し込み口のことも、スイッチと同じように**インターフェース (interface)** や、**ポート (port)** と呼びます。

Column　本書で登場したルータと、一般家庭にあるルータって何が違うの？

皆さんの家庭にも「ルータ」と名のつく機器があるのではないでしょうか。多くの場合WiFiルータと呼ばれているはずです。このWiFiルータは、本書で紹介したルータと何が違うのでしょうか？

皆さんの家庭にあるWiFiルータは、アクセスポイントやルータ、ファイアウォール(STEP1-1.6)など、さまざまな機能を集約して１つにまとめた機器です。家電量販店で売っているルータは、ほとんどがこの機能集約型のルータなのです。本書で紹介しているネットワーク機器は業務用というイメージでかまいません。一般家庭で使用することはまずないでしょう。

■さまざまな機能を集約した WiFi ルータ

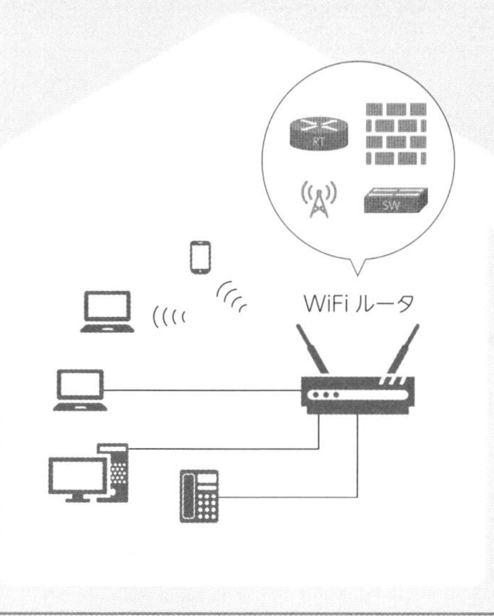

入門編
STEP
1-1.5

重要度 ∞

サーバ

ネットワーク機器が必要としているものを提供する機器

ポイントはココ!!

- 自身が保有するアプリケーションサービスを他の機器に提供するコンピュータのことを総称して**サーバ（Server）**という。

●学習と試験対策のコツ

今回はサーバに関する基本的な知識を確認します。ネットワーク（つながり）を構築し、安定して通信するために、サーバは不可欠な要素（コンポーネント）です。本書を通してネットワークを構築するうえで、どのようなサーバが必要なのかを学んでいきましょう。

これらの内容はCCNA試験の「IPサービス」という単元にあたり、この単元の出題比率は10%です。

考えてみよう

例として、高速道路のネットワークを考えてみましょう。ルータは料金所、ケーブルは道路にたとえることができます。さて、料金所と道路さえあれば高速道路を安全に運営することはできるでしょうか。できませんよね。高速道路には料金所や道路以外に、どんな構成要素があると思いますか。

1 サーバとは

高速道路には、料金所と道路以外にも、サービスエリアや、道路管制センター、ガソリンスタンドなどがあります。つまり、高速道路のネットワークには、ネットワーク（つながり）を安全に運用するためのサポート機能も存在しているのです。これと同じように、コンピュータネットワークにも、スイッチやルータのように「実際に転送作業を行う機器」もあれば、「ネットワーク機器をサポートする機器」もあるのです。

■高速道路のネットワークを支えている機能

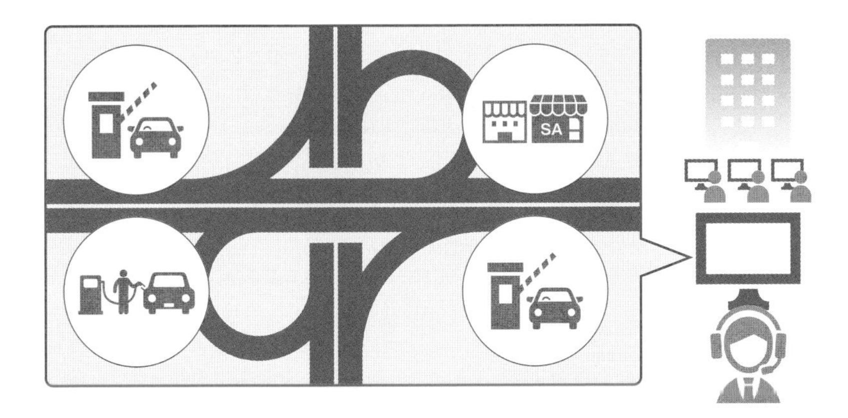

ではITのお話に移ります。たとえば、皆さんのスマホでYouTube動画を見ているとしましょう。その動画の実データはどこに保管されていると思いますか。実は皆さんのスマホには動画データは保管されません。スマホ上で動画は再生されていますが、その機器にデータが保存されているわけではないのです。

実際には、皆さんが動画を閲覧する際には、スマホからサポート機器に対して「動画をください！」というメッセージ（リクエスト）を送っています。メッセージを受け取ったサポート機器は、「はい、この動画をどうぞ！」とデータを送り返してくれる（レスポンス）ので、皆さんのスマホで動画を見ることができるのです。このように動画などのデータやいろいろな機能を提供してくれるサポート機器のことを総称して**サーバ（Server）**と呼びます。社内でファイル（たとえば、社員名簿など）を提供するサーバであれば「ファイルサーバ」と呼びますし、ホームページなどのWebページをユーザーに提供するサーバを「Webサーバ」と呼びます。

サーバを少し難しく言い換えると「**自身が保有するアプリケーションサービスを他の機器に提供するコンピュータ**」とも表現できます。ガソリンスタンドでたとえるなら「自身が保有する『ガソリンを提供する』というサービスを、自動車に提供する施設」です。他にも身の回りでは、ウォーター「サーバ」や、バレーボールの「サーブ」などがあります。いずれも「提供する」という意味を持っていますよね。

■サーバがリクエストを受け動画データを提供している様子

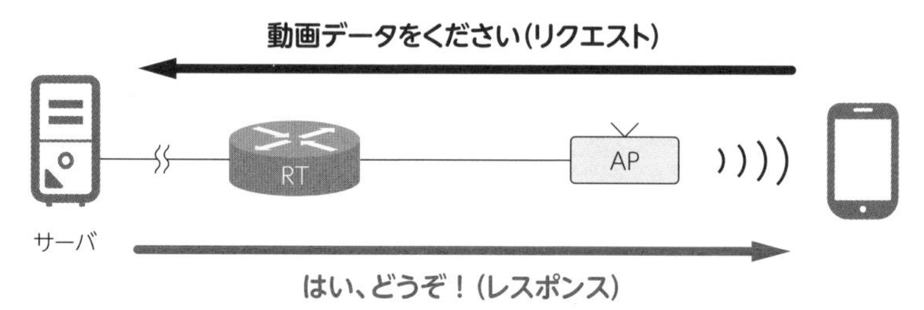

ITの学習を始めたばかりの方は「サーバってどんな姿形をしているんだ？」と思われるかもしれませんね。難しく考える必要はありません。スイッチもルータもサーバも広い意味では同じコンピュータです。コンピュータをデータ転送に特化させればスイッチやルータになりますし、何かのデータや機能を提供することに特化させればサーバになります。みなさんが普段使っているパソコンもサーバにすることができるんですよ。

■サーバもただのコンピュータです

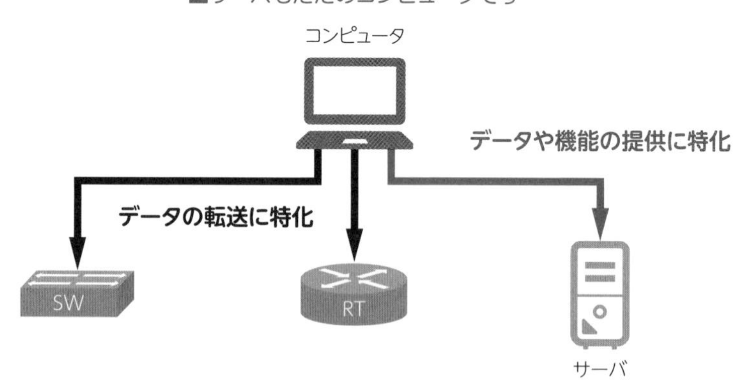

入門編
STEP
1-1.6

重要度 ∞

ファイアウォール

さまざまな攻撃からネットワークを守るしくみ

ポイントはココ!!

- 外部のネットワークから社内のネットワークを守る機器やしくみの総称を**ファイアウォール（Firewall）**という。
- 不正アクセスを検知して管理者に通知する機器を**IDS（Intrusion Detection System：侵入検知システム）**という。
- 不正アクセスを検知することに加えて、そのデータを破棄したり、遮断したりする機器を**IPS（Intrusion Prevention System：侵入防止システム）**という。

●学習と試験対策のコツ

CCNA試験では数多くの「３文字のアルファベット」が出てきます。丸暗記するのではなく、もともとの英単語の意味から覚えるようにしましょう。これから紛らわしい略語がたくさん出てきます。この項目の内容は、CCNA試験の「セキュリティの基礎」という単元にあたり、この単元の出題比率は15％です。

考えてみよう

スイッチやルータを利用すると、隣の席に座っている同僚や、違う部署の社員のパソコンと通信ができるようになります。さらには自社を飛び越えて海外の会社ともやりとりができます。しかし、ここで皆さんに考えていただきたいのは「つながってしまうことのデメリット」です。

1 ファイアウォールとは

コンピュータがスイッチやルータにつながっていれば、遠方の相手と通信したりインターネットができるようになったりと、とても便利ですね。しかし、つながっている相手がすべて心優しいユーザーであるとは限りません。ネットワークに接続している限り、あなたは常に悪意のある攻撃を受ける可能性があるのです。

したがって、ネットワークを構築すると同時に、そのネットワークへの不正なアクセスなどを防止する対策が必要になります。**外部のネットワーク（インターネットなど）から社内ネットワークを守る機器やしくみの総称**を**ファイアウォール（Firewall）**といいます。

■ファイアウォールの概要

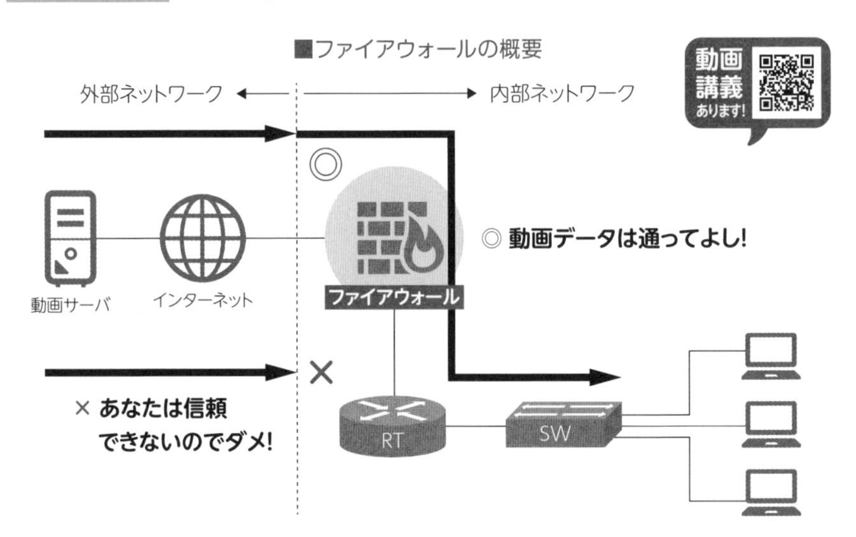

また、不正アクセスの手口によってはファイアウォールで防ぎきれない場合があります。その場合は専用の機器で対応します。**IDS（Intrusion Detection System：侵入検知システム）**という機器は、不正アクセスを検知して管理者に通知します。**IPS（Intrusion Prevention System：侵入防止システム）**という機器は、不正アクセスを検知することに加えて、不正アクセスのデータを破棄したり遮断したりします。イメージとしては、ファイアウォールが防御フェンスで、IDSやIPSはフェンスの内外を監視する監視カメラのようなものです。

Firewallの語源は、火事を防いで延焼を食い止める防火壁なんだって。ネーミングセンスがすごい!

重要度 ∞

ネットワークトポロジの種類

各トポロジの名称と特徴、デメリットをセットで覚えよう

ポイントはココ!!

- ノードのつなぎ方など、ネットワーク接続の形態を**トポロジ**という。
- ネットワークトポロジを構成する機器のことを**ノード**という。
- ノードとノードをつなぐ線（ケーブル）や無線のことを**リンク**という。
- 集線機器を中心に他の機器がつながっている接続形態を**スター型**という。
- 網目状に複数のノードをつなぐ接続形態を**メッシュ型**という。

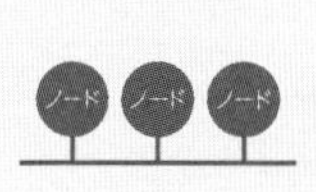

バス型トポロジ

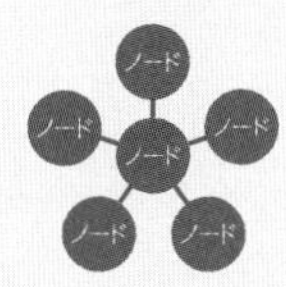

スター型トポロジ

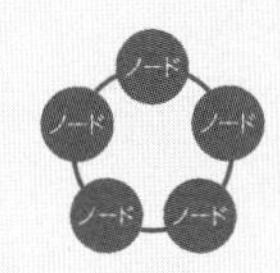

リング型トポロジ

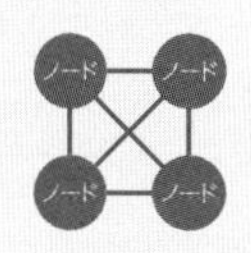

メッシュ型トポロジ

●学習と試験対策のコツ

この項目では主要なトポロジだけを扱いますが、トポロジは他にも種類があります。興味がある人は下記の語句を調べてみましょう。

・ポイントツーポイント型（ピアツーピア型）

・ポイントツーマルチポイント型

・ツリー型

などです。

考えてみよう

これまでネットワークコンポーネントには、スイッチ、ルータ、サーバなどさまざまな機器があることを紹介してきました。これらの構成要素がケーブルでつながっていることでネットワークができあがっているわけですね。ではこれらの機器のつなぎ方にはどのような形があるでしょうか。次の図はスイッチの説明で出てきた図です。このほかにも機器のつなぎ方の種類はたくさんあるので、思いつくだけ書き出してみてください。

■機器の接続（つなぎ方）にはどんな種類がある？

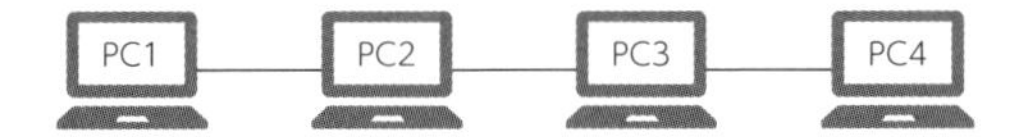

1 基本用語の確認

さて、いくつ書き出せましたか。答え合わせをする前に、基本的な用語を確認しましょう。これまではネットワークを構成する機器のことをコンポーネントと呼んできましたね。しかし機器のつなぎ方（ネットワークトポロジ）の話をする場合は一般的に、**ノード（node）**と呼びます。ノードとは、もともと「結び目」「集合点」「節」といった意味です。本書でも頻繁にノードという言葉が出てきます。その際は、「ノード＝機器」と読み替えられるようにしておきましょう。また、ノードとノードをつなぐ線（ケーブル）のことを**リンク（link）**といいます。なお、電波での接続（無線）もリンクと呼びます。

ヨコ文字を使って表現し直します。「各ノードはリンクによって接続され、ネットワークトポロジを形成します。なお、ノードはネットワークコンポーネントでもあります。」

■ノードとリンク

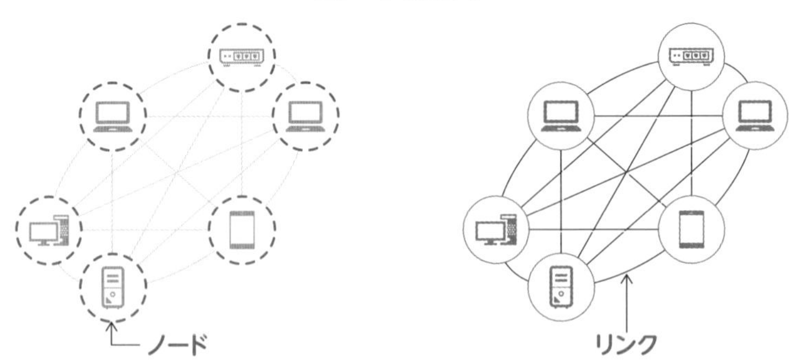

2 スター型

ネットワークトポロジの１つの種類にスター型トポロジがあります。スイッチなどの集線機器を中心に他の機器がつながっている接続形態のことです。スター型は扱いやすく、１本のケーブルが使えなくなったとしても他のノードには影響を与えないことから、最も普及している一般的な接続方法です。もちろん、中央の集線機器が故障すると、全体の通信も止まってしまいます。

■スター型トポロジ

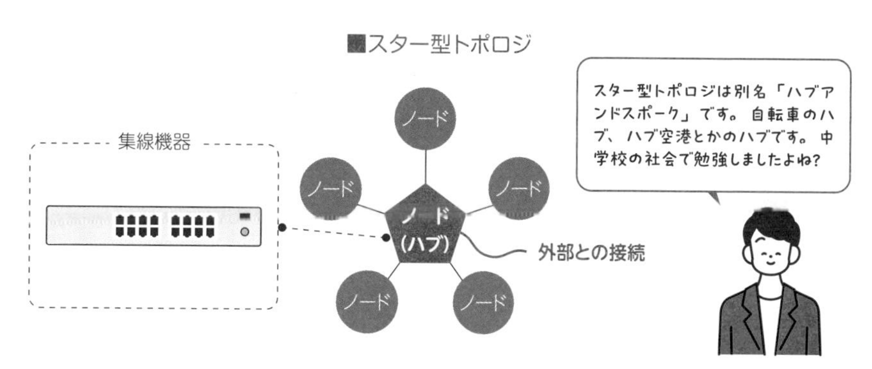

3 バス型

１本のバスと呼ばれる同軸ケーブルに複数のノードをつなぐ接続形態のことです。ケーブルの１か所が使えなくなると、全体が機能しなくなることから現在ではほとんど使用されることはありません。ちなみに、同軸ケーブルとは高周波用の電気信号を送るためのケーブルの一種です。現在では、テレビ放送の信号を流すのに使用します。CCNA試験ではケーブルの種類まで覚えなければいけませんが、細かい知識になりすぎるので、ここでは割愛します。

■バス型トポロジ

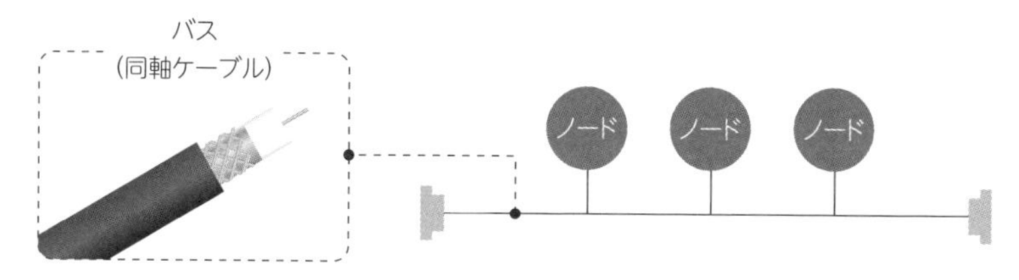

4 リング型

ノードをリング（輪）のようにつなげた接続形態のことです。トークンという信号がぐるぐる回っていて、それを受け取った機器のみがデータを送信できるようになります。これは、データの衝突を防ぐためですが、現在はスター型が一般的なため、バス型と同様にほとんど使われることはありません。

■リング型トポロジ

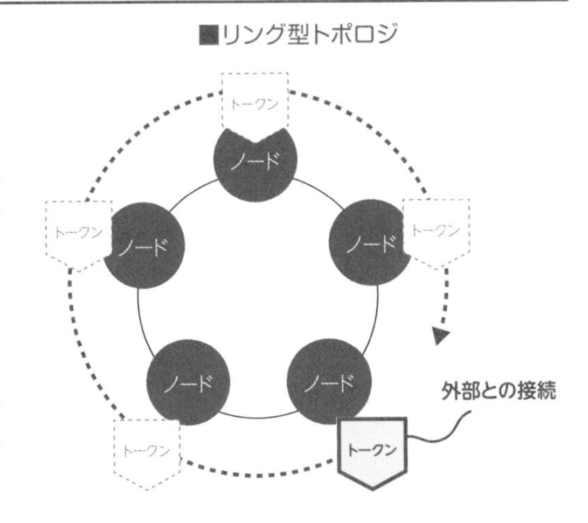

5 メッシュ型

網目状に複数のノードをつなぐ接続形態のことです。WAN（STEP1-1.10）という環境では、ルータなどの故障により通信ができなくなることを避けるため、ある機器が壊れたとしても、他の機器を使って通信できるようにメッシュ型が使用されています。

メッシュ型はさらに大きく２つの種類に分かれます。すべてのノードを１対１でつなぐ形式を「**フルメッシュ型**」と呼びます。障害に対して強い一方で、ネットワークの規模が大きくなるとその分リンクの数も増えるので、費用が大きくなってしまいます。

費用を抑えるために一部分だけをメッシュにする形式を「**パーシャルメッシュ型**」と呼びます。

■フルメッシュ型とパーシャルメッシュ型の比較

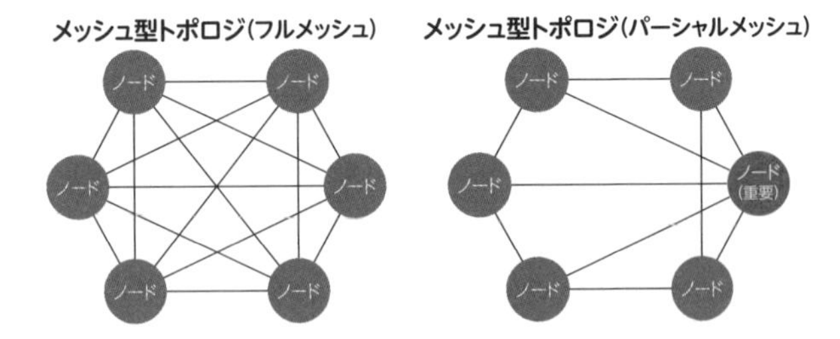

入門編
STEP
1-1.8

重要度 ∞

通信の種類

通信相手の数によって、通信は3種類に分類できる

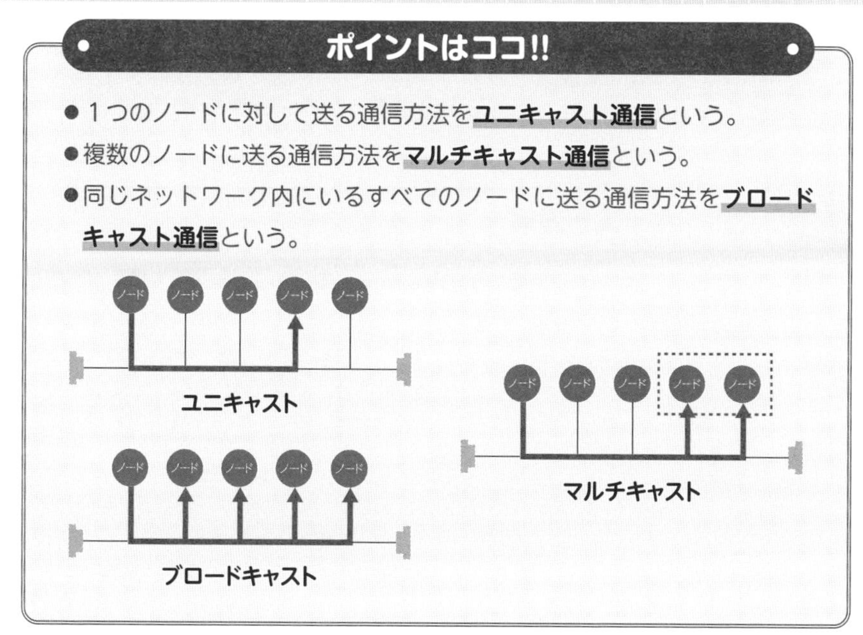

●学習と試験対策のコツ

この項目では、３種類の通信方式について学習します。試験ではそれぞれの通信方法の特徴が問われますし、本書においてもいろんな章で頻繁にこの３つの通信方法が出てきます。たとえば「ARP（アープ:STEP1-2.3）というプロトコル（約束事）ではブロードキャスト通信が利用されます」といった具合です。しっかりと理解しておきましょう。

考えてみよう

前項では基本的なネットワークトポロジを学習しました。トポロジの各ノードでデータがやり取りされるわけですが、通信相手の数によって通信の種類は３つに分けることができます。たとえば、普段皆さんがLINEなどのチャットツールを利用するとき、１対１のやりとり以外にも複数のパターンでやり取りしていますよね。そのパターンを思い出してみてください。

1 ユニキャスト通信

1つの宛先のノードに対して送る通信方法を**ユニキャスト通信**といいます。1対1の通信方法ですね。イメージはスマホのチャットアプリで、個別でやり取りするイメージです。

■ユニキャスト通信通信

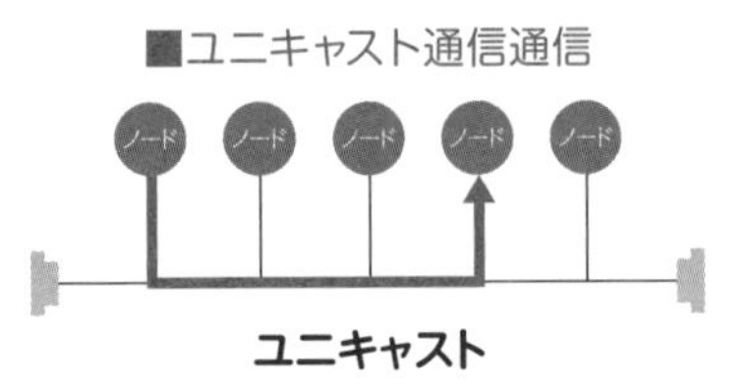

2 マルチキャスト通信

複数の特定のノードに送る通信方法を**マルチキャスト通信**といいます。1対「複数のノード」の通信方法ですね。イメージはスマホのチャットアプリで、クラスの仲のいい友達だけに送るイメージです。1回で複数の宛先へデータを送ることができるので、ユニキャスト通信に比べて通信回数を減らすことができるようになります。

■マルチキャスト通信

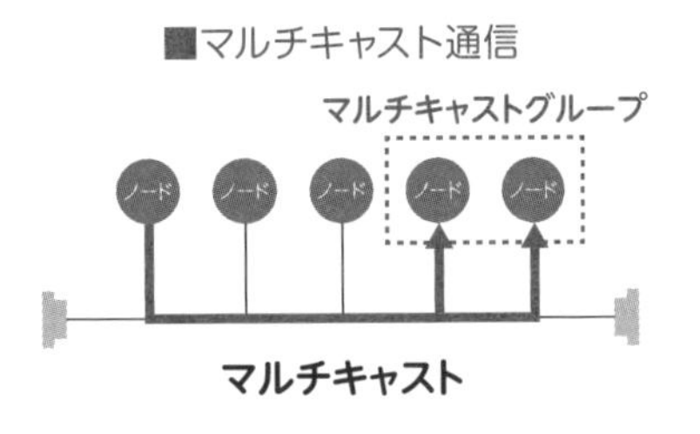

3 ブロードキャスト通信

同じネットワーク内にいるすべてのノードに送る通信方法を**ブロードキャスト通信**といいます。1対「全ノード」の通信方法ですね。イメージはスマホのチャットアプリで、クラスの全員に送るイメージです。

■ブロードキャスト通信

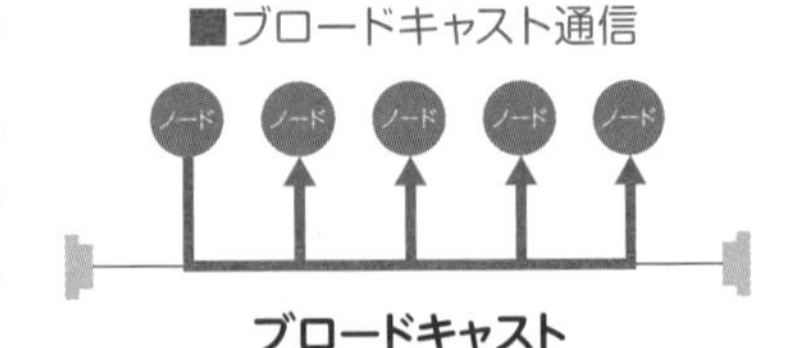

ブロードキャストが届く範囲のことをブロードキャストドメインといいます。

入門編
STEP
1-1.9

重要度 ★★★

ネットワークアーキテクチャの種類

ネットワークの規模が変わると構築の方法も変わる

ポイントはココ!!

- マンションの一室や住まいをオフィスとして活用する業務形態を**SOHO**という。
- 2階層設計モデルは**アクセス層**と**ディストリビューション層**に分かれている。
- 3階層設計モデルは**コア層**を用意して2ティアネットワークを集約している。
- 遠隔地のネットワーク同士を接続する場合には、**電気通信事業者**との契約が必要。

●学習と試験対策のコツ

今回学習するネットワークアーキテクチャ（構造）以外にも、実は「スパイン・リーフ型」という有名なアーキテクチャがあります。スパイン・リーフ型については本書の後半で取り扱いますが、今回の2ティア・3ティアをわかっていないと、スパイン・リーフ型の意義を理解できません。しっかりと覚えていきましょう！

考えてみよう

皆さんが想像する、最も小さなネットワークと、最も大きなネットワークは何ですか。自由に想像してみてください。

さて、皆さんはどんな規模のネットワークを想像しましたか。ここでは小さな規模のネットワークから順に紹介していきます。

1 SOHO

SOHO（ソーホー）とは**Small Office Home Office**のことで、マンションの一室や住まいをオフィスとして活用する業務形態をさします。環境としては、WiFiを利用している皆さんの自宅と同じですね。SOHOではスイッチやルータなどの専用機器は使用せずに、さまざまなネットワーク機器の機能を集約したルータが一般的に使われています。家電量販店で売っているルータは、ほとんどがこの機能集約型のルータです。

■SOHOでは機能集約型のルータが利用される

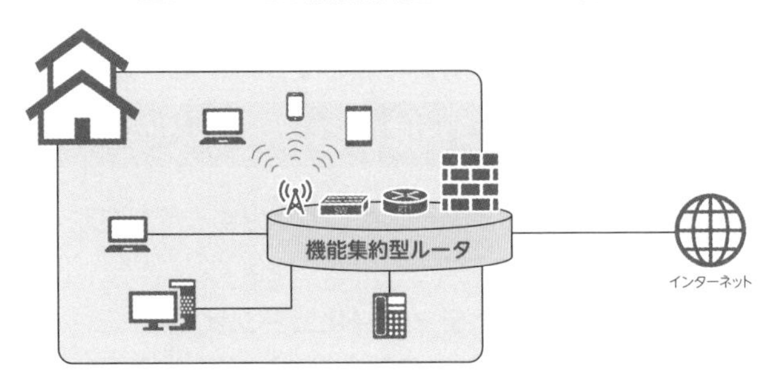

2 2階層設計モデル（2ティア）

100人程度の小・中規模であったり、オフィスがビルの１フロアに収まっているような規模のネットワークでよく利用される構築として、2階層設計モデル（2ティア）があります。読み方は「ツーティア」です。SOHOの規模であれば機能集約型のルータ１台でさまざまな処理が可能ですが、この規模になってくるとルータ１台では通信を処理しきれなくなってきます。そこで下の図のように、ユーザーがアクセスする層と、データの転送処理に特化した層に分けてネットワークを構築します。

アクセス層とは、ユーザーが使用するパソコンなどの機器をネットワークに接続する層のことです。図のように**スター型トポロジになっている**ことがほとんど

動画講義あります!

■２階層設計モデル（2ティア）の概要

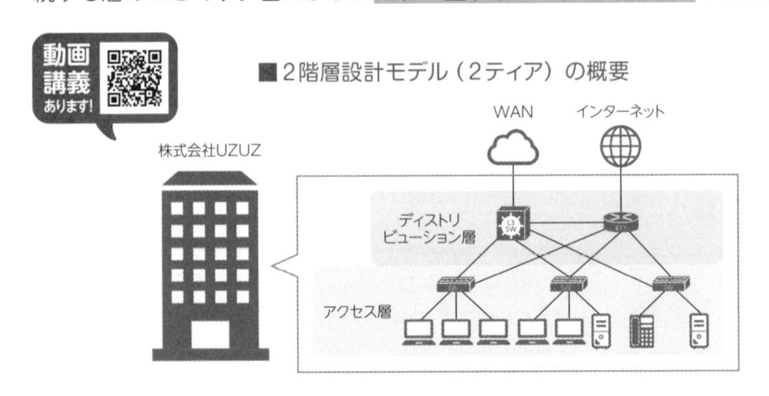

です。

ディストリビューション層とは、アクセス層のネットワークを集約する層のことです。ルータやレイヤ3スイッチ（STEP1-1.15で紹介）と呼ばれる機器を使用し、データの転送処理に特化しています。耐障害性の点から、図のように**メッシュ型トポロジになっている**ことがほとんどです。耐障害性とは、障害が起きた場合でもそれまでと同じようにデータ通信を継続できる性質のことをさします。

3 3階層設計モデル（3ティア）

さらに規模が大きくなり、ビル全体でネットワークを構築する場合や、広大な敷地の中で工場や各ビルとでネットワークを構築する場合には、3階層設計モデル（3ティア）が利用されます。読み方は「スリーティア」です。2ティアのネットワークを、さらにもう1つ上の層でまとめるイメージです。

■3階層設計モデル（3ティア）の概要

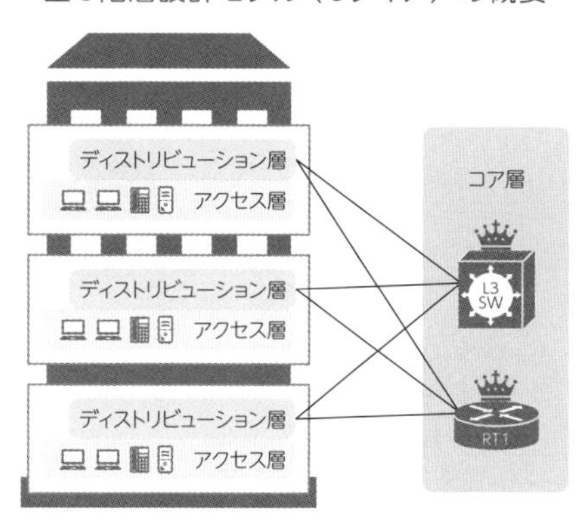

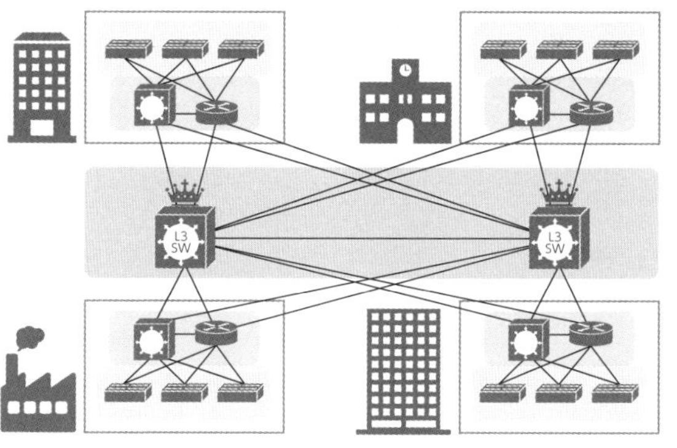

ビル全体のネットワーク構築は大変だけど、やりがいがあって楽しい!!

コア層とは、ディストリビューション層の機器を集約する層のことです。大量のデータ通信処理や、建物間の長距離接続を担うので、高性能な機器が必要とされます。耐障害性の点から、図のように**メッシュ型トポロジになっている**ことがほとんどです。

4 大規模なネットワーク

広大な敷地内で、3ティアネットワークを構築することにより、各ビルとの通信が可能になりましたが、もっと規模が大きくなった場合はどうでしょうか。東京の本社と北海道の支社で通信をするような場合ですね。この場合は**電気通信事業者（通信キャリア）**に依頼することになります。電気通信事業者にはNTT、KDDI、ソフトバンクなどがあります。電気通信事業者と契約を結ぶことで、東京本社の3ティアネットワークと、北海道支社の3ティアネットワークを接続することができます。

■大規模ネットワーク

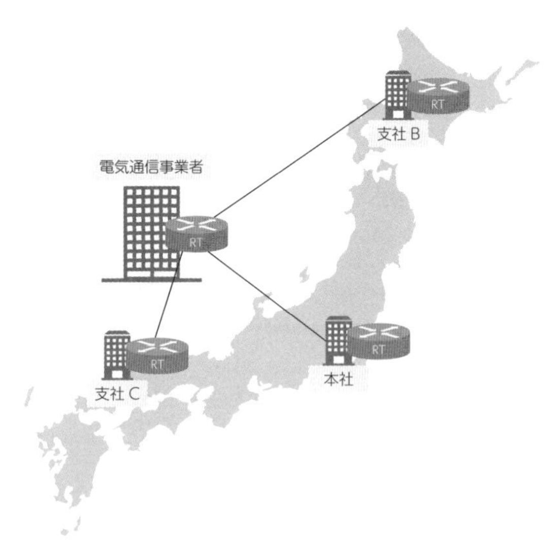

入門編
STEP
1-1.10

重要度 ∞

LAN、WAN、インターネットの違い

プライベートなネットワークとパブリックなネットワーク

ポイントはココ!!

- 会社や家などの比較的狭い範囲のプライベートなネットワークのことを**LAN**という。
- LAN内では管理者が自由にネットワークを構築することができる。
- LANの中でノードとノードをつなぐケーブルのことを**LANケーブル**という。
- LANとLANをつなぐ地理的に広い範囲のプライベートネットワークのことを**WAN**という。
- WANの利用には**電気通信事業者**との契約が必要。
- 電気通信事業者とプロバイダが提供する、不特定多数のユーザーがアクセスできるネットワークを**インターネット**という。

●学習と試験対策のコツ

ネットワークアーキテクチャの種類を理解するうえで、もう１つ重要な視点があります。それがLAN、WAN、インターネットの違いです。ここでは前項で確認したネットワークアーキテクチャの種類を、LAN、WAN、インターネットの点からとらえ直してみましょう。特に、WANとインターネットの違いを混同している学習者が多いので、必ず区別をつけてください。

1　LAN (Local Area Network)

会社や家などの比較的狭い範囲のプライベートなネットワークのことを**LAN**（ラン）といいます。LANは、プライベートなエリアなので、ルータやスイッチなどの機器を置いたり設定したり、**管理者が自由にネットワークを構築することができます**。皆さんのご自宅でも自由にプリンタを置いたりすることができますよね。そして、LANの中でノードとノードをつなぐケーブルのことを**LANケーブル**といいます。これらのことから、**SOHOも2ティアも3ティアも基本的には「LAN環境である」といえる**のです。

■LANケーブルとLANの範囲

2 WAN (Wide Area Network)

WAN（ワン）とは、LANとLANをつなぐ地理的に広い範囲のプライベートネットワークのことです。LANはLAN内の管理者が自分自身でネットワークを構築することができますが、WANは**電気通信事業者**が構築しますので、無料で利用することはできず、契約を結ぶ必要があります。**前項STEP1-1.9の「さらに大規模なネットワークになると」で説明した内容は実はWANのこと**だったのです。

■WANは大規模なプライベートネットワーク

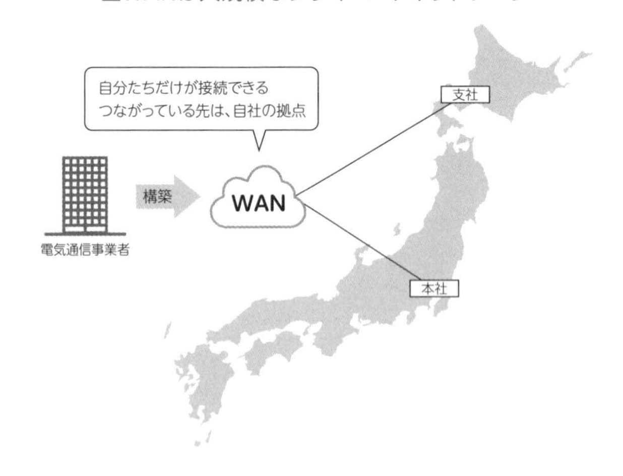

3 インターネット

インターネットとは、不特定多数のユーザーが接続しているという点で、プライベートなネットワークであるWANとは区別されます。インターネットもWANも電気通信事業者との契約が必要になりますが、イメージとしては「不特定多数のみんなが接続できるネットワーク利用プラン」であればインターネットになりますし、「自分たちだけが接続できるネットワーク利用プラン」であればWANになります。

■インターネットとWANの比較

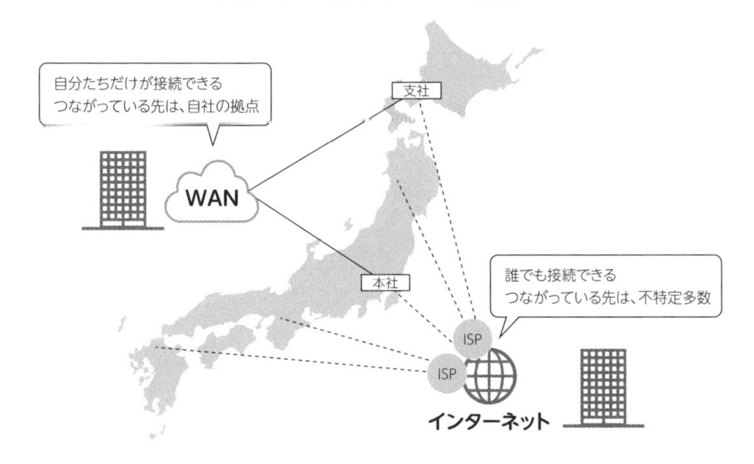

なお、インターネットを利用する際は、前述した電気通信事業者に加え**プロバイダ（ISP：Internet Service Provider）**と契約する必要があります。電気通信事業者とプロバイダの役割の違いですが、電気通信事業者は光ファイバー（回線）などを設置し、インターネットが利用できる道路を整備しているイメージです。そして、プロバイダがインターネットに接続するためのサービスを提供しています。そのため、２つの契約が必要となります。

「インターネット契約って複雑でワケわからん」と思っていたそこのあなた！
なんとなく整理して考えられるようになりましたか？

入門編 STEP 1-1.11

重要度 ∞

プロトコル

共通ルールがあることで異なるメーカーの機器同士でも通信ができる

ポイントはココ!!

- ネットワーク技術における約束事（共通ルール）を**プロトコル**という。
- プロトコルがあることで異なるメーカーの機器同士でも通信ができる。
- 複数のプロトコルがまとめられ、管理されているものを**プロトコルスタック**という。
- プロトコルスタックの代表例には、OSI参照モデルがある。

●学習と試験対策のコツ

試験で直接プロトコルの意味を問われることはまれですが、今後本書にはプロトコルという言葉が頻繁に登場します。プロトコルの意味をしっかり理解しておくことで、この後の学習がとてもスムーズになります。

考えてみよう

これまでノード同士がつながり、ネットワークを構成することで、インターネットやデータ通信のやり取とりができるようになることを学んできました。コンピュータネットワークを構成する機器はいろんなメーカーが作っています。世界的に有名なメーカーはシスコ（Cisco）です。CCNA試験の主催者ですね。日本のメーカーだとNEC（日本電気）やヤマハなどがあります。

多くのメーカーが存在しているとき、メーカーごとにデータを送る基準がバラバラだと、異なるメーカー同士のデータ通信が実現できなくなってしまいます。これは野球でたとえると、「そちらのチームではホームランを打ったら１点でしょうけど、こちらのチームは10点でやらせてもらいます」と言っているのと同じようなことです。これでは、野球の試合になりませんよね。では、異なるメーカー間でも適切な通信を実現するためには、どのようにすればよいでしょうか。

1 プロトコルとは

異なるメーカー間でも適切な通信を実現するためには、お互い統一した約束事（共通ルール）を作ればいいわけです。ネットワークの世界ではこの共通ルールのことを**プロトコル**といいます。

身近な例ではたとえば、単３電池の場合、各メーカーから販売されている単３電池の形はすべて同じです。これは、どのメーカーが単３電池を作っても同じになるように約束事（共通ルール）として決まっているからなんですね。形が共通ルールで統一されていることで、電池を作るメーカーも楽ですし、電池を購入する消費者にとってもわかりやすくなります。ネットワークの世界でも、異なるメーカー同士の機器がつながったとしても、問題なく通信が行えるように約束事としてプロトコルが用意されているのです。

同じ会社の同じオフィスのネットワークでもメーカーAのノードとメーカーBのノードがケーブルを通してつながっていることも多々あります。このとき、各メーカーごとにケーブルの差込口の形状がバラバラだったり、通信するための約束事が違っていればデータ通信ができなくなってしまいます。そこでデータを送るための共通ルールを各メーカーで統一しておくことで、異なるメーカーが作った機器同士をつないでも問題なくデータ通信を行えるようになります。

次の図を見てください。たとえば、「すき」という文字をお互いの機器でやり取りするとしましょう。どんなメーカーが機器を作っても問題なく通信できるように、通信をする際は「送る文字をいったん０と１で表現して、電気信号にして送ることにしよう」というプロトコルが決められているのです。

■データは0と1で表現して電気信号で送られる

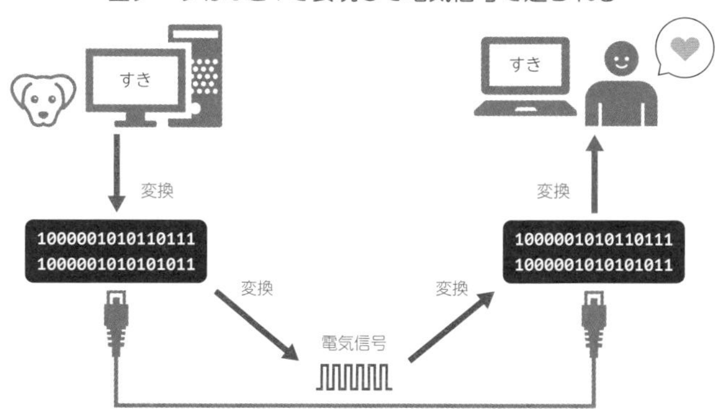

どこの世界でも、やり取りのルールが決められているのは同じなのですね！家族会議で「我が家の連絡プロトコルを決めよう」と言ったら、家族にキョトンとされそうです。

STEP1 入門編

また、通信する際は複数のプロトコルが組み合わさって実現されています。たとえば、年賀状を出す際にも複数のルールがありますよね。「どのような内容を書くのか」というルールもありますし、「住所はどう書くのか」というルールもあります。

ネットワークの世界では、複数のプロトコルがまとめられて管理されているものを**プロトコルスタック**といいます。代表例として、次項で紹介する**OSI参照モデル**があります。

■OSI参照モデルとはプロトコルスタックの1つ

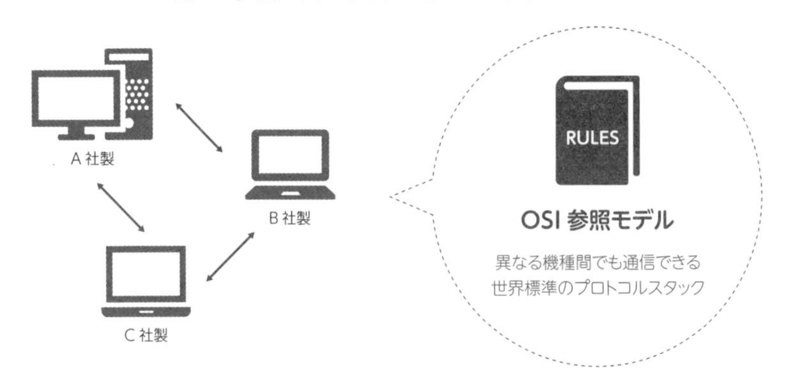

入門編
STEP
1-1.12

重要度 ★★★

OSI参照モデル

ネットワークを制御するためのルールを整理する

ポイントはココ!!

- **OSI参照モデル**とは、データ通信に必要な機能を７つのレイヤ（階層）に分けて管理しているプロトコルスタックのこと。
- OSI参照モデルは頭文字をつなげてア・プ・セ・ト・ネ・デ・ブで覚える！
- 利用者が使うアプリケーション固有のプロトコルを定めている層は**アプリケーション層**
- 共通の表現形式に変換して、コンピュータ間のデータ形式を統一する層は**プレゼンテーション層**
- セッション管理（コネクション確立、維持、切断）を行う層は**セッション層**
- データを送受信する際の信頼性の取り決めを行う層は**トランスポート層**
- 異なるネットワークにデータを送り届けるためのルールを決めている層は**ネットワーク層**
- ネットワーク層では**IPアドレス**をもとに宛先を判定している。
- 隣接するノード間の通信に関するルールを決めている層は**データリンク層**
- データリンク層では**MACアドレス**をもとに宛先を判定している。
- 伝送媒体（ケーブル）や電気信号に関するルールを決めている層は**物理層**

●学習と試験対策のコツ

OSI参照モデルの各層の役割についてしっかりと理解しましょう。CCNA試験で中心に出題されるのはネットワーク層とデータリンク層の項目です。この後の学習ではOSI参照モデルを学習の地図として考え、今、自分がどのレイヤに関係する内容を学習をしているのかを意識しながら読み進めてください。

そして、OSI参照モデルは、この本全体の理解や試験に合格する目的だけでなく、ネットワークに携わる技術者として理解しておかなければならない基本的な概念です。アプリケーションの開発、ネットワークを設計・構築するなど、いろんな場所でOSI参照モデルをベースに考える場面があります。

考えてみよう

前項で、プロトコルスタックの代表例に、OSI参照モデルというものがあると紹介しました。データを送るしくみは、郵便を送るしくみと似ている部分が多くあります。普段、皆さんがどのように手紙を送っているか、思い出してみてください。具体的に思い描けると、この後のOSI参照モデルの説明を理解しやすくなります。

1 OSI参照モデルとは

OSI（Open Systems Interconnection）参照モデルとは、データ通信に必要な機能を、7つのレイヤ（階層）に分けて管理している通信の約束事（プロトコルスタック）のことです。

手紙を送る場合にどのようなルールがあるのかを例として見てみましょう。手紙を送るステップはおおまかに以下の7つに分けて考えることができます。

①時候のあいさつや本文を考える
②相手が理解できる言葉遣いで書く
③宛先の住所を封筒に記載し、切手を貼る
④遠くに安全に届けられるプランを決める
⑤宛先に届けるまでの経路を確定させる
⑥最寄りの郵便ポストに投函する
⑦配達員が配達してくれる

さて、もしもステップ③の宛先の住所を記載するときに、宛先を記載せずに手紙を送ったらどうなるでしょうか。当たり前ですが、配達員は宛先がわからないので、手紙を届けることはできません。手紙を送る際には約束事どおりに手紙を送らなければなりません。

これと同じようにOSI参照モデルでは7つのステップ（7つのレイヤ）でデータを送るプロトコルを定めています。

レイヤ7：時候のあいさつや本文を考える
→メールを使うときはメールのルールに沿って書きましょう
レイヤ6：相手が理解できる言葉遣いで書く

→コンピュータ間のデータ形式を統一しましょう

レイヤ5：宛先の住所を封筒に記載し、切手を貼る

→文章の作成から送り届けるまでを管理しましょう

レイヤ4：遠くに安全に届けられるプランを決める

→どれくらいの信頼度で送信するか決めましょう

レイヤ3：宛先に届けるまでの経路を確定させる

→宛先までどうやって転送するか決めましょう

レイヤ2：最寄りの郵便ポストに投函する

→隣接するノードにどうやって転送するか決めましょう

レイヤ1：配達員が配達してくれる

→ケーブルの種類や電気信号をどう制御するのかなどを決めましょう

■OSI参照モデルに沿ってデータは処理されている

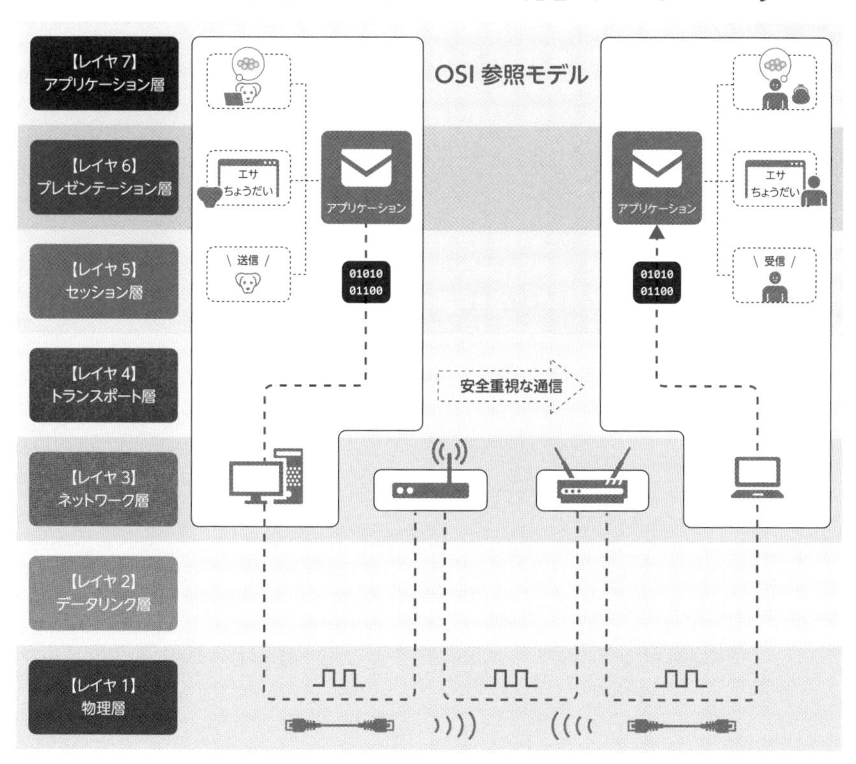

このような例でOSI参照モデルをとらえると、小難しいイメージが少しは薄れるのではないでしょうか。では具体的にOSI参照モデルの７つのレイヤを見ていきましょう。

2 OSI参照モデルの7つのレイヤを覚える！

OSI参照モデルは次の７つのレイヤで階層が分かれています。上から

レイヤ７（L7）：アプリケーション層
レイヤ６（L6）：プレゼンテーション層
レイヤ５（L5）：セッション層
レイヤ４（L4）：トランスポート層
レイヤ３（L3）：ネットワーク層
レイヤ２（L2）：データリンク層
レイヤ１（L1）：物理層

です。

覚え方はさまざまですが、頭文字をつなげて**「ア・プ・セ・ト・ネ・デ・ブ」**と呪文を唱えるように覚えてしまいましょう。なお呼び方ですが、たとえばネットワーク層であれば「レイヤ３」と呼ぶ場合もありますし、さらに短縮して「L3」と呼ぶ場合もあります。

3 アプリケーション層（レイヤ7）

アプリケーション層は、**利用者が使うアプリケーション固有のプロトコルを定めている層**です。たとえば、メールデータのやりとりをする例で考えてみましょう。Aというメールのソフトウェア（アプリケーション）を起動して、「件名」と「本文」の項目に文字を入力して相手に送ります。これは、あらかじめ決められた項目に「件名」と「本文」を入力する約束事になっているからですね。そのため、受け取った相手が異なるメールのソフトウェアで開いたとしても、件名と本文がしっかりと表示されるようになっています。アプリケーション層には、メール送信するときは**SMTP**、Webサイトを閲覧するときは**HTTP**などのプロトコルがあります。

■アプリケーション層のイメージ

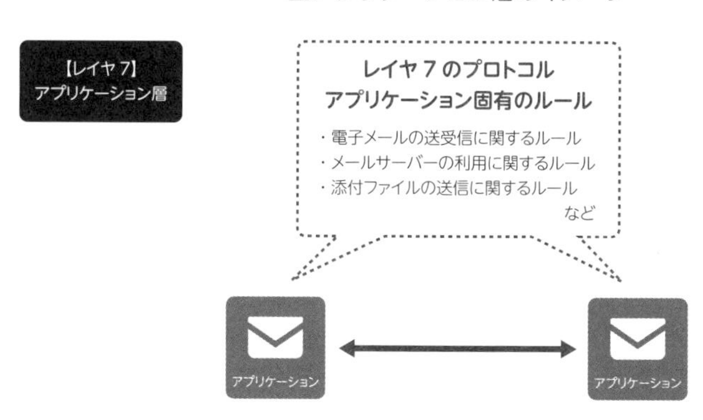

4　プレゼンテーション層（レイヤ6）

プレゼンテーション層ではお互い共通の表現形式に変換して、**コンピュータ間のデータ形式を統一**します。

たとえば、お互い英語ができる日本人とフランス人とで会話のやり取りをするとします。日本語ができないフランス人に対して「最近めっきり暖かくなってきましたね」などと伝えても相手は理解できませんよね。この場合、お互いが理解できる共通の「英語」を使って話せば相手に伝わります。

それと同じように通信の世界でも、機器同士で文字コード（文字を管理するための数字）が違ったりすると、文字化けが発生することがあります。文字化けとは、文字が正しく表示されないことです。それを避けるためプレゼンテーション

■プレゼンテーション層のイメージ

【レイヤ6】
プレゼンテーション層

レイヤ6のプロトコル
ユーザが見て触れるデータのルール
・文字コードに関するルール
・画像や動画に関するルール
・データの圧縮や暗号化に関するルール
など

エサ
ちょうだい
0101001100
0110001010
0001011101
エサ
ちょうだい

層でデータを共通の表現形式（統一された文字コード）にしてやり取りを行います。また、データの暗号化や復号もプレゼンテーション層が担当しています。

5 セッション層（レイヤ5）

セッション層は**セッション管理（コネクション確立、維持、切断）を行う層**のことです。

「セッション」という言葉は日常でも使われていますよね。会合やジャムセッション（一緒に演奏すること）、トークセッションなどの言葉には、つながりの確立から、維持、切断までの意味合いがあります。

これと同じように、セッション層では一連のデータの始まりと終わりの区切りを調整します。今はどのデータ通信をしているのかを１つずつ管理しているということです。セッション層の働きによって、たとえばメールソフトとWebブラウザなど異なるアプリケーションを使ってお互いの機器でやり取りしていたとしても、セッションを適切に管理しているので、メールソフトとWebブラウザのデータが混ざることがないのです。

ここまで見てきた、アプリケーション層・プレゼンテーション層・セッション層を合わせて**上位層**といいます。

■セッション層のイメージ

6 トランスポート層（レイヤ4）

トランスポート層は**データを送受信する際の信頼性の取り決めを行う層**のこと

です。送受信するデータの種類によっては、遅くてもいいから欠損がなく確実にデータをやりとりしたい場合や、多少のデータが欠けてもいいから速くやり取りしたい場合があります。

相手に「こんにちは」と送ったメールデータの内容が、「こん」しか送られなかったら再送する必要がありますよね。このように、どの程度の信頼性のある通信を確保するかを決める役割を担っているのがトランスポート層です。トランスポート層では、**TCP**と**UDP**というプロトコルが使われます。詳しくは、STEP3-1.6で説明します。

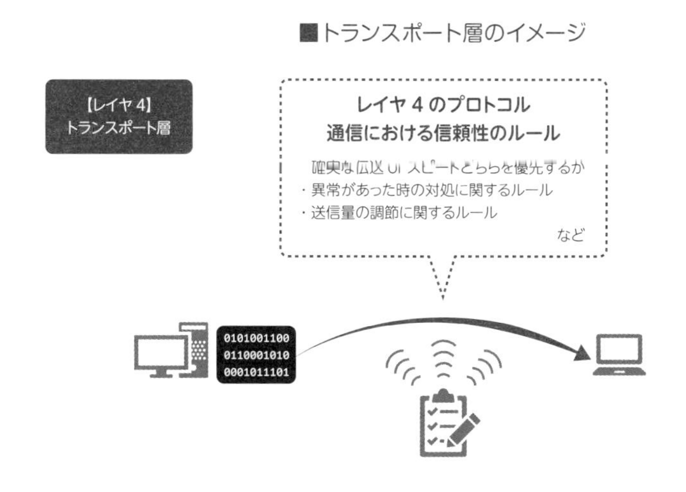

■トランスポート層のイメージ

7　ネットワーク層（レイヤ3）

ネットワーク層は**異なるネットワークにデータを送り届けるためのルールを決めている層**です。これまでの学習で、ネットワークはルータなどの機器がつながって構成されていることや、ルータはネットワークを分割する機器であることを学習しました。

つまり、ルータが何台もつながっていれば、その分だけネットワークがたくさんあることになります。現実世界でも、大阪府や愛知県のようにエリアに分かれていますよね。このような異なるネットワーク（エリア）にデータを送り届けるためのルールを決めているのがネットワーク層です。ネットワーク層では、最終目的地の機器の住所である**IPアドレス**の情報を使ってデータを制御します。この制御ルールがネットワーク層の**IP**というプロトコルです。IPアドレスについては、

STEP2-1で詳しく説明します。

■異なるネットワークにデータを届ける

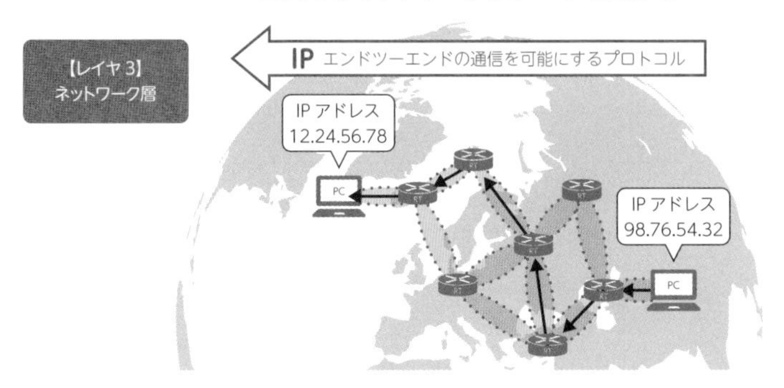

なお、異なるネットワークへ送り届けるというのは、「大阪府から愛知県に届ける」というたとえがイメージとしては近くて、「愛知県○○市○○町の○○さん」のような細かい住所まで届けるというイメージではありません。「○○町の○○さん」のような細かい住所までデータを届けるルールを決めているのは、次のデータリンク層です。

8 データリンク層（レイヤ2）

データリンク層は、**隣接するノードとどうやって通信するかを決めている層**です。あるいは**1つのネットワークの中でどうやってデータを転送するかを決めている層**とも表現できます。

たとえるなら、ネットワーク層で大阪府から愛知県にデータを転送すると決められ、データリンク層で、愛知県（1つのネットワーク）のどの市の誰にデータを届けるのかを決めているイメージです。

データリンク層では機器の住所情報として**MACアドレス（物理アドレス）**を使用します。これらの制御ルールは、データリンク層の**イーサネット**というプロトコルで決められています。なお、ネットワークに接続している機器は、IPアドレスもMACアドレスも持っています。IPアドレスとMACアドレスの違いは本書で追って確認していきます。

■データリンク層のイメージ

【レイヤ2】
データリンク層

レイヤ 2 のプロトコル
隣接ノード間の通信に関するルール

・データの送信元と宛先の識別方法に関するルール（MAC アドレス）
・データ衝突の検知や回避に関するルール
・送出するためのデータ加工に関するルール
など

0101001100
0110001010
0001011101

9　物理層（レイヤ1）

■物理層のイメージ

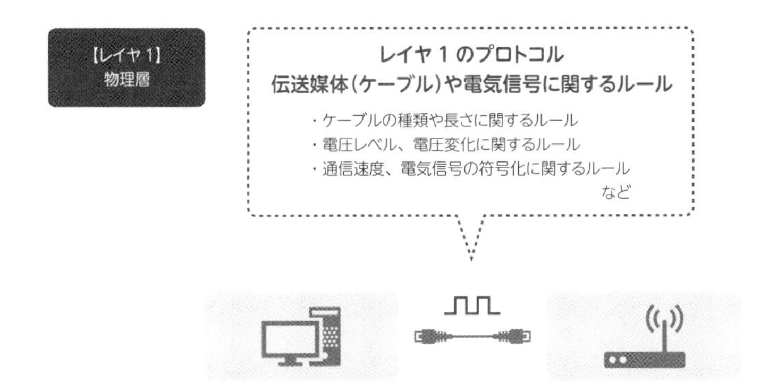

物理層は**伝送媒体（ケーブル）や電気信号に関するルールを決めている層**です。通信を行う際、データは「0」と「1」の情報まで分解され、それが電気信号に変換されて送り出されます。物理層ではデータを送る際の変換ルールを決めています。なお､データを「0」と「1」の情報で表現することを2進数といいます。詳しくはSTEP2-1.4で説明します。

また、データが流れるケーブルの種類や機器のコネクタの形状などの規格を定めているのも物理層です。ある特定のメーカーが「うちは独自のケーブルを作って、独自のコネクタの形状にするからよろしくね」などとやり始めると、それを利用するユーザーは、メーカーごとにケーブルの種類やコネクタの形状を把握して購入しなければいけません。すごく大変ですね。そこで物理層では、ケーブルの種類やコネクタの形状についても共通のルールを決めています。

これまで見てきたトランスポート層、ネットワーク層、データリンク層、物理層をまとめて**下位層**といいます。ここまでOSI参照モデルの各層を順番に確認しました。これらをまとめると次の図のようになります。

■OSI参照モデルの全体像

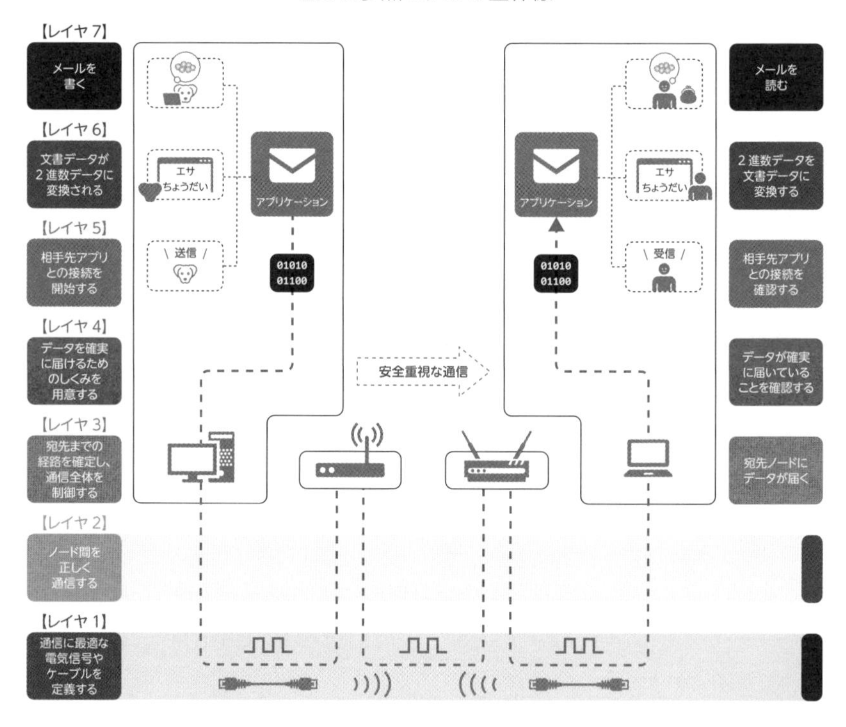

「ア・プ・セ・ト・ネ・デ・ブ」で、それぞれの役割はもう覚えましたか？

入門編
STEP
1-1.13

重要度 ∞

TCP/IPモデル

実はOSI参照モデルよりもTCP/IPモデルのほうが一般的

ポイントはココ!!

- Web通信やメール通信など、現在使用されている通信のしくみは、**TCP/IPモデル**が採用されている。
- TCP/IPモデルでは、OSI参照モデルの上位層をまとめて**アプリケーション層**として扱う。
- TCP/IPモデルでは、OSI参照モデルのネットワーク層は**インターネット層**として扱う。
- TCP/IPモデルでは、OSI参照モデルのデータリンク層と物理層をまとめて**リンク層（ネットワークインターフェース層）**として扱う。

●学習と試験対策のコツ

実際のデータ通信では、OSI参照モデルでなく、TCP/IPモデルが使われています。こう書くと「それならOSI参照モデルを学ぶ意味がないのでは？」と思われる方もいらっしゃるかもしれません。しかし、OSI参照モデルもしっかりと理解しておく必要があるのです。

理由は2つあります。1つは、初めてネットワークを学ぶ初学者にとっては、7つの各階層に分けて考えたほうが理解がしやすいことが挙げられます。もう1つは実務でも「レイヤ2、データリンク層」のようにOSI参照モデルの各階層の言葉を使ってエンジニア同士でコミュニケーションを取ることが多いからです。

試験ではTCP/IPモデルに関しても各層の名前や特徴を問われることがあります。しっかりと内容を覚えていきましょう。

1 TCP/IPモデル

前項でOSI参照モデルを紹介しましたが、実際にはOSI参照モデルはほとんど利用されていません。現在使用されている、Web通信などのしくみは、**TCP/IPモデル**というプロトコルスタックをベースに通信が行われています。なぜOSI参照モデルでなくTCP/IPモデルが採用されているのでしょうか。それは、実際に通信する際にOSI参照モデルのように７階層に細かく分ける必要がなく、４階層で十分だったからです。そのため、現在ではTCP/IPモデルがデファクトスタンダード（事実上の標準）となっています。OSI参照モデルとの比較は以下のとおりです。

■OSI参照モデルとTCP/IPモデル

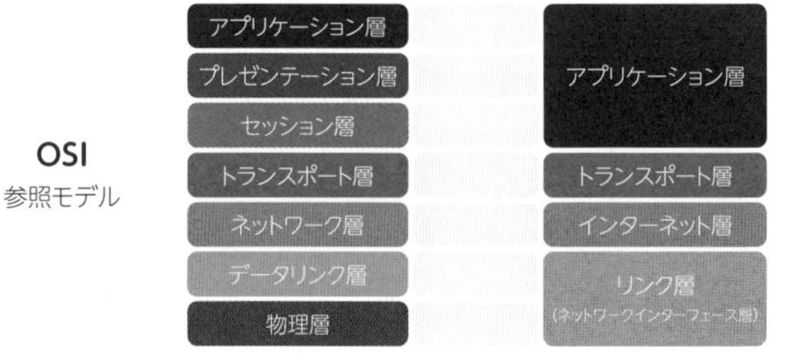

OSI参照モデルばかり覚えがちだけど、TCP/IPモデルとの比較も出題されます！ 一緒に覚えましょう！

TCP/IPモデルでは、OSI参照モデルのアプリケーション層、プレゼンテーション層、セッション層の上位層をまとめて**アプリケーション層**として扱います。ネットワーク層は、**インターネット層**、そしてデータリンク層と物理層もまとめられて**リンク層（ネットワークインターフェース層）**という名称で扱われます。

入門編 STEP 1-1.14

重要度 ∞

カプセル化と非カプセル化

プロトコルスタックに従ってデータを梱包して送り出す

ポイントはココ!!

- 各層で**ヘッダ**を付加してデータを送信できる状態にすることを**カプセル化**という。
- トランスポート層（L4）のヘッダ情報には**ポート番号**が含まれる。
- ネットワーク層（L3）のヘッダ情報には**IPアドレス**が含まれる。
- データリンク層（L2）のヘッダ情報には**MACアドレス**が含まれる。
- 各層ごとに扱うデータの単位を**PDU**という。
- トランスポート層のPDUのことを**セグメント**または**データグラム**という。
- ネットワーク層のPDUのことを**パケット**という。
- データリンク層のPDUのことを**フレーム**という。
- データを受け取った機器が、各層のヘッダの情報を取り外して、データを処理していくことを**非カプセル化**という。

●学習と試験対策のコツ

カプセル化と非カプセル化では、各階層で必要とされるヘッダ情報とPDUの名称がよく問われます。また試験で直接問われることはまれですが、ヘッダという言葉は本書全体を通して頻繁に出てきますので、ここでしっかりと意味を理解しておきましょう。

考えてみよう

前項では、手紙を送る場合などを例にしてOSI参照モデルについて学習しました。ここでは手紙ではなくダンボールで荷物を送る場合を例に考えてみましょう。日常生活では荷物を送る際、宛先の住所を記載した伝票をダンボールに貼り付けて送りますね。では、通信の世界ではどのようにしてOSI参照モデルの各階層の情報を取り扱っているのでしょうか。

1 カプセル化

たとえば、旅行先で置物のおみやげを購入して友達に送るとしましょう。荷物を送る場合、ざっくりと以下の流れになると思います。

・置物を梱包する。

・梱包した置物をダンボールに入れる

・宛先の記載のある伝票をダンボールに貼りつける

・発送する

荷物を梱包するのと同じように、データに各層（各レイヤ）で必要な情報をくっつけて、データ伝送ができる状態にすることを**カプセル化**といいます。

OSI参照モデルでの通信処理の流れを確認しましょう。送信するデータはOSI参照モデルのレイヤ７からレイヤ１へと順に処理される過程で情報がつけ足され、レイヤ１で電気信号として伝送されます。また、各階層でつけ足される情報のことを**ヘッダ**といいます。「ネットワーク層ではIPヘッダが付加される」というようにこの言葉を使用します。

■カプセル化と非カプセル化の概要

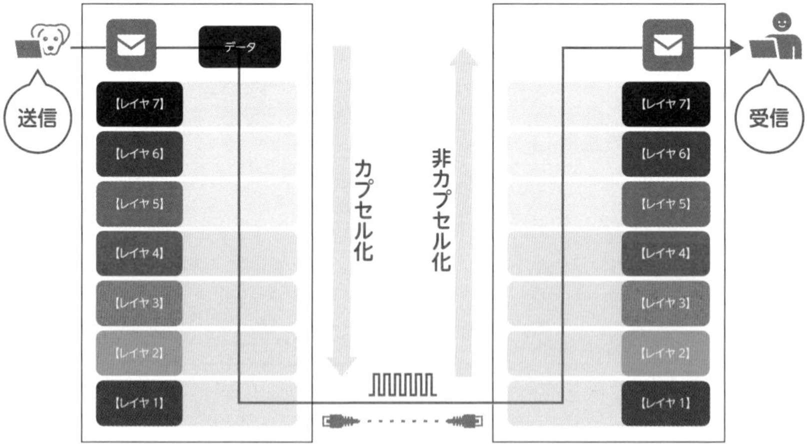

カプセル化では送信側の機器でレイヤ７から順にレイヤ１へ必要なヘッダを付加していきます。レイヤ７のアプリケーション層では、データにレイヤ７のヘッダをくっつけて、レイヤ６のプレゼンテーション層に渡します。レイヤ６では、

レイヤ６で必要なヘッダをくっつけて、レイヤ５のセッション層に渡し、以下レイヤ１まで同じことを繰り返します。レイヤ１まで来ると、データは「0」と「1」の情報に変換され、それが電気信号として送り出されます。

■カプセル化

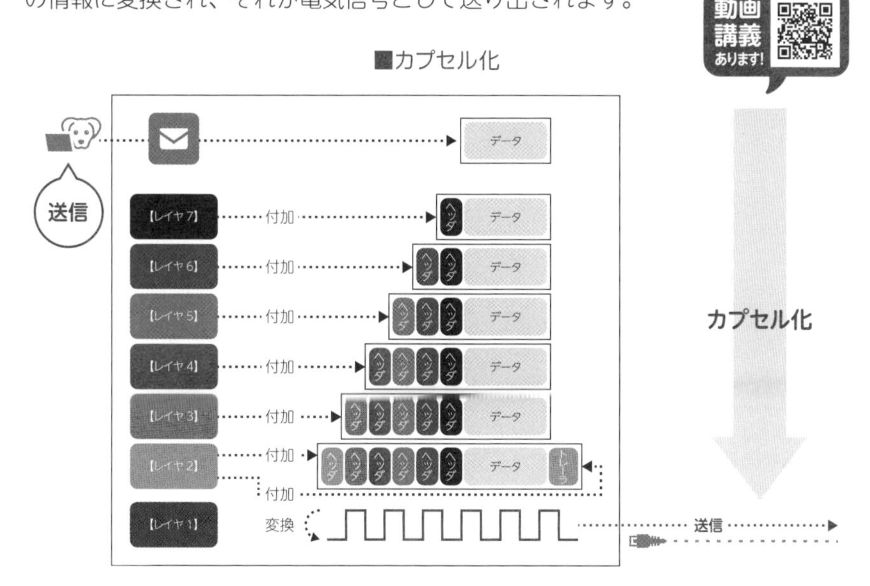

さて、ここで、CCNA試験で重要になるヘッダをご紹介しておきます。

①レイヤ４のヘッダ

レイヤ４のトランスポート層では、ヘッダとして**ポート番号**などの情報が付加されます。ポート番号とは**アプリケーションを区別するための識別番号**のことです。コンピュータでは動画視聴アプリやメールアプリなど、さまざまなアプリケーションソフトウェアが動いています。そのため、送受信しているデータがどのアプリで使用しているかを識別する必要があります。そのときに利用されるのがポート番号です。ちなみに、同じ動画視聴アプリを使用していても、動画Aと動画Bで使用しているポート番号が違うので、動画が混ざることはありません。

スイッチやルータの差込口を表す「ポート」とは意味が違うので注意しましょう!

レイヤ４では**TCPヘッダ**や**UDPヘッダ**が付加されます。付加される情報によってヘッダ名は変わります。また、TCPヘッダが付加された状態のデータを

セグメント、UDPヘッダが付加された状態のデータを**データグラム**と呼びます。データが処理されている層によって、データの呼び方が変わるのですね。TCPとUDPの詳細についてはSTEP3-1.6で学習します。

②レイヤ3のヘッダ

ネットワーク層では**IPアドレス**などの情報が付加されます。レイヤ3で付加されるヘッダのことをIPヘッダといい、IPヘッダが付加された状態のデータを**パケット**と呼びます。

③レイヤ2のヘッダ

データリンク層では**MACアドレス**などの情報と、トレーラという送信中に起きたエラーをチェックするための情報が付加されます。レイヤ2で付加されるヘッダのことをイーサネットヘッダといい、イーサネットヘッダが付加された状態のデータを**フレーム**と呼びます。

④PDU

カプセル化によって必要なヘッダが各層で付加されていく際に、その層で扱う単位のことを**PDU（Protocol Data Unit）**といいます。トランスポート層のデータ単位（PDU）のことを**セグメント**や**データグラム**、ネットワーク層のデータ単位のことを**パケット**、データリンク層の単位のことを**フレーム**といいます。

■各レイヤでのデータ単位の名称

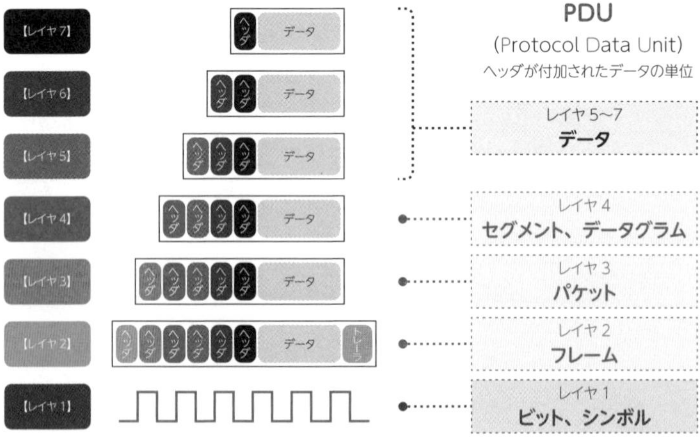

2 非カプセル化

データを受け取った機器が、各層のヘッダの情報を取り外して、データを処理していくことを**非カプセル化**といいます。先ほどのおみやげの例だと、おみやげを受け取った友達が、ダンボールを開けて、梱包を取り外し、置物を取り出すようなイメージです。つまり、カプセル化で行ったことの逆をやるわけですね。

具体的には、データを受け取った機器が物理層で電気信号を「0」と「1」のパターンに変換してデータリンク層に渡します。データリンク層では**フレーム**の中のイーサネットヘッダを確認して処理をし、処理が終了するとヘッダを外して、ネットワーク層に渡します。ネットワーク層では**パケット**の中のIPヘッダを確認して処理をし、処理が終了するとヘッダを外して、トランスポート層に渡します。同じように上位の層でも処理を行い、最終的にデータを受け取ることができるようになります。

動画講義あります!

■非カプセル化

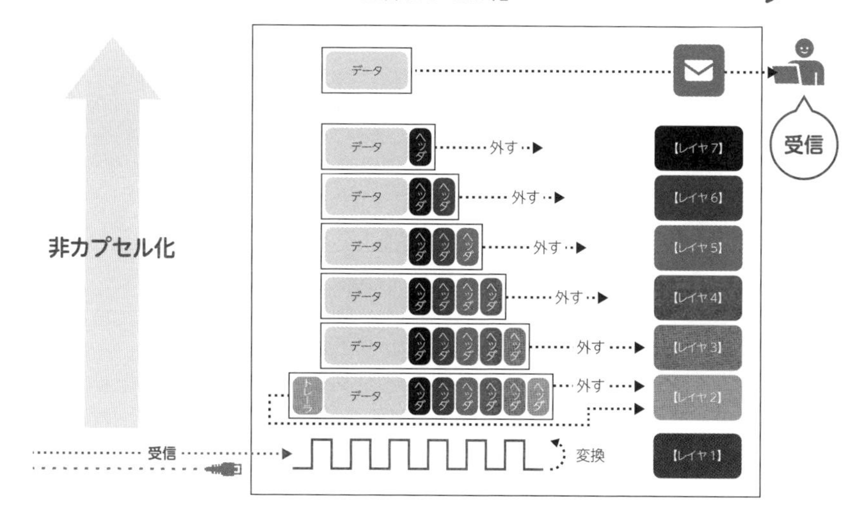

入門編
STEP
1-1.15

重要度 ∞

OSI参照モデルで解釈し直すネットワークコンポーネント

ネットワーク機器はレイヤ別に役割分担をしている

ポイントはココ!!

- ルータはネットワーク層にかかわるデータ処理をしている。
- レイヤ3スイッチはネットワーク層にかかわるデータ処理をしている。
- レイヤ2スイッチはデータリンク層にかかわるデータ処理をしている。

●学習と試験対策のコツ

OSI参照モデルはCCNA試験の学習を進めていくうえで、地図としての役割を果たしてくれます。そして、この後の学習ではスイッチやルータについてより深く学習していきますので、今、自分がどのレイヤに関係する学習をしているのかを意識しながら読み進めてください。

プロトコルやOSI参照モデルを学習すると、ネットワークコンポーネントを別の視点から理解できるようになります。一部のネットワーク機器はレイヤ別に役割を分担しているのです。

1 ネットワーク層（レイヤ3）で働くルータ

ネットワーク層は異なるネットワークにデータを送り届けるためのルールを決めている層ですね。そしてルータはネットワークを分割するとともに、ネットワーク同士を接続する機器でした。つまり、**ルータは主にネットワーク層にかかわるデータ処理をしている**と考えることができるのです。

2 データリンク層(レイヤ2)で働くスイッチやアクセスポイント

データリンク層は隣接するノードとどうやって通信するかを決めている層ですね。他にも、1つのネットワークの中でどうやってデータを転送するかを決めている層とも表現できます。そしてスイッチやアクセスポイントは各ノードの集線装置としてデータ転送に特化していました。つまり、**スイッチやアクセスポイントは主にデータリンク層にかかわるデータ処理をしている**と考えることができるのです。

なお、スイッチの中にはネットワーク層にかかわるデータ処理をしている機器もあり、このスイッチを特に**レイヤ３スイッチ（L3スイッチ）**と呼びます。一般的なスイッチはデータリンク層にかかわるデータ処理をしているので、**レイヤ２スイッチ（L2スイッチ）**と呼ばれます。単に「スイッチ」と呼ぶ場合はレイヤ２スイッチのことをさしています。

3　その他のネットワークコンポーネント

スイッチやルータの他にも、図のようにブリッジやハブ、リピータなどのネットワーク機器が存在していますが、CCNA試験ではほとんど問われないことに加え、現場でも使用頻度は下がり続けていますので、本書では次のコラムで紹介するだけにとどめます。

■OSI参照モデルと代表的な機器

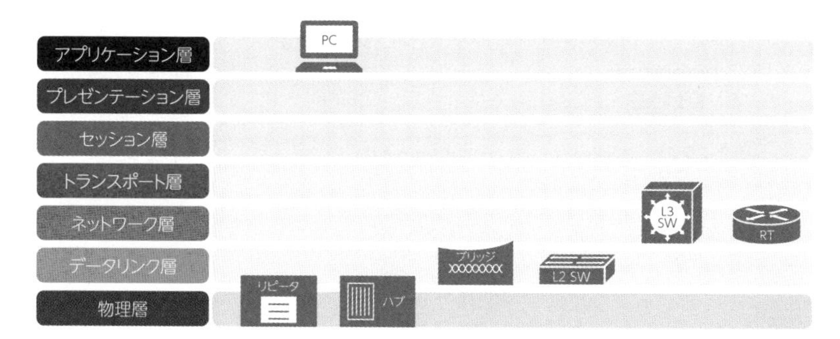

Column　リピータ、ハブ、ブリッジ、スイッチの違い

スイッチと似たようなネットワーク機器にリピータ、ハブ、ブリッジなどがあります。違いを簡単に確認しておきましょう。これらのネットワーク機器の役割を分類すると、次のようになります。

・弱まった電気信号を元に戻す（リピータ）
・すべてのポートからデータを送出する集線機器（ハブ）
・宛先を判別して特定のポートからデータを送出する集線機器（ブリッジ、スイッチ）

■リピータ、ハブ、ブリッジ、スイッチの違い

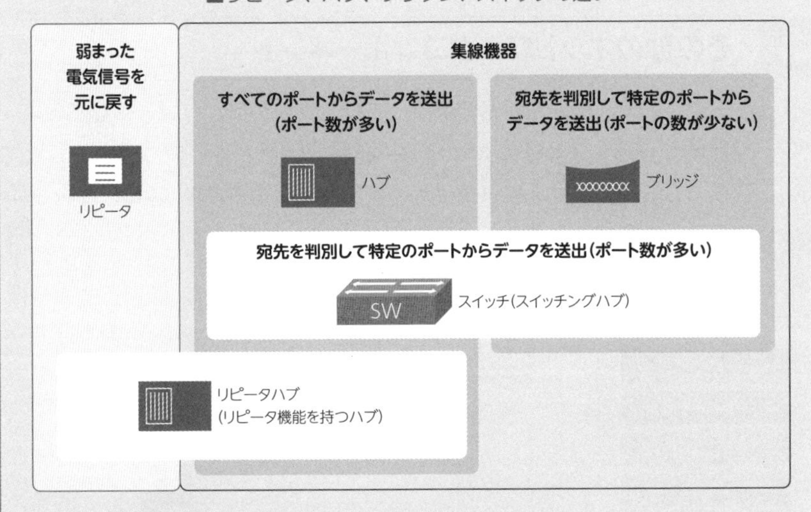

ケーブルを流れている電気信号は徐々に減衰していきます。コンピュータネットワークの世界では電気信号が正常に伝送できる距離が決められています。この距離を超えて電気信号を伝送する場合には**リピータ**を利用します。

ハブはスイッチと同じ集線機器ですが、どのポートの先にどのコンピュータが接続しているかを判別することはできません。接続しているコンピュータを判別できないので、受信したポート以外のすべてのポートからデータを送出します。

ブリッジはスイッチと同じ集線機器であり、どのポートの先にどのコンピュータが接続しているかを判別することができます。ただし、スイッチと比べてポートの数が少ないという特徴などがあります。

リピータの機能を持ったハブのことを**リピータハブ**といいます。電気信号の強さを元に戻したうえで、受信したポート以外のすべてのポートからデータを送出します。

入門編

STEP 1-2

ネットワークアクセス（スイッチング）Ⅰ

この章では、出題割合の20%を占める重要項目であるネットワークアクセス分野について、その入門知識を学習していきます。

ネットワークアクセスの分野では、OSI参照モデルでいうところのデータリンク層の技術について学習していきます。データリンク層の技術ということは、主にレイヤ2スイッチに関する技術を学習していくということです。ゆえにこの分野はスイッチング分野とも呼ばれます。

スイッチは、集線機器とも呼ばれるデータを転送することに特化したネットワーク機器です。スイッチの基本動作の項目では、スイッチがどのようにしてデータの転送先を判断しているのかを学習します。また、データの転送先がわからなかった場合に、スイッチがどのように動作するのかも学習します。

章の最後ではARPというプロトコルを学習します。この項目ではIPアドレスやMACアドレスといった、ネットワーク技術を学習するうえで必ず理解しなければいけない言葉もたくさん出てくるようになります。

入門編
STEP
1-2.1

重要度 ∞

スイッチの基本動作（スイッチング）

スイッチはMACアドレステーブルを参照して特定のノードにのみフレームを転送する

ポイントはココ!!

- 送られてきたフレームのMACアドレスを確認して、スイッチが保持しているMACアドレス情報と照合して、宛先のみにフレームを送信することを**スイッチング**という。
- スイッチが保持しているMACアドレスの情報を**MACアドレステーブル**（シスコでは**CAMテーブル**）という。

●学習と試験対策のコツ

受け取ったフレームをスイッチがどのように処理するのかを学ぶことはとても重要です。このしくみのおかげでスイッチは特定の相手にフレームを送り届けることができるようになります。この項目で扱う内容を理解することで、次項で説明する「フラッディング」の理解が深まります。

データリンク層（レイヤ2）で扱うデータの単位をフレームというのでしたね。（STEP1-1.14）

考えてみよう

たとえ話で進めましょう。あなたは3年２組（という１つのネットワーク）に所属する理科係です。理科係の仕事は、理科の観察日記をクラス全員に返却することです。ある観察日記には「３年２組13番　渦々太郎」と書かれていました。あなたはどうやって彼に観察日記を返却しますか？

1 スイッチングとは

どうやって返却するも何も、渦々太郎くんのところまで行って、ほらよっと観察日記を渡すだけですよね。とても単純明快です。先生から預かった観察日記の氏名を確認して、自分の記憶と照合して、その人に送り届けるだけです。

スイッチもこれと同じことをしています。**送られてきたフレームのMACアドレスを確認して、スイッチが保持しているMACアドレス情報と照合して、宛先のみにフレームを送信します。**これを**スイッチング**といいます。このとき、スイッチが保持しているアドレス情報のことを**MACアドレステーブル**（シスコでは**CAMテーブル**）といいます。スイッチはMACアドレステーブルを参照して特定のノードにのみフレームを転送しているのですね。

■スイッチはMACアドレスを確認してフレームを転送している

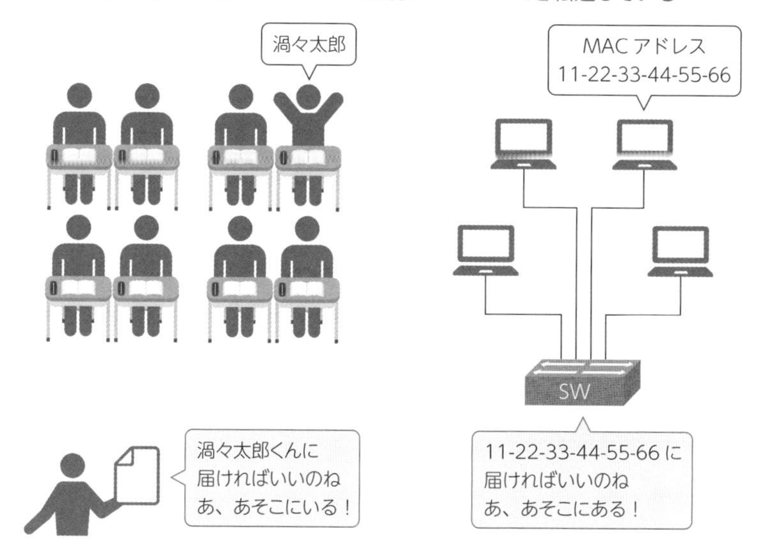

ほらね、普段人間が考えていることと同じような処理をしているでしょ？「つながりのしくみ」には共通する部分が多いのです！ MACアドレスについてはSTEP2-1.10で詳しく説明しますね。

入門編
STEP
1-2.2

重要度 ∞

フラッディング

宛先MACアドレスを持つノードの場所がわからないときのスイッチの動作

ポイントはココ!!

- 受信したポート以外のすべてのポートからフレームを送信することを**フラッディング**という。
- 宛先MACアドレスが、MACアドレステーブルに登録されていない場合、スイッチはフレームを**フラッディング**する。

●学習と試験対策のコツ

今回学習するスイッチのフラッディングというしくみは非常に便利です。「宛先の居場所がわからないときは○○する」という考え方は、この後にもいろいろな場面で出てきます。

考えてみよう

前項では、３年２組の理科係としてあなたは渦々太郎くんにしっかりと観察日記を渡すことができました。では、もしあなたが転校初日で知り合いが誰もいない状況で、理科係を頼まれたら、どうやって観察日記を配りますか？

1 フラッディングとは

ここではスイッチの挙動に沿って説明しますね。クラスメイトの顔も名前も知らないあなたは、「渦々太郎」と書かれている観察日記を見ても彼がどこにいるかわかりません。そこで、クラス全員に向けて、「これ君の観察日記？」というように渦々太郎くんの観察日記を渡しに行くのです。すると「はい！これは僕の観察日記です。僕が渦々太郎だよ！」と彼を見つけることができます。彼からの返事を受け取ったあなたは、友達リストに「渦々太郎は後列の４番目にいる」などとメモを残します。全員分の観察日記を返す場合には、この作業を全員分繰り返すわけですね。

■フラッディングのたとえ

スイッチが行っている処理も同じです。ネットワークに初めて参加したスイッチでは、まだMACアドレステーブル（友達リスト）には何も登録されていません。そしてスイッチがフレーム（観察日記）を受け取ったとき、MACアドレス（渦々太郎）を見ても、そのノードがどこに存在しているかわかりません。そこで**スイッチは、受信したポート以外のすべてのポートからフレームを送信します**。これを**フラッディング**といいます。フレームを受信したノードは返事をする必要がある場合、スイッチにフレームを送信します。スイッチはこのフレームを受け取るこ

■フラッディングしてMACアドレスを学習するまでの過程

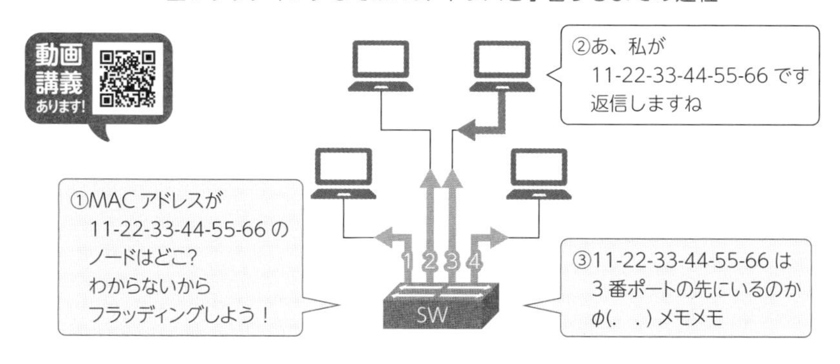

とで、「３番ポートの先にはMACアドレスが11-22-33-44-55-66のノードが存在する」というような情報を知り、MACアドレステーブルに追加するのです。

先ほどの図での「③11-22-33-44-55-66は３番ポートの先にいるのかφ(..)メモメモ」という処理は、具体的にはMACアドレステーブルに情報を追加する処理になります。次の図はMACアドレステーブルの例です。

■MACアドレステーブルの例

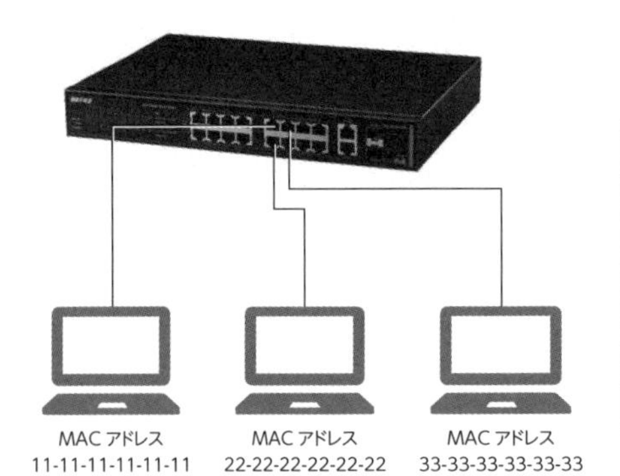

MACアドレステーブル

MACアドレス	ポート
11-11-11-11-11-11	Fa0/1
22-22-22-22-22-22	Fa0/2
33-33-33-33-33-33	Fa0/3

入門編 STEP 1-2.3

重要度 ★★★

ARP

IPアドレスを手掛かりにしてノードのMACアドレスを取得する

ポイントはココ!!

- IPアドレスとMACアドレスを紐づけるプロトコルを**ARP**という。
- 一度解決されたMACアドレスは各ノードの**ARPテーブル**に**ARPキャッシュ**としてしばらく保管される。
- ARPでは**ARPリクエスト**を**ブロードキャスト通信**でネットワークに送信する。
- ARPリクエストに応答する場合、ノードは**ARPリプライ**を**ユニキャスト通信**で送信する。

●学習と試験対策のコツ

ARPとスイッチのフラッディングを混同しないように注意してください。ARPは次の章のIPコネクティビティ（ルーティング）を理解するうえで必須の知識になります。必ずARPの挙動を理解しましょう。

考えてみよう

今度は理科係（スイッチ）ではなく、１人のクラスメイト（ノード）の立場で考えてみましょう。あなたは転校してきたばかりです。先生からプリントを届けるように頼まれましたが、プリントには「出席番号13番」としか書かれていません。さて、あなたはどうやって13番の人の名前（MACアドレス）を知りますか？

1　ARPとは

あなたは13番の人の氏名を知るために、クラスに向かって大声で「出席番号が13番の人は名前を教えてください！」と叫びます。転校してきたばかりで大変ですが、そういうルール（プロトコル）なのです。すると「13番は僕です。

名前は渦々太郎です」と返事が返ってくるので、あなたは友達リストに「13番は渦々太郎」とメモを残します。

■ARPでのブロードキャストのたとえ

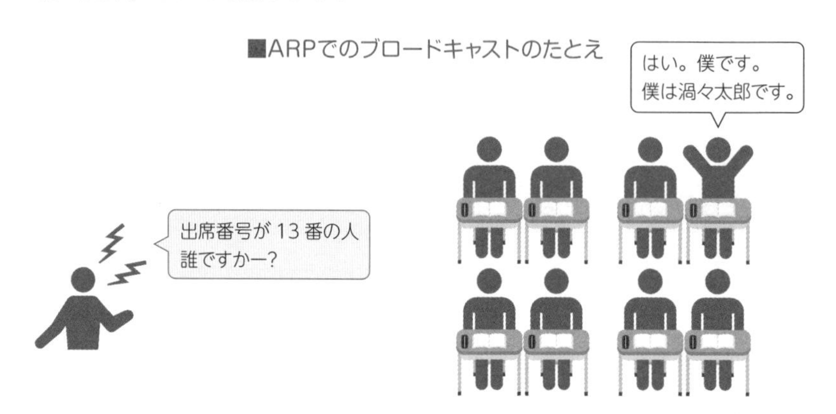

　ではネットワークの世界に沿って説明します。OSI参照モデルで確認したように、L3ヘッダにIPアドレス（３年２組13番）が格納されていても、L2ヘッダに宛先ノードのMACアドレス（渦々太郎）の情報が格納されていないと、データを送ることはできません。そこでIPアドレス（３年Ｂ組13番）とMACアドレス（渦々太郎）を紐づける作業が必要になります。この作業を行うのが**ARP（アープ）**というプロトコルです。

　ARP（Address Resolution Protocol）とは**IPアドレスに紐づくMACアドレスを解決するためのプロトコル**です。ARPを使用してL2ヘッダに宛先ノードのMACアドレスを格納します。英語の意味の通り「アドレスを解決するプロトコル」ですので、もともとの英単語も覚えておくと意味も含めて記憶しやすいですよ。

ARPとスイッチのフラッディングを混同してしまう人がいますが、まったく違うものです。今は各ノードがデータを送信するときの話をしています。手紙を出すときのお話ですよ。スイッチのフラッディングは受け取ったデータを転送するときのお話です。

2　ARPリクエスト（要求）

　それでは、ARPを使用して宛先MACアドレスを調べる方法を見ていきましょう。

　まず送信元ノードはIPアドレス（例：172.16.1.3）の宛先ノードにデータを送ろうとしますが、宛先ノードのMACアドレスがわかりません。そこで送信元ノードは「172.16.1.3のノードさん、いらっしゃいますか〜」というメッセージを**ブロードキャスト通信**で送信します。このメッセージのことを**ARPリクエスト（要求）**といいます。

■ARPリクエスト

〈IPアドレス〉172.16.1.1 〈MACアドレス〉00-00-AA-AA-AA-AA
〈IPアドレス〉172.16.1.2 〈MACアドレス〉00-00-BB-BB-BB-BB
〈IPアドレス〉172.16.1.3 〈MACアドレス〉00-00-CC-CC-CC-CC
〈IPアドレス〉172.16.1.4 〈MACアドレス〉00-00-DD-DD-DD-DD

IPアドレス172.16.1.3の
ノードさん
いらっしゃいますか〜?

送信元ノード
ノード
ノード
宛先ノード
ノード

ブロードキャスト

ARPリクエスト(要求)

IPアドレスとMACアドレスの詳細は
STEP2-1で説明します。

STEP1 入門編

3　ARPリプライ（応答）

ARPリクエスト（要求）を受け取った該当の宛先ノードは、IPアドレスが自分のものと一致している場合「自分のMACアドレスは00-00-CC-CC-CC-CCです！」というメッセージを**ユニキャスト通信**で返します。このメッセージのことを**ARPリプライ（応答）**といいます。

■ARPリプライ

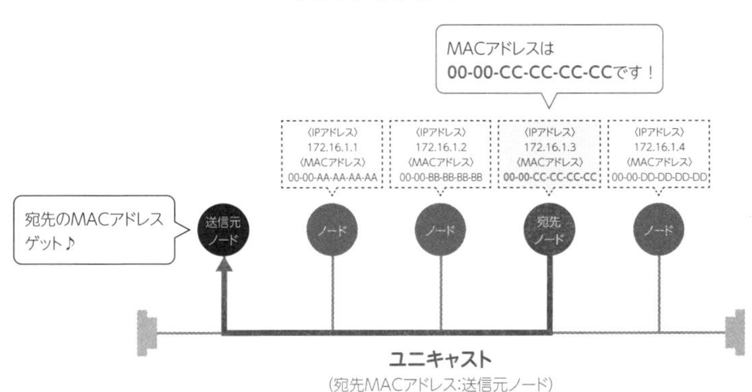

このように、ARPリクエスト（要求）とARPリプライ（応答）の2つのメッセージのやり取りで、送信元ノードは宛先ノードのMACアドレスを知ることができます。その後、L2ヘッダに宛先のMACアドレスの情報を格納してデータを送ります。また２回目以降の通信に備えて、今調べたMACアドレスの情報を**ARPテーブル**という場所に数分間登録しておきます。そのため、２回目以降はARPリクエスト（要求）を送信する必要がなくなり、素早い通信が可能になります。ARPテーブルに保存された情報のことを**ARPキャッシュ**といいます。

■ARPテーブル

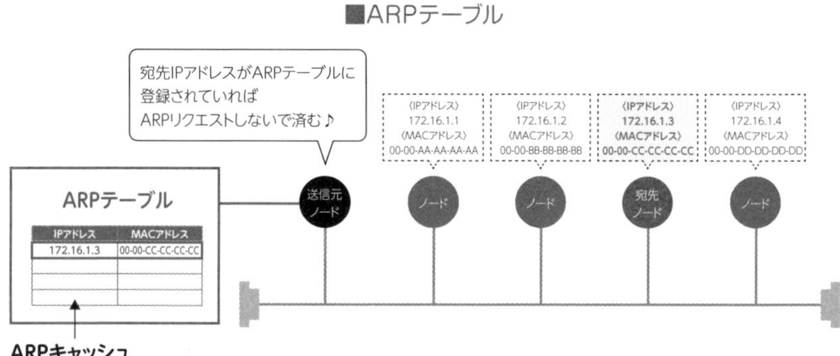

ARPとスイッチのフラッディングを混同しないように注意してください。データを送信するためにはL2ヘッダに宛先MACアドレスを格納しなければいけません。しかしそのMACアドレスがわからない場合、IPアドレスからMACアドレスを割り出す必要があります。これをするのがARPというプロトコルです。

一方でスイッチのフラッディングは、宛先MACアドレスがわかってはいるものの、スイッチのどのポートの先にノードが接続されているかわからないときに、とりあえず受信ポート以外の全ポートからフレームを送信することです。

ARPは主にノードがデータ送信するときに、フラッディングはスイッチがデータを転送するときに利用するものです。

なお、ARPは、厳密にはネットワーク層（レイヤ３）に分類されるプロトコルです。本書では、スイッチングの文脈で解説するため、またフラッディングとの比較で学習者から質問が多いため、ネットワークアクセス（スイッチング）の章で扱いました。

入門編

STEP 1-3

IPコネクティビティ（ルーティング）Ⅰ

この章では、出題割合の25%を占める最重要項目であるIPコネクティビティ分野について、その入門知識を学習していきます。

IPコネクティビティ分野では、OSI参照モデルでいうところのネットワーク層の技術について学習していきます。ネットワーク層の技術ということは、主にルータに関する技術を学習していくということです。ゆえにこの分野はルーティング分野とも呼ばれます。

ルータがパケットの宛先情報を見てパケットを適切な方向へ転送することをルーティングといいます。私たちが普段インターネットに接続してさまざまなコンテンツを楽しむことができているのは、世界中でルータがルーティングを行っているからです。本章では、そもそもルーティングとは何かから始まり、ルータがどのようなしくみでルーティングを行っているのかを学習していきます。

本章の最後では、ルーティング中のパケットにどのようなIPアドレスとMACアドレスが格納されるのかを学習しますが、これは試験でも頻出項目なので必ず理解しましょう。

入門編 STEP 1-3.1

重要度 ∞

ルーティングとは

経路リストを確認して正しいポートからパケットを転送する

ポイントはココ!!

- ルータがパケットを転送するために確認する経路リストのことを**ルーティングテーブル**という。
- ルーティングテーブルに基づいてパケットを転送することを**ルーティング**という。

●学習と試験対策のコツ

ここでは、ルータがパケットを受け取った際にどのように動作するかを学びます。ルータは、ルーティングテーブルをもとに転送することをしっかり理解しておきましょう。ルーティングはCCNA試験の「IPコネクティビティ」という単元にあたり、この単元の出題比率は25%です。この項目はかなり重要な単元の導入部分なのです。

ネットワーク層（レイヤ3）で扱うデータの単位をパケットというのでしたね。(STEP1-1.14)

考えてみよう

パケットを宛先に届けることは、電車の乗り換えに似ています。皆さんが普段駅で乗り換えをするときに考えているような処理をルータも行っているのです。想像してください。あなたは田舎に住んでいて、東京にある新宿駅に行くために最寄り駅に到着しました。さて、あなたは駅でどんな情報を探しますか？

1 ルーティングとは

駅にはいろいろな情報がありますが、多くの人は「次の駅に行くには、何番線の電車に乗ればよいのか」を探すはずです。たとえば岐阜から新宿に行くことを

■田舎から新宿駅まで行くには

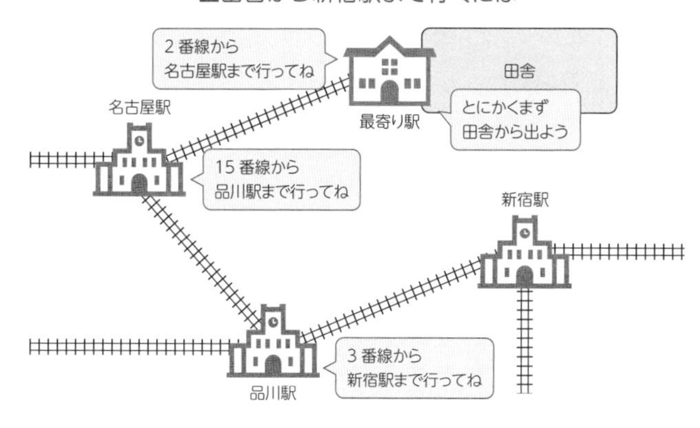

考えてみると「とりあえず2番線の電車に乗って、まずは名古屋駅まで行く」となります。名古屋駅に着いた後のことは、名古屋駅で情報を探します。

■ルーティングの考え方

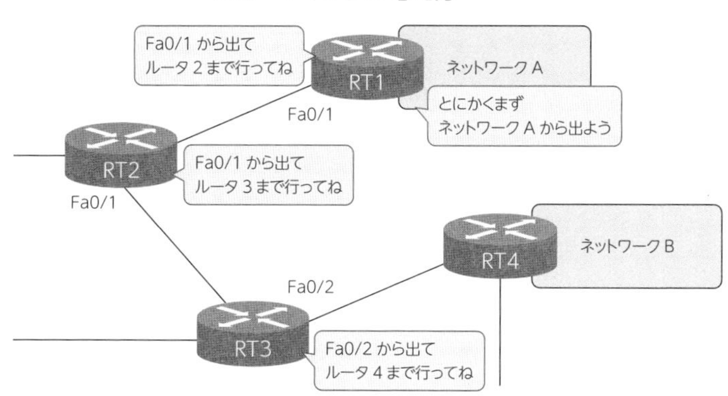

ネットワークの世界も基本的には同じ考え方をします。ネットワークAに所属しているノードからネットワークBにパケットを送信する際の各ルータの動作は、次のようになります。各ルータ（駅員）の気持ちになって考えてください。

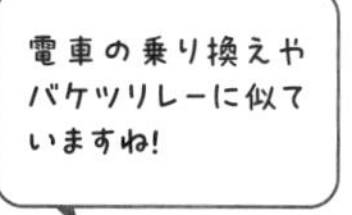

・ルータ1は、到着したパケットを調べるとネットワークB宛てのパケットだとわかるので、ルータ2に向けてFa0/1から転送する。

・ルータ2は、到着したパケットを調べるとネットワークB宛てのパケットだとわかるので、ルータ3に向けてFa0/1から転送する。
・ルータ3は、到着したパケットを調べるとネットワークB宛てのパケットだとわかるので、ルータ4に向けてFa0/2から転送する。

ルータは、パケットをどの方向に転送するのかを判断するために、自身が持っている経路リストを確認します。この経路リストのことを**ルーティングテーブル**といいます。具体的には「宛先がネットワークCのパケットの場合は、Fa0/1のポートから送信する」というような情報がまとめられています。ちょうど駅の電光掲示板と同じですね。「品川駅に行きたい場合は、15番線の列車に乗る」というような情報がまとめられているのです。

このようにルータはルーティングテーブルの宛先情報を見て、データを適切な方向へ転送します。このことを**ルーティング**といいます。なお、ルーティングテーブルの宛先情報には、機器の住所である**IPアドレス**が記載されています。

IPアドレスの詳細はSTEP2-1で、ルーティングの詳細はSTEP2-3で説明します。

入門編 STEP 1-3.2

重要度 ∞

ネットワークをまたいで通信するには

ルーティングとARPの関係

ポイントはココ!!

- ネットワークをまたいで通信をする場合、送信元ノードから宛先ノードにパケットが送られるまで、**宛先IPアドレスと・送信元IPアドレスは変わらない**。
- ルータからルータへパケットが転送される場合は1つのネットワークの中を通過するので、そのネットワークの中でのMACアドレスが必要になる。したがって、**MACアドレスはルータを経由するたびに書き換えられる**。

●学習と試験対策のコツ

ルーティングの際に、どんなIPアドレスやMACアドレスが使用されるかを理解することはとても大切です。試験でも頻出の項目です。

考えてみよう

■離れたネットワークのノードにどうやってデータを送るのか

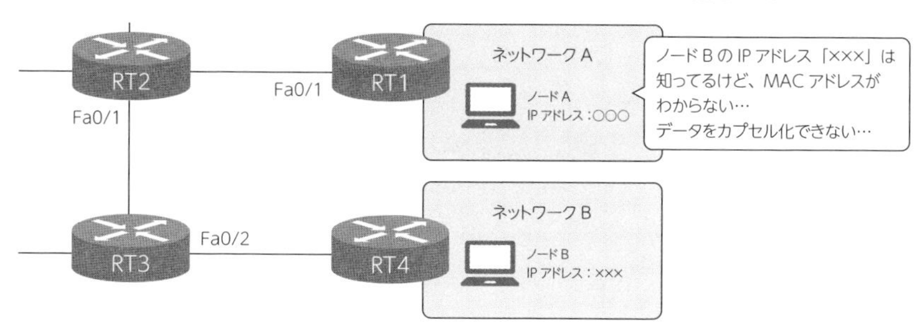

ネットワークAに所属しているノードAが、ネットワークBに所属しているノードBにパケットを送信する場合を考えます。カプセル化の項目でも学習しましたが、パケットを送信するためにはL3ヘッダにIPアドレスの情報、L2ヘッダに

MACアドレスの情報が必要です。ところが、ノードAはノードBのIPアドレスは知っていても、MACアドレスは知らないのです。

アメリカ在住のボブについて、彼のパソコンのメールアドレスは知っていても、MACアドレスまでは知らないのと同じ感じだと、ここでは思ってください。

皆さんがノードAなら、どうやってノードBまでデータを届けようとしますか？

1 ノードAはノードBのMACアドレスを知ることができない

解決方法としてノードBのMACアドレスを割り出すために、ノードAからARPを送信すると考えた方もいるでしょう。よく勉強していますね。しかし、この方法ではパケットを送信できません。

ノードAがARPリクエスト（要求）を送信する際はブロードキャスト通信で送るんでしたね。ブロードキャスト通信とはある１つのネットワークに属するノードすべてにパケットを送信する通信です。つまり、ネットワークAでブロードキャスト通信をしてもその通信がネットワークBに届くことはないのです。具体的にはルータ１で止まってしまいます。つまり、宛先ノードが他のネットワークにある場合は、宛先ノードのMACアドレスを知ることができないのです。

■ARPリクエストはネットワークAの中にしか届かない

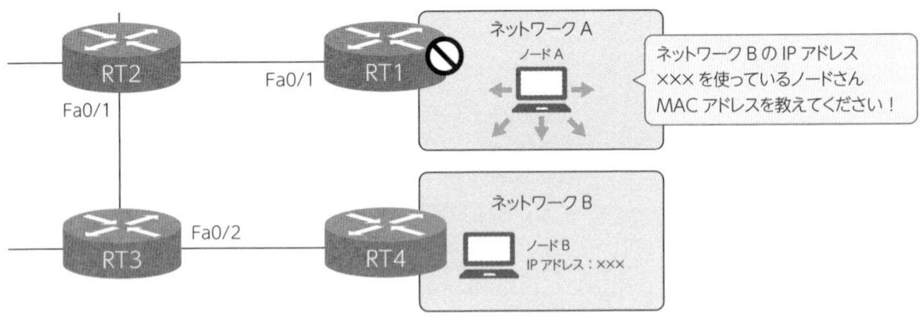

ではどうやってパケットをネットワークBまで届けるのでしょうか。ノードBのMACアドレスは、ノードAにはわからないので、実はルータ１にデータを送信して「後はよろしくね！」とするのです。そんな乱暴なやり方で本当にパケットが届くのかと思われるかもしれませんが、届くのです。

①ノードAの動作

ルータ１にパケットを送信するためにARPを利用してルータ１のMACアドレスを調べます。このときルータは異なるネットワークの出入口の役割を果たしていますが、この出入口のことを**デフォルトゲートウェイ**といいます。そしてノードAは下記の情報とともにルータ１にパケットを送信します。ネットワークAという１つのネットワークの中でパケットを転送するためにはMACアドレスが必要です。そのMACアドレスとして、ネットワークAの出入口（デフォルトゲートウェイ）であるルータ１を指定するのですね。

■ノードAからルータ1に転送されているときのヘッダ内容

L3ヘッダ		L2ヘッダ	
宛先IPアドレス	送信元IPアドレス	宛先MACアドレス	送信元MACアドレス
ノードB	ノードA	ルータ1	ノードA

②ルータ１の動作

前項のルーティングで学んだ通り、ルータ１はパケットを受け取ると自身のルーティングテーブルを確認して、「ネットワークBに行くには、ポートFa0/1の先にいる、ルータ２に転送すればよい」と判断します。

ところが、ルータ１からルータ２にパケットを転送する際には、１つのネットワークを通過するわけですので、MACアドレスが必要になります。今回はルータ２のMACアドレスが必要になります。そこでルータ１はARPを利用してルータ２のMACアドレスを調べます。

■ルータ1からルータ2に転送されているときのヘッダ内容

L3ヘッダ		L2ヘッダ	
宛先IPアドレス	送信元IPアドレス	宛先MACアドレス	送信元MACアドレス
ノードB	ノードA	ルータ2	ルータ1

③ルータ２の動作

さて、バケツリレーのような状態になっているのがなんとなくわかってきましたか？　あとは同じ要領です。ルータ２は自身のルーティングテーブルを確認して、「ネットワークBに行くには、ポートFa0/1の先にいる、ルータ３に転送すればよい」と判断します。ルータ３にデータを転送する際には、１つのネットワークを通過するので、ルータ３のMACアドレスが必要になります。ルータ２はARPを利用してルータ３のMACアドレスを調べます。

■ルータ2からルータ3に転送されているときのヘッダ内容

L3ヘッダ		L2ヘッダ	
宛先IPアドレス	送信元IPアドレス	宛先MACアドレス	送信元MACアドレス
ノードB	ノードA	ルータ３	ルータ２

④ルータ３の動作

ルータ３は自身のルーティングテーブルを確認して、「ネットワークBに行くには、ポートFa0/2の先にいる、ルータ４に転送すればよい」と判断します。ルータ３はARPを利用してルータ４のMACアドレスを調べます。

■ルータ3からルータ4に転送されているときのヘッダ内容

L3ヘッダ		L2ヘッダ	
宛先IPアドレス	送信元IPアドレス	宛先MACアドレス	送信元MACアドレス
ノードB	ノードA	ルータ４	ルータ３

⑤ルータ４の動作

さて、いよいよノードBの最寄りのルータ４までやってきました。ルータ４は自身のルーティングテーブルを確認して、「ネットワークBは自分が直接つながっているネットワークだ」というように判断します。そして、ルータ４は、ARPを利用してネットワークBに属しているノードBのMACアドレスを取得します。

■ルータ4からノードBに転送されているときのヘッダ内容

L3ヘッダ		L2ヘッダ	
宛先IPアドレス	送信元IPアドレス	宛先MACアドレス	送信元MACアドレス
ノードB	ノードA	ノードB	ルータ４

入門編
STEP
1-3.3

重要度 ★★★

ルーティング中のIPアドレスとMACアドレス

IPアドレスとMACアドレスは各インターフェースに設定されます

ポイントはココ!!

- IPアドレスとMACアドレスはネットワーク機器の各インタフェースに設定される。
- ルータは各ネットワークに１つずつIPアドレスとMACアドレスを持っていると表現できる。

●学習と試験対策のコツ

ここまでの学習でルーティングの基礎中の基礎は終了です。STEP2の学習で、IPアドレスのしくみを勉強すると、より深くルーティングの動作を理解できるようになります。まずは、ルーティングの際にIPアドレスとMACアドレスがどのように扱われるのかについて、確実に理解してください。

考えてみよう

前項では、ルーティングとARPの関係や、IPアドレスとMACアドレスがどのように扱われるかを学習しました。ここでは、もう少し詳しい部分まで見ていきましょう。次の問題に答えられるようになることが、本項の目標です。

例題1

送信元のパソコンから宛先のパソコンへ通信を行うとします。図中でパケットがルータ2からルータ3に転送されているとき、L3ヘッダやL2ヘッダに格納されている情報を、表に従って答えてください。

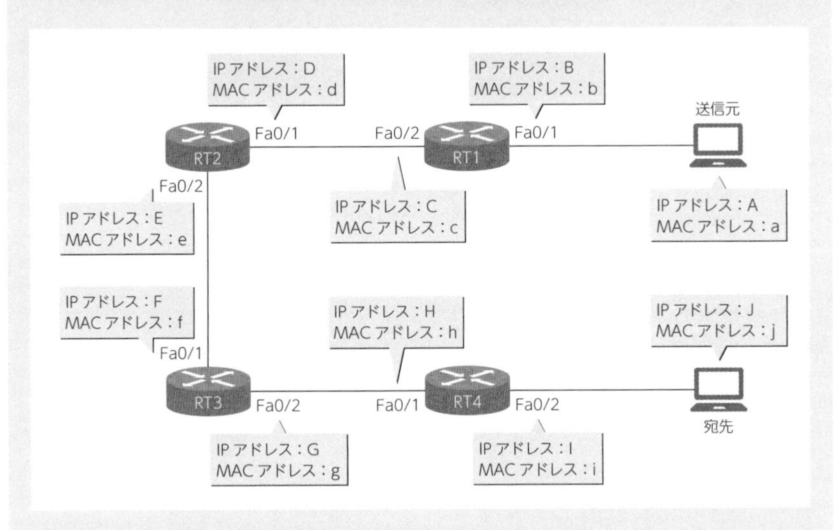

L3ヘッダ		L2ヘッダ	
宛先IPアドレス	送信元IPアドレス	宛先MACアドレス	送信元MACアドレス

1 IPアドレスやMACアドレスは各インターフェースに設定される

「むむ、今まで見てきたネットワークの図と何か違うぞ！」と感じていることでしょう。これまでのルーティングの説明では、概要を理解してもらうためにあえてざっくりとした説明をしてきました。ここではもう少し具体的な説明として、IPアドレスとMACアドレスを絡めて説明します。

ここまでの説明では、IPアドレスであれば「ネットワーク上の住所」や「3年2組13番」、MACアドレスであれば「機器の住所情報」や「渦々太郎」という表現をしてきました。わかりやすさを優先してこのような表現をしてきましたが、実際には１つのネットワーク機器に複数のIPアドレスやMACアドレスが設定されます。そして設定される場所は機器のインターフェース（ポート）です。

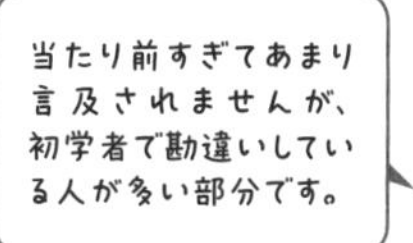

■IPアドレスやMACアドレスはインターフェースごとに設定される

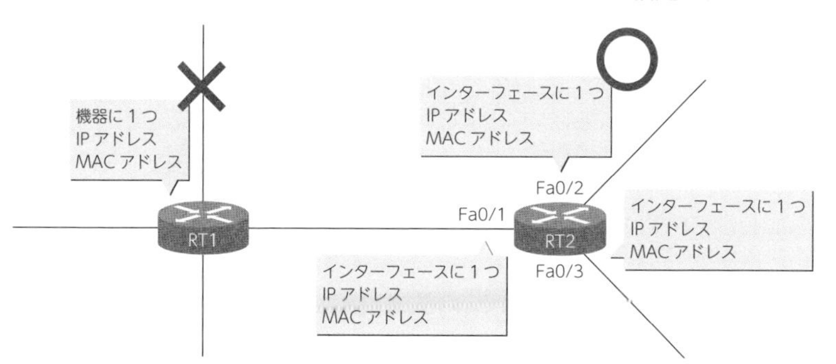

2　1つのネットワークとはどこをさしているか

ルータの説明としてこれまでは、ネットワークを分割するとともに、ネットワークどうしを接続する機器というような説明をしてきました。では次の図においてネットワークは何個あるでしょうか。

■ネットワークの個数は何個ある?

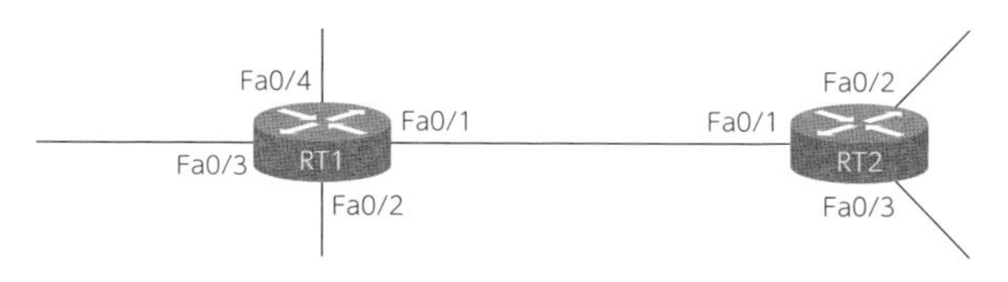

答えは６つです。次の図のようにネットワーク部分を強調すると、ルータがネットワークを分割していることがよくわかると思います。

■ルータはネットワークを分割する

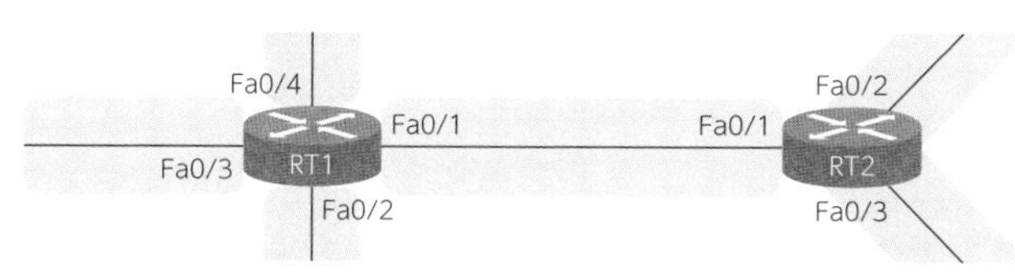

STEP1 入門編

IPアドレスとMACアドレスが各インターフェスに設定されることを踏まえると、**ルータは各ネットワークに1つずつIPアドレスとMACアドレスを持っている**と表現できます。1つのネットワーク内でパケットを転送する際には、MACアドレスを使用しますが、そのMACアドレスとはルータのインターフェースのMACアドレスなのです。

■ルータからルータにデータを転送する場合

3 初学者が勘違いしやすいこと

よくある質問に「上の図でルータ1とルータ2の間には何もないですが、ここも1つのネットワークなんですか？」というものがあります。

ルータによって分割されている範囲なので、もちろん1つのネットワークと考えるのですが、パソコンも何もないのでそう思うのもしかたがないですね。実際には次の図のようにさまざまな機器が接続されているのですが、問題などでは表示の都合で省略されているだけです。

■あえてスイッチやノードを記載した図

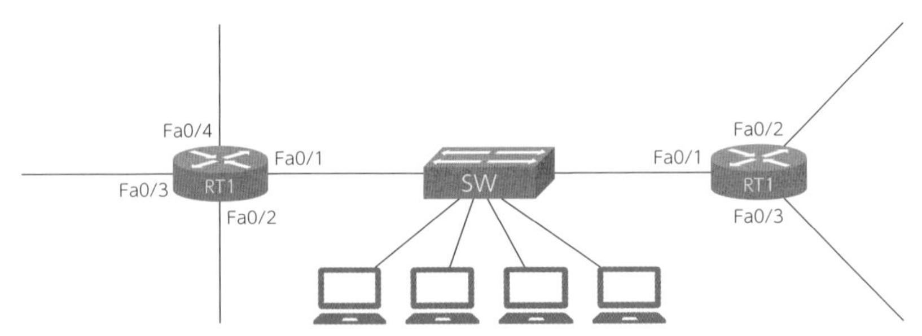

例題2

図中でパケットがルータ２からルータ３に転送されているとき、L3ヘッダやL2ヘッダに格納されている情報を答えてください。

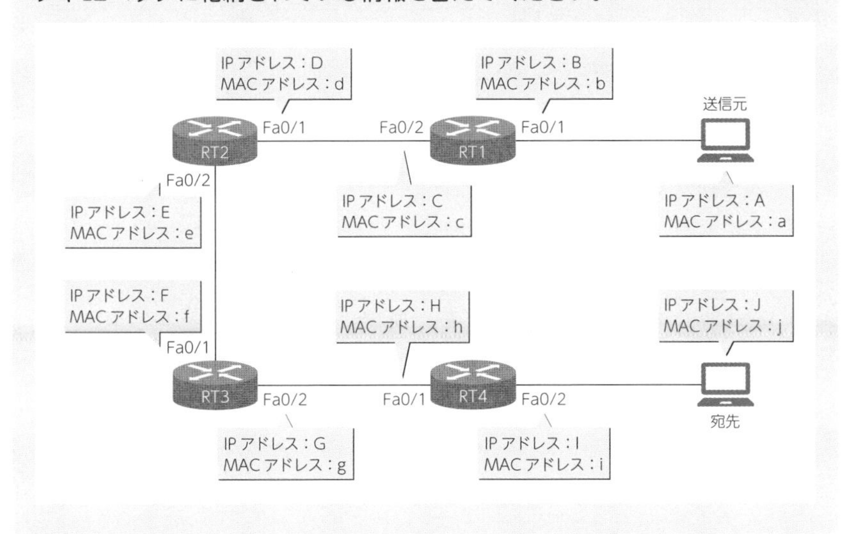

①送信元の動作

ルータ１にパケットを送信するためにARPを利用してルータ１のFa0/1のMACアドレスを調べます。そして送信元は下記の情報とともにルータ１にデータを送信します。

L3ヘッダ		L2ヘッダ	
宛先IPアドレス	送信元IPアドレス	宛先MACアドレス	送信元MACアドレス
J	A	b	a

②ルータ１の動作

ルータ１は自身のルーティングテーブルを確認して、「宛先に行くには、ポートFa0/2の先にいる、ルータ２に転送すればよい」と判断します。

ところが、ルータ１からルータ２にパケットを転送する際には、１つのネットワークを通過するわけですのでMACアドレスが必要になります。今回はルータ２のFa0/1のMACアドレスが必要になります。送信元MACアドレスがルータ１

のFa0/2のMACアドレスになっている点に注意してください。

L3ヘッダ		L2ヘッダ	
宛先IPアドレス	送信元IPアドレス	宛先MACアドレス	送信元MACアドレス
J	A	d	c

③ルータ2の動作

ルータ2は自身のルーティングテーブルを確認して、「宛先に行くには、ポートFa0/2の先にいる、ルータ3に転送すればよい」と判断します。ルータ3にパケットを転送する際には、1つのネットワークを通過するので、ルータ3のFa0/1のMACアドレスが必要になります。これが今回の問題の答えになります。

L3ヘッダ		L2ヘッダ	
宛先IPアドレス	送信元IPアドレス	宛先MACアドレス	送信元MACアドレス
J	A	f	e

④ルータ3の動作

ついでに、宛先に届くまでの処理を全部見ておきましょう。ルータ3は自身のルーティングテーブルを確認して、「宛先に行くには、ポートFa0/2の先にいる、ルータ4にパケットを転送すればよい」と判断します。ルータ3はARPを利用してルータ4のFa0/1のMACアドレスを調べます。

L3ヘッダ		L2ヘッダ	
宛先IPアドレス	送信元IPアドレス	宛先MACアドレス	送信元MACアドレス
J	A	h	g

⑤ルータ4の動作

ルータ4は自身のルーティングテーブルを確認して、「宛先は自分が直接つながっているネットワークだから、Fa0/2からパケットを転送すればよい」というように判断します。そして、ルータ4は、ARPを利用して宛先のMACアドレスを取得します。

L3ヘッダ		L2ヘッダ	
宛先IPアドレス	送信元IPアドレス	宛先MACアドレス	送信元MACアドレス
J	A	j	i

入門編

STEP 1-4

IPサービスⅠ

この章では、出題割合の10%を占める項目であるIPサービス分野について、その入門知識を学習していきます。

IPサービスの分野では、ネットワークの運用をサポートするさまざまなプロトコルを学習します。SyslogとSNMPの項目ではネットワークの状態を把握する方法やネットワーク機器の監視・制御方法を学習します。NTPというプロトコルは皆さんがいつもお世話になっているプロトコルですよ。

たくさんのプロトコルが出てきますが、ネットワークアクセスやIPコネクティビティのように、前提知識を必要とする学習項目は多くありません。各プロトコルについては「そんなしくみになっているのか～」と読み進めてください。ただし、CCNA試験の対策という点では覚える量が多くなる分野ではあります。頑張って学習していきましょう。

入門編
STEP
1-4.1

重要度 ★★

Syslog

ネットワーク機器の稼働状況をメッセージとして転送して保管する

ポイントはココ!!

- ネットワーク機器のシステムログをメッセージとして転送するプロトコルのことを**Syslog**という。
- ログは重要度に応じて０～７の８つに分類される。

●学習と試験対策のコツ

今回はSyslogに関する基本的な知識を確認します。実務でもログの出力に関する知識は必須です。また、試験ではSyslogメッセージの重要度の順番について問われることがあるので、ログの種類を全部覚えておけば得点源になりますよ。

考えてみよう

想像してください。あなたはオフィスビルのネットワークを管理しています。最近、複数のルータがブーンと大きな音を立てており、機器本体にも熱がこもっているようです。そこであなたは異常が発生していないかを調べることにしました。ビルにはルータがたくさんあります。さて、どうやって効率的に調査をすればよいでしょうか？

1 Syslogとは

調査対象となる機器が数台程度であれば、１台ずつ調べていけば現実的な時間で作業は終了しそうですね。しかし、ネットワーク機器がたくさんある環境では、すべての機器の情報を調べるのはとても大変で現実的ではありません。そこで**Syslog**（シスログ）というプロトコルを利用します。Syslogとは**ネットワーク機器の稼働状況（システムログ）をメッセージとして転送するプロトコルのこと**です。

Syslogのプロトコルを利用することで、日頃のネットワーク機器の稼働状況を監視できたり、ルータなどの機器に障害が発生した場合などにログを確認することで障害の原因を特定したりできます。稼働状況を監視することは障害を未然に防ぐことにもつながりますね。機器のログを確認する方法は複数ありますが、一般的には各機器から**Syslogサーバ**へ転送して、Syslogサーバでログを一元管理する方法がとられます。

■ネットワーク機器の稼働状況を監視する

なお、ルータやスイッチ本体でもログを保存して管理することもできますが、保存容量に限界があるので、一般的には外部のSyslogサーバにログ情報を送る場合が多いです。Syslogサーバは、複数の異なるネットワーク機器のログ情報をネットワーク経由で受け取り、一元管理することができます。

Syslogはセキュリティ対策にも関係してきます。

■Syslogサーバでシステムログを一元管理する

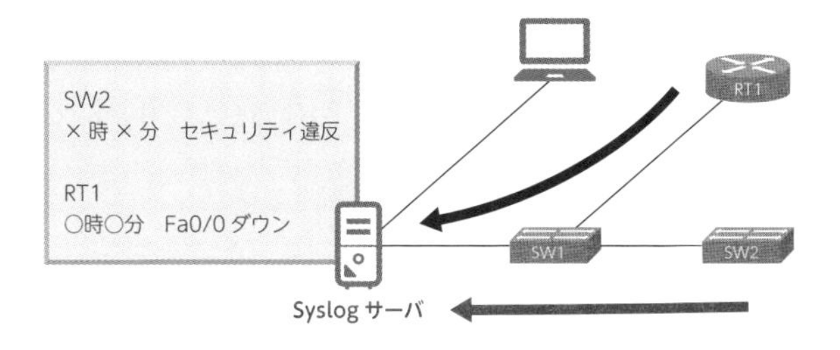

なお、**Syslogで転送されるログメッセージは単純なテキスト情報なので、ネットワークの複雑な分析などには向いていません。**ある程度複雑な把握や分析をしたい場合は、次項のSNMPというプロトコルを利用します。

2　監視するログにもいろいろな種類がある

一言でログといっても、管理者にとって重要なログもあれば、重要でないログもあります。管理者にとって不要なログメッセージがSyslogサーバに大量に送られてきても邪魔なだけですね。そこで、Syslogではログメッセージを重要度に分け、Syslogサーバに転送させるログメッセージを絞り込むことができます。ログメッセージの重要度は、以下のように分けられます。**重要度の値が小さいほど、重要なログです。**

■Syslogのメッセージの種類と覚え方

重要度	キーワード	内容
0	emergencies	非常に危険、停止状態
1	alerts	危険、至急の対応が必要
2	critical	危険
3	errors	一般的なエラー状態
4	warnings	警告
5	notifications	重要な通知
6	informational	通知
7	debugging	デバッグ情報

エマージェンシーズ	**エマちゃんちです**
アラート	**あら!?**
クリティカル	**クリックして**
エラーズ	**エラー?**
ワーニングス	**わーん**
ノーティフィケイションズ	**ノートに**
インフォメーショナル	**インフォ無く**
デバッギング	**て罰金やん**

たとえば、ログの出力時に重要度の値を「2」に設定すると重要度が0から2（emergencies、alerts、critical）までのログが出力されます。**「2」を指定したからといって、「2」のみが出力されるわけではない点に注意してください。**CCNA試験ではログの重要度の値と内容を覚えなければいけません。覚えづらい場合は、図の方法で覚えましょう。

エマちゃんの家で何があったんだ……と想像すると覚えやすくなるかもしれませんね（笑）

入門編 STEP 1-4.2

重要度 ★★

SNMP

ネットワーク機器の監視と制御をするためのしくみ

ポイントはココ!!

- ネットワーク機器の監視と制御をするためのプロトコルを**SNMP**という。
- SNMPではSyslogよりも詳細な機器情報を収集することができる。
- SNMPで扱う機器情報のことを**MIB**という。
- 情報を収集する機器のことを**SNMPマネージャ**という。
- SNMPマネージャによって監視される側の機器のことを**SNMPエージェント**という。
- SNMPマネージャから要求を出して、SNMPエージェントの情報を受け取る定期的な監視のことを**SNMPポーリング**という。
- イベントが発生した際に、SNMPエージェントからSNMPマネージャに通知する1度限りの通信を**SNMPトラップ**という。
- イベントが発生した際に、SNMPエージェントからの通信に対してSNMPマネージャから応答をもらう通信を**SNMPインフォーム**という。
- SNMPには、3つのバージョン（v1、v2c、v3）がある。

●学習と試験対策のコツ

この項目では大量に「SNMP」という文字が出てくるので、似たような名前があって混乱しがちです。試験でもそれぞれの語句の違いを問われますので、しっかりと理解しておきましょう。

考えてみよう

想像してください。あなたはオフィスビルのネットワークを管理しています。最近、複数のルータがブーンと大きな音を立てており、機器本体にも熱がこもっているようです。そこで、あなたはSyslogサーバにアクセスして、各ネットワーク機器のログ情報を確認しました。しかし、Syslogの単純なテキストデータからは有益な情報を得ることができませんでした。さて、あなたは次に、どうやって調査をすればよいでしょうか？

1 SNMPの基本的なしくみ

Syslogのほかにもネットワークを監視できる**SNMP（Simple Network Management Protocol）**というプロトコルがあります。SNMPとは**ネットワーク機器の監視と制御をするためのアプリケーション層のプロトコル**です。

英単語そのままの意味でシンプルにネットワークをマネジメントするプロトコルです。もともとの英単語を覚えればプロトコルの内容も把握できますね。

SNMPを使うと、ネットワーク機器の詳細情報を収集して一元管理することができます。SNMPで収集できる情報は、**MIB（Management Information Base）**というデータベースで**Syslogの単純なテキストメッセージよりも多くの情報を持っています。**

情報を収集する機器のことを**SNMPマネージャ**といいます。ネットワーク監視のためにサーバを設置すれば、それはSNMPサーバでありSNMPマネージャでもあるのです。

たとえば、SNMPマネージャから各機器に「CPUの稼働率はどのくらいか報告しなさい」と情報を要求します。そのメッセージを受け取った機器は「CPUの稼働率は90％です！」などと応答します。このようにSNMPマネージャは、各機器の情報を把握して監視します。このとき、SNMPマネージャによって監視される側の機器のことを**SNMPエージェント**といいます。また、SNMPマネージャから要求を出して、SNMPエージェントの情報を受け取る定期的な監視のことを**SNMPポーリング**といいます。

一方で、SNMPエージェントはSNMPマネージャからSNMPポーリングがなくても、自発的にSNMPマネージャに通知することがあります。たとえば、許可されていないパソコンがスイッチに接続されたときなどです。スイッチは「怪しい端末が接続されました！」とSNMPマネージャに通知を送ります。このようにSNMPエージェントからSNMPマネージャに自発的に通知することを**SNMPト**

ラップといいます。（SNMPトラップはSyslogに近い役割をしていますね）

■SNMPポーリングでSNMPエージェントから情報を受け取る

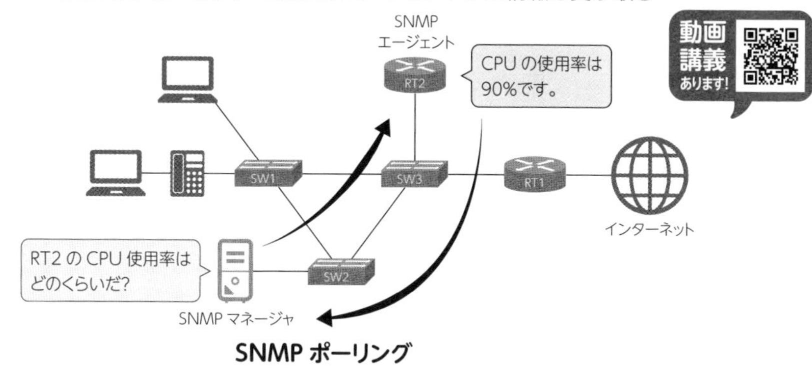

■SNMPトラップでSNMPマネージャに通知する

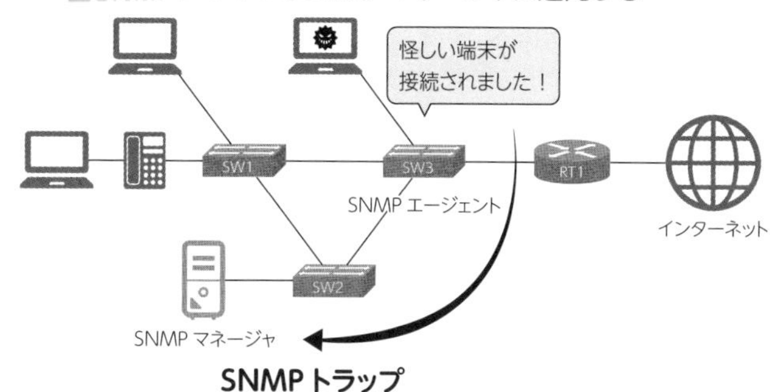

ここで注意したいのは、**SNMPエージェントからSNMPマネージャにSNMPトラップが送信されるのは１つのイベントにつき１度だけ**ということです。もしも何らかの理由でSNMPマネージャに通知が届かない場合、SNMPマネージャは異変に気がつくことができません。

そこでSNMPエージェントは、通知がSNMPマネージャに確実に届いてるかどうかを確認したい場合はSNMPトラップではなく**SNMPインフォーム**を使用します。SNMPインフォームを利用すると、SNMPマネージャから確認応答をもらうことができます。もしもSNMPマネージャからの応答がなければ、SNMPエージェントはSNMPインフォームを再送することになります。

■SNMPマネージャに通知が届いたか確かめるにはSNMPインフォームを使用する

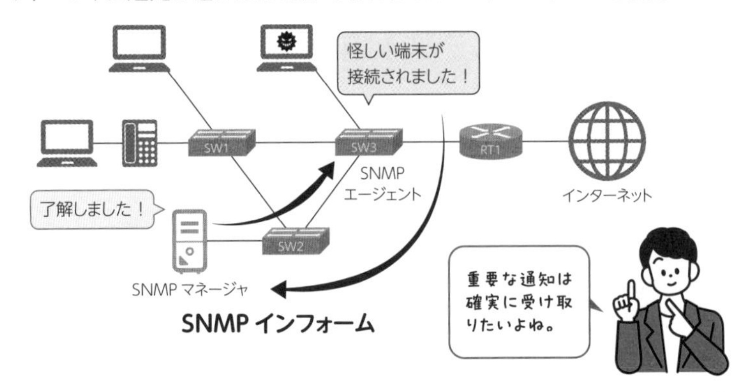

2 SNMPのバージョンとセキュリティレベル

もう少しだけSNMPを詳しく見てみましょう。SNMPは非常に便利なプロトコルですが、情報をやりとりする途中で悪意のある第三者に情報を盗聴されたり、内容の書き換え（改ざん）をされる危険性があります。そこでSNMPにはセキュリティレベルに応じて３つのバージョンがあります。

①SNMPv1

②SNMPv2c

③SNMPv3

■SNMPトラップが改ざんされる危険性

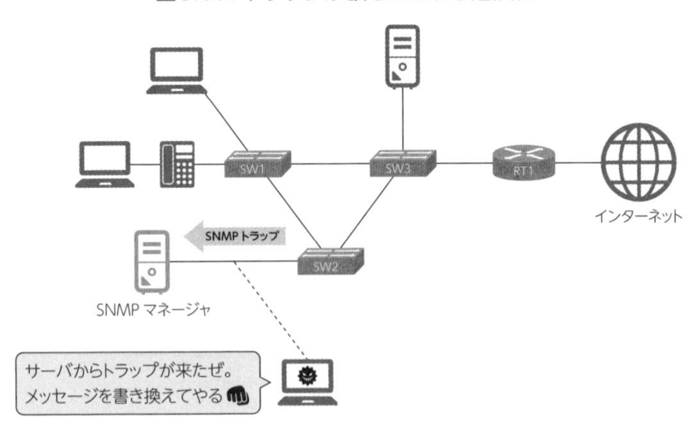

v1とv2cではコミュニティ名で認証をします。たとえば、監視対象のSNMPエージェントを「sales」というコミュニティ名を持ったグループでまとめます。そして、通信をする際には「あなたが所属するコミュニティ名を教えなさい」といって、なりすましを防ぐための認証を行っています。認証とは偽物（なりすまし）ではなく本人かどうかを確認することです。

ほかにも、v3ではコミュニティ名単位ではなく、ユーザー単位で認証をすることができます。SNMP通信の暗号化については、v1とv2cでは暗号化されませんが、v3では暗号化されます。また、v2cとv3はSNMPインフォームに対応しています。

■SNMPのバージョン比較

項目	SNMPv1	SNMPv2c	SNMPv3
認証	コミュニティ名	コミュニティ名	**ユーザ単位のパスワード認証**
暗号化	無し	無し	**有り**
SNMPインフォーム	無し	**有り**	**有り**
設定の容易さ	簡単	簡単	**複雑**

バージョン比較の細かい内容については、今は覚える必要はありません。しかし、強調されている部分は試験でとても重要なところです。試験前にはしっかり覚えましょう。

入門編
STEP
1-4.3

NTP

ネットワークに接続している機器の時刻を合わせる

ポイントはココ!!

- 時刻同期をするためのプロトコルを**NTP**という。
- NTPを利用することで、各機器に正確な時間が反映される。
- 正確な時刻を保持しネットワーク機器に時刻を提供する機器を**NTPサーバ**という。
- NTPサーバはstratum0からstratum15の階層構造で管理されている。

●学習と試験対策のコツ

ネットワークに接続される機器は手動で時刻を設定するのではなく、正確な時刻を保持しているNTPサーバと同期することをしっかりと理解しましょう。また、試験では「時刻同期を行うためのプロトコルは何か？」といったようなプロトコルの名前を解答させる問題も出題されます。英単語のままの意味なので、略語だけでなくもともとの英単語も覚えましょう。

考えてみよう

SyslogやSNMPでネットワーク機器の稼働状況や状態を把握することができるようになりました。しかしまだ安心してはいけません。もしも、ネットワーク機器の時刻がバラバラだったら、意味がないのです。

たとえば、計測時刻がずれていると分析に大きな影響を与えてしまいます。盗難事件に関する次のログを比較してください。

ログA	ログB
測定器A ：10:00　窓ガラスが割れました。 測定器B ：10:15　金庫の扉が開きました。 測定器C ：10:30　玄関のドアが開きました。	測定器B ：10:00　金庫の扉が開きました。 測定器C ：10:15　玄関のドアが開きました。 測定器A ：10:30　窓ガラスが割れました。

ログAとログBとでは、推測される事件のあり様が全然違いますよね。時系列

はトラブルの因果関係を推測するために非常に重要な要素なのです。これはネットワークの管理でもまったく同じです。

さて、ネットワーク機器は手動で時刻を設定することができますが、パソコンもスマホも全部手動で時刻設定をするなんて絶対に嫌ですよね。自分のスマホでわざわざ時刻設定をしたことがある人、いますか？

1 NTPとは

ネットワーク機器は、機器を設置して設定すれば終わりではなく、ネットワーク機器で何らかの故障が発生した際には、速やかに原因を特定し復旧させる必要があります。このときに一番大事なのが、原因の特定です。原因の特定を行うための大切な要素はいつ、その障害が発生したかです。障害が発生した時点さえ正確にわかれば、時系列で原因を探ることができます。しかし、手動で時刻を設定したことにより、各機器の時刻がそもそもずれていたら、その障害に関するログは役に立たなくなってしまいます。

■時刻がずれているとログを活用できない

時刻を同期するためのプロトコルのことを**NTP（Network Time Protocol）**といいます。

皆さんが使っているスマホもNTPを利用しています。通信契約が切れたスマホなどでは端末の時刻表示がどんどんズレていきますよね。そしてあるときWiFiを利用すると、正しく時刻が表示されるようになります。これはスマホがネットワークに参加したタイミングでNTPを利用して時刻を同期しているためです。

このプロトコルも英単語のままの意味なので、略語だけでなくもともとの英単語も覚えてください。

2 NTPサーバとは

ネットワークに接続している機器は、正確な時間をどのように把握するのでしょうか。各機器は、正確な時刻を管理している**NTPサーバ**と通信をすることで、正確な時間を同期します。しかし、世界中のありとあらゆる機器が時刻を同期するために、1つのNTPサーバにアクセスすると、NTPサーバに負荷がかかりすぎてダウンしてしまいます。そこで、時刻同期のしくみでは、NTPサーバを複数台用意し、**ストラタム（stratum）**という階層構造で運用して負荷分散を行っています。

■NTPサーバの階層構造

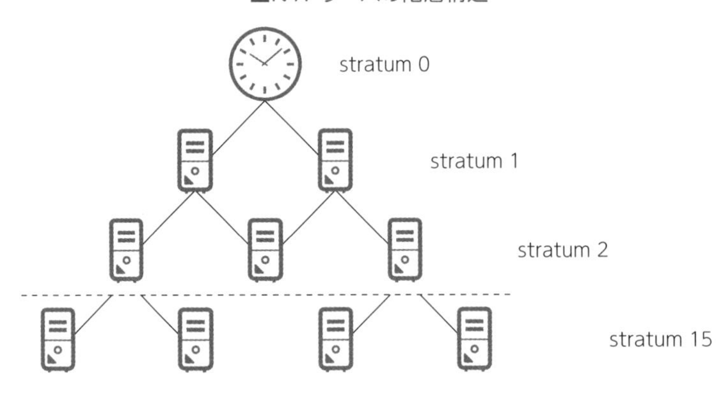

ストラタムの階層はstratum0 ～ stratum15に分かれています。stratum0は原子時計などの高精度な時計装置です。私たちが普段使用しているパソコンやスマホは、一般的には、stratum0 ～ 2のような上位のNTPサーバではなく、それよりもストラタムの数字の大きい下位のNTPサーバを利用しています。また、一般的に社内にはNTPサーバが配置されますので、社内のネットワークに接続している機器は社内のNTPサーバと時刻を同期して正確な時刻を取得しています。

入門編

STEP 1-5

セキュリティ基礎 I

この章では、出題割合の15%を占める項目であるセキュリティ基礎の分野について、その入門知識を学習していきます。

最初に、セキュリティを学習していくうえで必要になる基本的な内容を学習します。セキュリティ対策が大事だといわれますが、ネットワークエンジニアは攻撃者からそもそも何を守っているのでしょうか。攻撃にはどんな種類があるのでしょうか。

本章では、CCNA試験で頻出項目であるAAA（トリプルエー）についても学習します。似たような英単語がたくさん出てきますが、一つ一つ丁寧に覚えていってください。

セキュリティ基礎の分野では、前提知識がなくても学習を始められる項目から、スイッチやルータに関する知識がないと学習できないような難易度の高い項目まで幅広い学習項目が存在しています。こちらも順番に学習を進めていきましょう。

入門編
STEP
1-5.1

重要度 ∞

基本的なセキュリティ用語

セキュリティ脅威は主に人的脅威、物理的脅威、技術的脅威の3種類に大別される

ポイントはココ!!

- 情報資産やそれを管理するネットワークに対する脅威は主に**人的脅威**、**物理的脅威**、**技術的脅威**の３種類に大別される。
- 悪意のある目的のために作成されたプログラムの総称を**マルウェア**という。

●学習と試験対策のコツ

昨今、ITの普及に伴って、情報資産の価値は日増しに大きくなっています。その反面、企業のネットワークを脅かす存在に常に囲まれていることも考えなくてはなりません。ここでは基本的なセキュリティ用語やネットワークの分野に対する脅威などについて学習します。まんべんなくセキュリティ用語を覚えておけば試験での得点源になりますし、実務においてもセキュリティ知識はとても大事な要素です。

考えてみよう

皆さんにまず聞きたいことがあります。セキュリティ対策といいますが、そもそも皆さんは攻撃者から何を守っているのですか？　戦国時代なら「お城とお殿様を守ればよいのだ」と考えられますが、現代に生きる皆さんは何を守っているのでしょう？

1 そもそも脅威とは何か？

ネットワークの世界でのセキュリティとは、厳密には情報セキュリティのことをさします。ネットワーク技術者として皆さんが守るべきものは、金庫の中の宝石ではなく、情報資産なのです。情報資産とは、顧客の個人情報や契約書など、企業活動において日々蓄積されるものです。なお、パソコンのハードディスクや

■情報資産を脅かす脅威

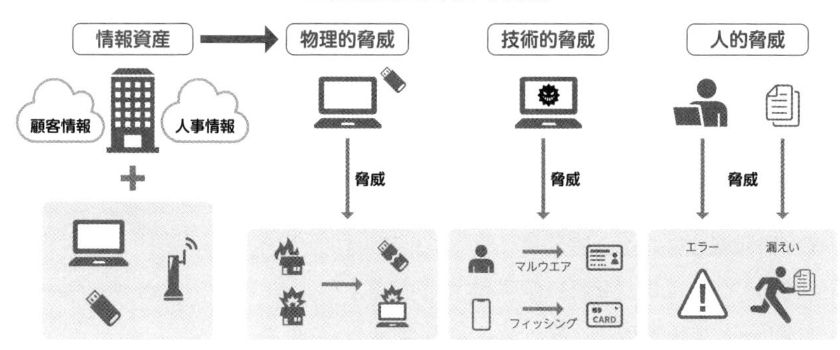

USBメモリだけでなく、紙の書類も情報資産です。警備員が金庫の中の宝石を守るのと同じように、皆さんはネットワーク技術者として膨大な量の情報資産を管理しなければならないのです。

情報資産を危険にさらす事件や事故を**インシデント**（incident）といいます。攻撃者はシステムの欠陥（**脆弱性**、ぜいじゃくせい）を悪用して攻撃（**エクスプロイト、exploit**）をしかけてくるのです。情報資産やそれを管理するネットワークに対して、攻撃や危害を加える要因を総称して**脅威**といいます。脅威は**人的脅威、物理的脅威、技術的脅威**の３種類に大別されます。

2　人的脅威

人的脅威とは人が原因の脅威のことです。データの操作ミスで顧客情報を消してしまった。重要なデータが入っているUSBメモリをポケットに入れたまま洗濯してしまった。酔いつぶれてノートパソコンを紛失するなどは最悪の状況ですね。悪意がなくても脅威になりうるのです。もちろん社内の人間が悪意を持って情報資産を不正利用する場合などもあります。

情報セキュリティの観点では、これらの人的脅威に対してどのようにセキュリティ対策を実施するかを考えていかなければいけません。

3　物理的脅威

物理的に情報資産に危害が及ぶ脅威を**物理的脅威**と分類しています。地震や火災で情報を管理しているサーバが壊れてしまった。不法侵入者によってサーバが破壊されてしまった。このような物理的脅威からも情報資産を守らなければいけないのです。

4 技術的脅威

技術的脅威とは、不正アクセスやウイルス、通信データの盗聴・改ざんなどをさします。

一般的な技術的脅威（攻撃手法）の例を紹介しましょう。悪意のある目的のために作成されたプログラムの総称をマルウェアといいます。**マルウェア**はコンピュータやネットワークに不正にアクセスしたり、損害を与えたりするために作られます。マルウェアにはワームやトロイの木馬など、さまざまな種類が存在します。

マルウェアと混同しやすい言葉としてコンピュータウイルスがありますが、**コンピュータウイルスは、マルウェアの一種**です。

■マルウェアの一例

マルウェアの種類	内容
トロイの木馬	自身を正常なファイルやプログラムであると見せかけてユーザーをだまし、ダウンロードさせたうえで、悪意のある行動を密かに実行するマルウェアのことです。トロイの木馬は、一見正常なソフトウェアに見えるため、利用者がマルウェアに感染していることに気づかないまま時間がたってしまうことがあります。トロイの木馬は自己増殖しないため、あるコンピュータから別のコンピュータに勝手に感染してしまうことはありません。この点で、自己増殖するワームとは異なります。
ウイルス	人間の感染症と同じように、あるコンピュータから別のコンピュータに伝染し、しばらくの間コンピュータ内に潜伏した後に発症して、ファイルを破壊したり情報を盗んだりします。人間の感染症が、宿主として人間に寄生するように、コンピュータウイルスも、何かしらのファイルやUSBメモリーなどに寄生するという特徴を持っています。宿主がなければ、コンピュータウイルスの感染は広がりません。
ワーム	ワームとは、自身のコピーを作成し、ネットワークや電子メールを経由して、他のコンピュータへ感染させる、自己増殖型のマルウェアです。可能な限り広く拡散し、多くのコンピュータに損害を与えることを目的としており、ワームに感染すると、機密情報を抜き取られたり、システムの動作が遅くなったりといった被害が発生します。ワームは宿主となるファイルを必要としないため、ユーザーが、ファイルのダウンロードや実行などのアクションをしなくても、勝手にワーム感染が拡大し、封じ込めることが難しくなります。

入門編
STEP
1-5.2

重要度 ★★★

認証、認可、アカウンティング（AAA）

なりすましを見破る一般的なしくみ

ポイントはココ!!

- 情報セキュリティでは**AAA**に沿って対策を考えることが重要。
- ネットワークを利用する利用者が正規のユーザーかどうかを確認することを**Authentication（認証）**という。
- ２つ以上の要素を組み合わせた認証のことを**多要素認証（２要素認証）**という。
- ユーザーがどこまで実行できるのかを制限することを**Authorization（認可）**という。
- ユーザーの操作履歴を管理することを**Accounting（アカウンティング）**という。
- AAA実現するプロトコルには**RADIUS**と**TACACS+**などがある。

●学習と試験対策のコツ

本項ではなりすましを見破る一般的な方法について学びます。CCNA試験では、多要素認証の具体例などが問われますので事例と一緒に覚えておきましょう。また、AAAのそれぞれの意味はもちろん、RADIUSとTACACS+の違いも問われます。細かい内容で覚えるのが大変ですが、逆に言えば覚えてしまえば得点できます。今から頑張って覚えていきましょう。

考えてみよう

ここでは、なりすましを見破る一般的なしくみを紹介しておきます。SNSのアカウントだけでなく、キャッシュカードや各種のサービスを利用する際には「本人であることの確認」が重要になります。ところで、皆さんが普段チャットをしている相手は、本当に本人ですか？　疑わしい場合には、どうやって確認しますか？

1 認証とは

チャット相手が本人かどうかを確かめる場合は、「山」と送信して「川」と返ってくることを確認すればいいかもしれません。合言葉はオレオレ詐欺に対しても使えそうですね。ネットワークの世界では、しっかりとした本人確認のしくみが用意されています。

ネットワークを利用する利用者が正規のユーザーかどうかを確認することを**認証**といいます。「山」と言われて「川」と答えることができれば、その人は正規のユーザーだと考えていいのです。ただし、１種類だけの確認では、なりすましに突破される可能性が残りますので、他のパターンでも確認したほうがいいですね。認証する材料は主に３種類に分類することができます。

■認証に使う材料

認証するための材料（要素）	内容
知識	本人だけが知っている（暗証番号やパスワードなど）
所有物	本人だけが所有している（キャッシュカードや社員証など）
生体情報	本人だけの身体的・行動的特徴（指紋や虹彩など）

ちなみに、「山・川」で確認するのは上記のどれに該当するかわかりますか？そうですね、知識要素による認証です。さらに厳格な認証をしたければ「山・川」の認証を突破した人物には、追加で、「里の者しか持っていない手形を見せろ」という所有物による認証や、「里の者なら登録されているはずの指紋を見せろ」という生体情報による認証を行えばいいのです。

認証を行ううえでは、２つ以上の要素を組み合わせて認証を行うことが推奨されています。２つ以上の要素を組み合わせた認証のことを**多要素認証（２要素認証）**といいます。たとえば、銀行のATMのような「暗証番号」と「キャッシュカード」は「知識」と「所有物」の組合せによる多要素認証です。また、今回の例では３つの要素の中から２つの組合せで認証していますので、２要素認証ともいえます。他の例としては、ネットバンキングなどが挙げられます。IDとパスワード（知識要素）でログインして、本人が所有しているスマホに通知されるワンタイムパスワード（所有要素）で各操作を実行したりします。

■多要素認証（2要素認証）

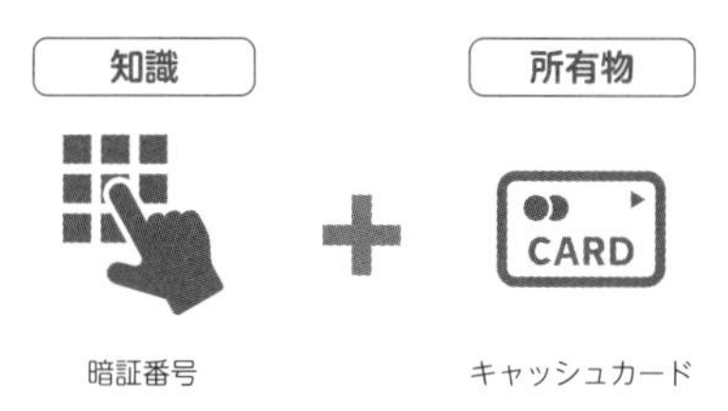

2 AAA（トリプルエー）

多要素認証によって本人かどうかを確認できるようになりましたが、情報セキュリティの観点からはまだ対策が必要になります。会社の社員であることを認証できたとしても、その一般社員が重要機密文書にアクセスできてしまったら問題ですよね。情報セキュリティを考えるうえでは次の３つの観点が基本になります。３つの観点をまとめて**AAA（トリプルエー）**といいます。

- **Authentication（認証）**
- **Authorization（認可）**
- **Accounting（アカウンティング）**

Authentication（オーセンティケーション、認証）とは**本人であることを確認すること**です。内容としては前述した通りで、ユーザーIDやパスワードなどを確認し、正規のユーザーなのかを認証します。**Authorization**（オーソリゼーション、認可）とは、**ユーザーがどこまで実行できるのかを制限すること**です。具体的には、認証された正規ユーザーに対して、ネットワークに対するアクセス範囲を制限したり、ユーザーが利用するコマンド（命令文）を制限したりします。**Accounting**（アカウンティング）とは**履歴を管理すること**です。具体的には、認証された正規ユーザーが、認可された操作を実行した際に、その操作履歴を収集します。

3 RADIUSプロトコルとTACACS+プロトコル

情報セキュリティを考えるうえでAAAが大事だということを確認しました。では、このAAAを実現するにあたって、各ネットワーク機器１台ずつに設定を行うのは、管理するうえでとても大変です。そこでサーバの出番です。認証作業に特化させたコンピュータを用意するのですね。認証サーバでは、各ネットワーク機器でどんな認証処理が必要なのかを一元管理します。各ネットワーク機器は、認証のたびに認証サーバに問い合わせをすればよく、各ネットワーク機器で認証設定をする必要がなくなります。認証プロトコルには次の２つがあります。

- **RADIUS（ラディウス）プロトコル**
- **TACACS+(タカクスプラス)プロトコル**

RADIUSとTACACS+は、AAAを実現するプロトコルで、ルータやスイッチがこれら２つのプロトコルのうちいずれかを使用して正規のユーザーかどうかを認証サーバに問い合わせます。RADIUSとTACACS+の違いについて表でまとめます。特に重要なのはAAAへの対応です。RADIUSは認証と認可が統合されているのに対し、TACACS+は認証・認可・アカウンティングが明確に区別されています。

■RADIUSとTACACS+の違い

	RADIUS	TACACS+
標準化	標準	シスコ独自
L4	UDP	TCP
ポート番号	1812、1813	49
暗号化の対象	パスワードのみ	パケット全体
AAAへの対応	認証、アカウンティング	認証、認可、アカウンティング

入門編 STEP 1-5.3

重要度 ★★

ファイアウォールの補足

ファイアウォールはどうやって不正なパケットと通常のパケットを区別しているのか

ポイントはココ!!

- ファイアウォールは、宛先・送信元IPアドレス、宛先・送信元ポート番号を見て、パケットを許可・拒否するかを判断する。
- **ステートフルインスペクション**とは内部から出ていくデータを保持しておき、外部機器からの戻りのデータと照合して、パケットを許可・拒否する機能のこと。
- IDSやIPSでは、**シグネチャ**と呼ばれる攻撃パターンのデータベースを利用して通信内容の監視をしている。
- ファイアウォールやIPSなどは改良が進んでおり、**次世代ファイアウォール（NGFW）**が登場している。

●学習と試験対策のコツ

今回はSTEP1-1.6で扱ったファイアウォールを詳しく見ていきます。CCNA試験では細かい内容まで問われますので、IDSとIPSの違いはもちろん、その内容まで正確に整理しておきましょう。

考えてみよう

ネットワークに接続している限り、あなたの機器は常に悪意のある攻撃を受ける可能性があります。STEP1-1.6では、ネットワークへの不正アクセスなどを防止するための機器であるファイアウォールを紹介しました。ファイアウォールとは、外部のネットワークからやってくる不正なパケットを社内ネットワークに入れないしくみでしたね。

しかし、外部からやってくるパケットすべてが不正なパケットではありません。たとえば、皆さんがインターネットでWebサイトを閲覧するとき、社内から外部のWebサーバに対して「Webページを見せて」というリクエストを送っています。そのリクエストに応えてWebサーバはパケットを送り返してくれるのですが、このパケットは外部からやってきたパケットになります。このパケットまでファイアウォールで遮断してしまったら、不便極まりないですね。ファイアウォールではこの辺の調整をどのように行っているのでしょうか。

1 ステートフルインスペクション

ファイアウォールは、**宛先・送信元IPアドレス（レイヤ３ヘッダ）、宛先・送信元ポート番号（レイヤ４ヘッダ）の中身を見て、パケットを許可するか、拒否するかを判断することができます**。そして、ファイアウォールには**ステートフルインスペクション**というしくみが備わっています。ステートフルインスペクションは、**内部から出ていくパケットを保持しておき、外部機器からの戻りのパケットと照合して、パケットを許可・拒否する機能**です。このしくみのおかげで、社内から発信されたパケットもファイアウォールによって止められることがありません。

■ステートフルインスペクション

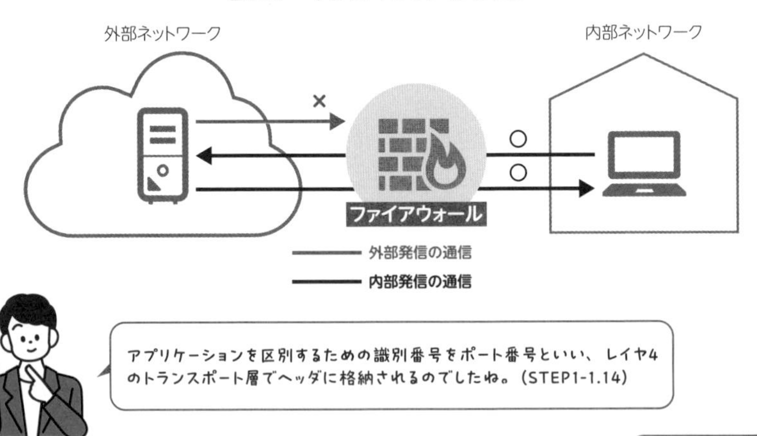

動画講義あります!

2 IDSとIPS

STEP1-1.6ではIDSとIPSについても軽く触れましたが、ここでも改めて確認しておきましょう。ファイアウォールは、あくまでも宛先・送信元のIPアドレス、ポート番号の中身を見てパケットの許可・拒否を行うものであり、パケットの内容を確認することはできません。ゆえに、正常な送信元からの悪意のあるアクセスには対応できないのです。

そこで、**IDS（Intrusion Detection System：侵入検知システム）**という**不正アクセスを検知して外部のネットワークから企業内のネットワークを守る機器**を利用します。IDSは不正アクセスを検知して、管理者に通知します。

ただし、IDSは不正アクセスを検知し、管理者に通知することしかできず、通信そのものを遮断することはできません。これに対して、**IPS（Intrusion Prevention System：侵入防止システム）**という機器は**不正アクセスを検知することに加えて、即座にその不正アクセスのパケットを遮断することができます。**

では、どのようにしてIDSやIPSは不正アクセスの判断をしているのでしょうか。IDSやIPSでは、**シグネチャ**と呼ばれる攻撃パターンのデータベースを保持しています。シグネチャのおかげで、ファイアウォールで防げない攻撃などの侵入も検知することができるのです。

3 次世代機器

従来のファイアウォールでは、パケットを許可するか拒否するかの判断をする際に、IPアドレスとポート番号を確認することしかできませんでした。しかしより高度な機能を持っているファイアウォールが開発され、それらを**次世代ファイアウォール（NGFW:Next Generation Firewall）**と呼んでいます。次世代ファイアウォールには次のような特徴があります。

- ・ゲーム・ビデオなどのアプリケーションを識別してフィルタリングができる。
- ・マルウェアを検知した際に、過去のログをさかのぼって感染経路を特定できる。
- ・シグネチャに登録がない未知のマルウェアでも、分析し悪意の有無を判断できる。

IPSも次世代機器が登場しています。シスコの**次世代IPS（NGIPS：Next Generation IPS）**では、**内部ネットワークの機器からデバイス情報を収集し、そのネットワークで必要なシグネチャを自動で判断し、選択することができます。**要するに、社内ネットワークを守るために必要なマルウェアリストをIPSが勝手に選んでくれるということです。シスコ製品のCisco Firepowerというシリーズでは、次世代ファイアウォールと次世代IPSの両方の機能が搭載されています。

入門編

STEP 1-6

自動化とプログラマビリティⅠ

この章では、出題割合の10%を占める項目である自動化とプログラマビリティの分野について、その入門知識を学習していきます。

自動化とプログラマビリティの分野は、2020年の試験改定時に追加された新しい分野です。最新のネットワーク技術について問われることはもちろん、この分野を理解するためには他の分野の知識も必要になります。本書ではSTEP1からSTEP3にかけて、自動化とプログラマビリティの全体像や基本的なしくみがわかるように説明していきます。

STEP1の自動化とプログラマビリティでは、ネットワークの自動化がなぜ必要なのかを納得してもらいます。覚えるべき重要単語はSDNくらいしかありません。内容的にもとても簡単ですが油断しないでくださいね。

入門編 STEP 1-6.1

重要度 ∞

ネットワークの自動化

SDN技術を利用するとネットワークの運用を自動化できる

ポイントはココ!!

- ソフトウェアによりネットワークを運用・管理する技術と考え方の総称を**SDN**という。
- SDNを利用すると、複数の機器を集中管理で制御でき、ネットワーク運用の自動化を実現することができる。

●学習と試験対策のコツ

ネットワークの自動化については、実際にルータなどのネットワーク機器を操作してみないと、その利便性を実感できないかもしれません。また、本項で紹介するSDNには、最新技術が盛りだくさんなので、技術に対するイメージも持ちにくいかもしれません。STEP1からSTEP3にかけて、自動化とプログラマビリティの全体像や基本的なしくみがわかるように少しずつ学習していきましょう。

考えてみよう

ネットワークの世界でもさまざまなケースで自動化を行うことができると聞くと、「いやいや、そもそも自動化したほうがいいような面倒な場面なんてあるの？」と思う人もいるはずです。ここまでの学習でSyslogやSNMPなどさまざまなプロトコルを勉強してきましたから、それらで十分なのではないか、と思われるかもしれません。しかし、ネットワークの世界でも自動化は必要なのです。実際、面倒なことばかりなのです。では、いったいどのような場面で自動化ができるのでしょうか。

Syslogとはネットワーク機器のシステムログをメッセージとして転送するプロトコル（STEP1-4.1）。SNMPとはネットワーク機器の監視と制御をするためのプロトコルでしたね（STEP1-4.2）。

1 ネットワークの自動化とは

　ネットワークを運用するうえでどんなことが面倒なのかは、実際に実務をしてみないと実感できないかもしれませんが、なるべくイメージできるように紹介していきますね。ネットワークのトラブルに対しては、一般的に次のような対応をします。

- 故障や問題発生の検知
- 設定の確認や障害時の環境確認をするためのコマンド（命令）を実行
- 機器の状態や統計情報の収集
- 設定ミスがあったときに各機器に修正内容を反映

■ネットワークトラブルへの対応

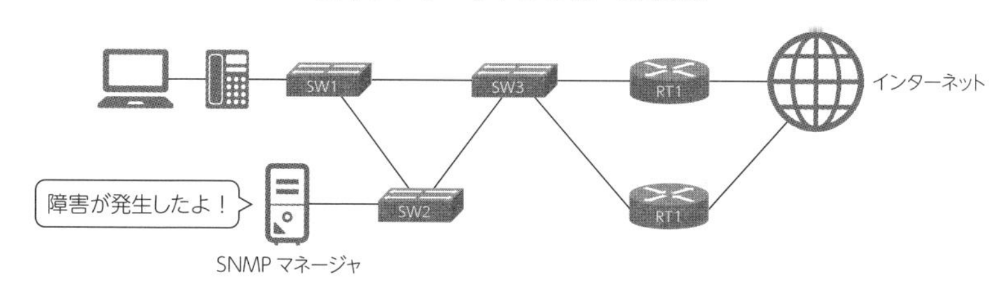

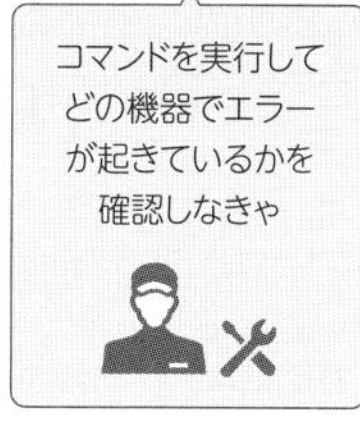

　これらの作業はSNMPなどのプロトコルでも管理できますが、トラブル発生の検知から統計情報の収集までを人が手動で行うと、おそらく3時間はかかってしまうでしょう。また、トラブルは突然発生するものなので、ほかの要因も含めて正しい情報を収集することが難しくなるかもしれません。しかし、トラブル発生の検知から統計情報の収集までを自動化すると、およそ10分以内に処理を完了することができるのです。管理者にとってもユーザーにとってもいいことばかりですね。

　また、各機器に修正内容を反映させる場合、問題が発生している機器がほんの数台であれば比較的早く対応できますが、10台以上大量に作業しなければいけない場合、自動化されていないと問題の収束に大きく時間がかかってしまいます。

2 ネットワークの自動化のメリット

ネットワークの自動化によるメリットはほかにもあります。たとえば、自動化によりネットワークの情報収集を１日中行うことができるので、故障の検知をシステム化することができます。すると、深夜や早朝の作業人員を削減することができます。

あるいは、大量のネットワーク機器に設定をする際に、複数台にまとめて設定情報を投入できるので、作業時間を大幅に短縮することができます。

また、あらかじめ決められたコマンドや手順を自動化することにより、間違えることなく毎回同じクオリティで設定作業を行うことができます。このように、ネットワークの自動化は、ネットワークを運用・管理するうえで非常に重要なツールになるのです。

3 SDNとは

SDN（Software Defined Network）は、ソフトウェアによりネットワークを運用・管理する技術と考え方の総称です。もともとの英単語の意味も覚えると暗記の効率がよくなりますよ。ソフトウェア（Software）によって決定された（Defined）ネットワーク（Network）という意味です。

SDNを利用すると、複数の機器を集中管理で制御でき、ネットワーク運用の自動化を実現することができます。SDNについてはSTEP2-6で説明します。

入門編

STEP 1－補講

ルータの操作方法

STEP1ではネットワークの技術の基礎の基礎を学習してきました。コンピュータネットワークがどんなしくみでできているのか、なんとなくイメージをつかめてきたかと思います。このタイミングで、学習者からよく質問が来ます。その内容とは、「で、実際にはどんな感じなの?」というものです。

スイッチやルータのしくみを勉強したものの、それらのネットワーク機器を実際にどのように操作するのか、まだイメージが持てていないと思います。そこでこの章ではルータの基本的な操作方法を紹介します。最近のCCNA試験ではシミュレータを利用して疑似的にルータやスイッチなどを操作させるような問題も出題されます。ルータの基本的な操作をできるようになりましょう。

Cisco Packet Tracerの紹介

Cisco Networking Academyから「Cisco Packet Tracer」というシスコ公式のネットワークシミュレータが公開されています。フリーのソフトウェアで、アカウントを作成すれば誰でも無料で利用できます。

個人でルータの実機を購入しようとするとかなり費用がかかりますが、パケットトレーサーであれば無料で学習できます。非常によくできているソフトウェアですので、CCNAの学習範囲であれば十分にシミュレーションすることができます。

入門編
STEP
1-補講1

重要度 ∞

ルータを操作するまでの準備

ルータはモニターやキーボードがついていないコンピュータ

ポイントはココ!!

- ルータを操作するためには**コンソールケーブル**を利用してパソコンとルータを**コンソール接続**する。
- パソコンからルータにアクセスするために、**ターミナルエミュレータ**を利用する。

1 ルータとパソコンの違い

皆さんが使っているパソコンと同じように、スイッチやルータもコンピュータです。基本的な構造は同じです。しかし、ルータにはモニターもキーボードもついていないので、ルータだけでは何も操作できません。そこで、ルータを操作する際は、操作用のパソコンを接続します。操作用のパソコンは、皆さんが使っているような一般的なパソコンを使うことができます。

2 ルータとパソコンを接続する

ルータとパソコンの接続方法を具体的に見ていきましょう。ルータを操作するためにパソコンをルータに直接接続することを**コンソール接続**といいます。ルータにはコンソール接続専用のポート（**コンソールポート**）がついています。そのコンソールポートとパソコンを**コンソールケーブル**（**ロールオーバーケーブル**）で接続します。パソコン側のポートを**シリアルポート**（**RS-232Cポート**）といいます。

コンソールケーブルのパソコン側はDB-9というコネクタになっており、パソコン側ではシリアルポートが必要です。しかし、最近のパソコンではシリアルポートがないことが多くなっています。シリアルポートがない場合は、USB変換ケー動画講義あります!

■ルータとパソコンの接続方法

シリアルポート

コンソールケーブル

CONSOLE

コンソールポート

ブルなどを利用して接続することになります。コンソールケーブルのルータ側はRJ-45というコネクタになっています。

差込口(ポート)の違いに注意して接続しましょう。

3 パソコンからルータにアクセスする

　コンソールケーブルでパソコンとルータをつないだだけではルータを操作することはできません。パソコンからルータにアクセスするためには、**ターミナルエミュレータ**（端末エミュレータ）というソフトウェアが必要になります。Windows用のターミナルエミュレータに**Tera Term**（テラターム）というソフトウェアがあり、よく利用されています。Tera TermはSSHやTELNETというネットワーク上のコンピュータを遠隔操作するプロトコルに対応しています。

「パケットトレーサー」でのシミュレーションの様子は動画を参照してください。

■Tera Termを利用してルータを操作する

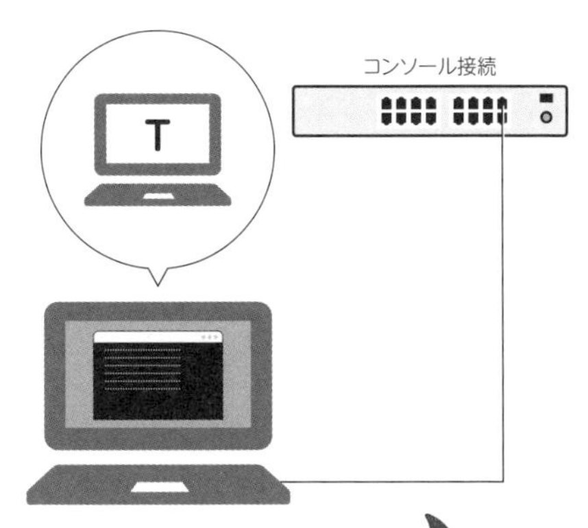

入門編
STEP
1-補講2

重要度 ∞

ルータの基本的な操作方法

ルータは目的に合わせてモードを切り替えながら操作する

ポイントはココ!!

- ルータは**CLI**方式で操作をする。
- ルータは操作モードによって操作・設定できることが違う。

●学習と試験対策のコツ

本書では具体的な操作コマンドの紹介はほとんどしませんが、CCNA試験を受けるうえで、基本的な操作コマンドは覚えなければいけません。その際に、ただコマンドを丸暗記するのはやめましょう。実際にネットワーク機器を操作しているイメージを持って学習するために、本項を役立ててください。

1 GUIとCLI

コンソール接続をしてターミナルエミュレータを利用することで、ルータを操作する準備が整いました。この後、普段パソコンを操作するようにマウスでポチポチ操作できるかというと、そうではありません。ルータの操作方法は皆さんのパソコンとは大きく異なります。

普段、皆さんがパソコンを操作するときは、**GUI**（Graphical User Interface）という方式で操作しています。GUIとはユーザーの使いやすさを重視して、ボタンや画面を直感的に操作できるようにしているものです。スマートフォンなどはGUIがとても洗練されていますね。どこにどんなファイルがあるか、このボタンを押したらどうなるかなど、直感的にわかるようになっています。

しかし、シスコのルータやスイッチはGUIではなく**CUI**（Character User Interface）で操作をします。CUIは**CLI**（Command Line Interface）とも呼ばれます。その名の通り、文字（Character）やコマンド（Command）でコンピュータを操作します。GUIに比べてどんな操作をしているかイメージしにくいので、初心者は慣れるまでが大変です。ただ、操作内容はGUIでもCLIでも同じなので難しく考える必要はありません。

■パソコンやスマホは一般的にGUIで操作している

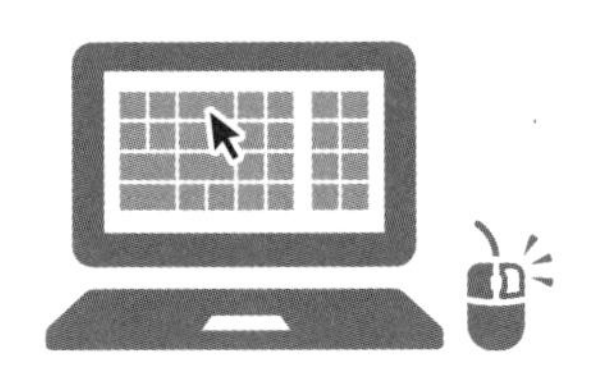
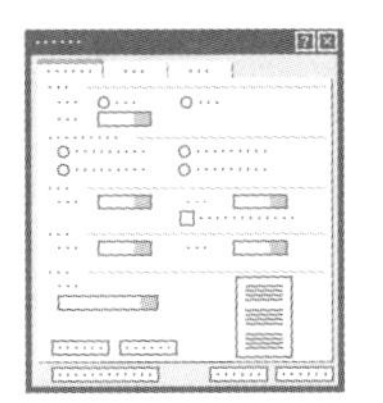

パソコンもスマホも同じコンピュータですが、スマホばかり使用している人はパソコンの操作が苦手なことがありますよね？　スマホユーザーがパソコンの操作方法を練習するのと同じように、皆さんはGUIだけでなくCLIでの操作方法を練習するだけです。

■Pictureフォルダを開く操作

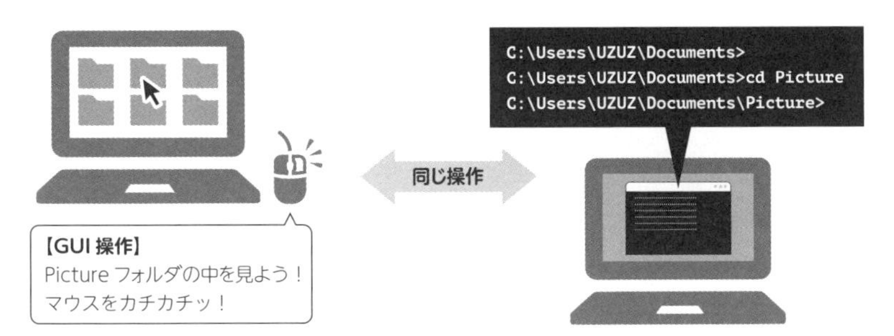

1　ルータの基本操作

　ルータにさまざまな設定をする際は、ルータの操作モードを切り替えながら作業をします。モードによって操作・設定できることが違います。下記に操作モードの一部を紹介します。

モード名	目印	内容
ユーザEXECモード	>	機器の一部のステータスを確認できる状態
特権EXECモード	#	機器のステータスを制限なしで確認できる状態。ファイルの操作もできる。

モード名	目印	内容
グローバル コンフィグレーションモード	(config)#	機器全体にかかわるような設定を実行できる状態
インターフェース コンフィグレーションモード	(config-if)#	特定のインターフェースの設定を実行できる状態

■CLIによるルータの操作例

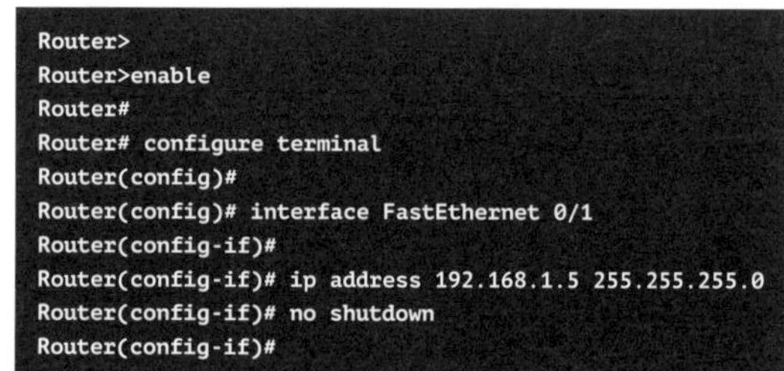

```
Router>
Router>enable
Router#
Router# configure terminal
Router(config)#
Router(config)# interface FastEthernet 0/1
Router(config-if)#
Router(config-if)# ip address 192.168.1.5 255.255.255.0
Router(config-if)# no shutdown
Router(config-if)#
```

操作モードを図示すると次のようになります。なお、1つ前のモードに戻る際には「exit」コマンドを使います。一発で特権モードに戻るには**「end」**コマンドを使います。

■ルータの操作モード

コンソールポート
ユーザーEXECモード
>
enable
disable
特権EXECモード
#
configure terminal
exit
グローバルコンフィギュレーションモード
(config)#
end
interface FastEthernet 0/1
exit
インターフェースコンフィギュレーションモード
(config-if)#
Fa0/1

基礎編

STEP 2-1

ネットワーク基礎 II

STEP1-1のネットワーク基礎Iでは、ネットワークコンポーネントの役割や、ネットワークトポロジの種類、OSI参照モデルなどのプロトコルを学習しました。ネットワーク技術の大まかなイメージをつかめたでしょうか?

この章では、出題割合の20%を占める重要項目であるネットワーク基礎分野について、その基礎知識を学習していきます。IPアドレスやMACアドレスの具体的な内容を学習しますが、これらの内容は今後の学習を進めるうえで土台となる知識です。知識を身につけるだけでなく、計算問題もすらすらと解けるように何度も練習してください。

CCNA試験は120分で103問程度出題されますので、単純に割ると1問あたりにかけられる時間は1分程度です。暗記系の問題をもっと速く解くとしても、計算問題は5〜10分程度が目安となります。この章の学習を進めるとわかるかと思いますが、5分って意外と短いですよ。ぜひ繰り返し計算練習をしてください。

基礎編
STEP
2-1.1

重要度 ∞

IPアドレスの基本

IPアドレスはネットワークの番号とホストの番号で構成されている

ポイントはココ!!

- ざっくりいうと、192.168.10.6というIPアドレスには192.168.10番ネットワークの中の6番さんという意味がある。
- IPアドレスはドットで4ブロックに区切られており、各ブロックのことを**オクテット**という。
- IPアドレスはネットワークの番号を表す**ネットワーク部**と、ネットワークの中でのホストの番号を表す**ホスト部**で構成されている。
- ルータなどでは各ポートにIPアドレスが設定される。

●学習と試験対策のコツ

本項では、機器の住所であるIPアドレスについて基本的な知識を学習します。IPアドレスがネットワーク部とホスト部から構成されていることを必ず理解してください。これを理解しないと次のIPアドレスクラスの考え方を理解できません。

考えてみよう

あなたが友達に手紙を送ることを想像してみてください。宛先の住所を書かずに投函したらどうなるでしょうか。もちろん手紙を届けることはできませんよね？　ネットワークの世界でも、通信を行う際は相手の宛先の住所が必要です。

1 IPアドレスとは

ネットワーク上の住所のことを**IPアドレス**といいます。IPアドレスは「**192.168.10.6**」のように表現します。「これのどこが住所なんだ！」と思うかもしれません。私たちが慣れているのは「東京都新宿区西新宿〇丁目〇番地」という住所ですからね。

大まかな結論からいうと、192.168.10.6というIPアドレスには192.168.10番ネットワークの中の６番さんという意味があります（厳密な説明ではないですが、今はこう解釈してください）。IPアドレスを学校のクラスでたとえると「３年２組という教室の中の13番さん」というように表現できます。本項ではIPアドレスの読み取り方を解説していきます。

2　IPアドレスの構成

IPアドレスは「.（ドット）」で４ブロックに区切られています。各ブロックのことを**オクテット**といいます。たとえば、192.168.10.6の第３オクテットは10です。また、IPアドレスはネットワークの番号を表す**ネットワーク部**と、ネットワークの中でのノード（ホスト）の番号を表す**ホスト部**で構成されています。192.168.10.6のIPアドレスであれば、第１オクテットから第３オクテットがネットワーク部であり、第４オクテットがホスト部を表していると説明できます。

動画講義あります!

■IPアドレスの構成

なお、IPアドレスの各オクテットは０から255の数になります。なので、一番小さなIPアドレスは「0.0.0.0」で、一番大きなIPアドレスは「255.255.255.255」と表現できます。なぜこのような数になるのかはまた後の項で解説します。

最後にもう１つだけ。STEP1-3.3でも紹介しましたが、皆さんが普段使用しているようなパソコンであれば、機器に１つIPアドレスが割り当てられますが、ルータなどのネットワーク機器は別です。ルータではポート（インターフェース）ごとにIPアドレスを設定できるので、１つのルータにいくつものIPアドレスが存在することになります。

基礎編
STEP
2-1.2

重要度 ∞

IPアドレスのクラスの概念

IPアドレスは、クラスA～Eに分類される

ポイントはココ!!

- IPアドレスは、クラスA～Eに分類される。
- クラスA～Cはネットワーク部とホスト部の境界が変わる。
- クラスAは**大規模ネットワーク向け**で、ネットワーク部は第1オクテット。
- クラスBは**中規模ネットワーク向け**で、ネットワーク部は第1～第2オクテット。
- クラスCは**小規模ネットワーク向け**で、ネットワーク部は第1～第3オクテット。

●学習と試験対策のコツ

IPアドレスのクラスの概念については、それぞれのクラスの違いをしっかりと理解しておきましょう。クラスの概念をしっかりと理解しておくと、STEP3-1.2で解説するサブネッティングという項目の理解がスムーズになりますよ。

なお、本項で紹介する「クラスB：128.0.0.0～191.255.255.255」などのアドレスクラスの範囲は基本的には覚える必要はありません。次項で説明するプライベートIPアドレスの範囲は覚える必要があります。

考えてみよう

ネットワークといっても接続しているホストの数によって規模はバラバラです。たとえば、一般的なオフィスのように、10数台のパソコンが接続しているネットワークもあれば、1つのネットワークに数千台のホストが接続しているようなネットワークもあります。たくさんのIPアドレスが必要な大規模ネットワークや、それほど多くのIPアドレスを必要としない小規模ネットワークでは、IPアドレスの割り当ては、どのようにして区別されているのでしょうか。

1　IPアドレスの「クラス」とは

IPアドレスは、**クラス**という単位で分けられています。クラスはA～Eまであり、その中で**実際に機器に設定できるクラスはA、B、Cの3つのクラス**です。クラスA～Cは、ネットワークの規模に応じて分かれていることや、ネットワーク部とホスト部の境界の位置に違いがあります。それぞれのクラスの説明に入る前に、ネットワーク部とホスト部についてもう一度おさらいしておきましょう。

2　ネットワーク部とホスト部のおさらい

IPアドレスは**ネットワーク部**と**ホスト部**の2つから構成されています。ネットワーク部とはネットワークの番号を表すもので、ホスト部とはネットワークの中でのホストの番号です。

たとえばAさんとBさんが、ビルとマンションとアパートの話をしていたとします。会話の最中に唐突にAさんがBさんに対して「101号室の話なんだけど……」と話し出したらどうなるでしょう。Bさんは「どこの建物の101号室の話？」と疑問に思うはずです。

この場合Aさんは「ビルの」101号室とか「マンションの」101号室とか、「○○の」を入れてあげないと、Bさんはどの建物の101号室か特定できませんね。この「○○の」に相当するのがネットワーク部、「101号室」がホスト部のイメージです。

■ネットワーク部とホスト部は、建物名と部屋番号のようなもの

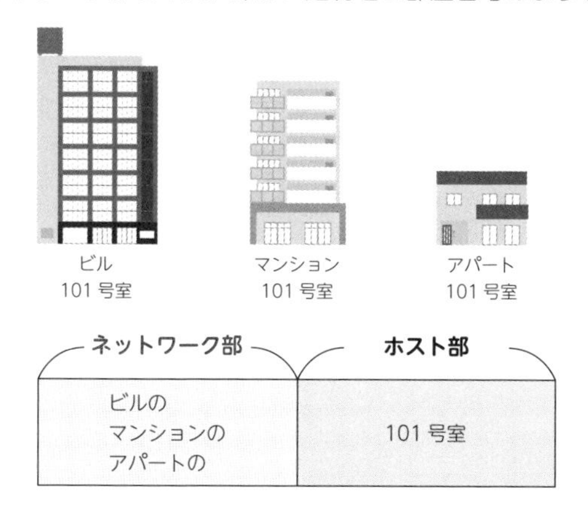

ネットワーク部とホスト部があることで、どこのネットワークに所属する、どの機器かを特定することができるようになります。

IPアドレスでも確認してみましょう。たとえば192.168.10.5というIPアドレスは192.168.10番ネットワークの5番ホストという意味になります（どうして192.168.10で区切るの？　と思われるかもしれませんが、今はこう解釈してください)。このネットワークの隣には192.168.9番ネットワークや192.168.11番ネットワークがあります。また、192.168.10ネットワークの中において、5番ホストの隣には4番ホストや6番ホストがあります。

■「192.168.10番ネットワークの5番ホスト」のイメージ図

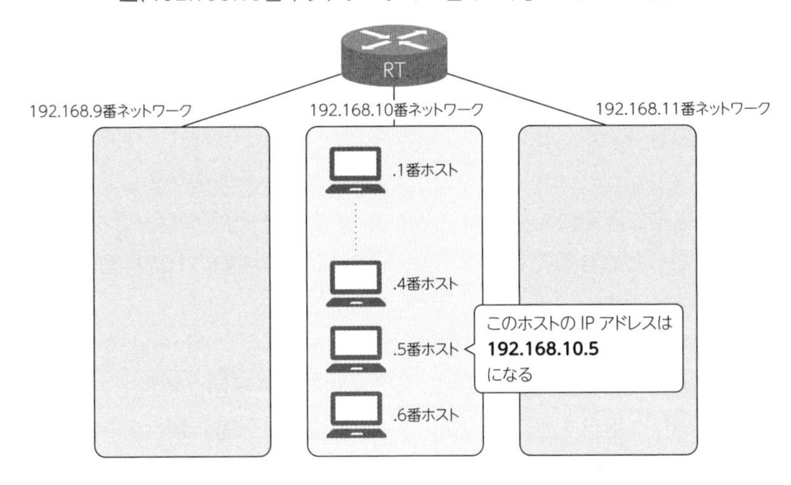

3 クラスA

クラスAは**大規模ネットワーク向けのアドレスクラス**です。**クラスAの範囲は0.0.0.0～127.255.255.255で、ネットワーク部が第1オクテット、第2～第4オクテットがホスト部と決められています。**

たとえば、10.20.30.40というクラスAのIPアドレスであれば「10番ネットワークの20.30.40番ホスト」という意味になります。ちなみに、第1オクテットで0から127までの数があるので、クラスAでは128個分の数を表現できます。ただし0番と127番は特定の用途で予約されているためIPアドレスとしては利用できません。したがって、クラスAでは126個分のネットワークの数を表現できます。ホスト部は第2～第4オクテットなので、1つのネットワーク内で

16,777,214個分のホストの数を表現できます。とてつもないホストの数ですね。

4　クラスB

クラスBは**中規模ネットワーク向けのアドレスクラス**です。**クラスBの範囲は128.0.0.0～191.255.255.255で、ネットワーク部は第１～第２オクテット、ホスト部は第３～第４オクテットと決められています。**

たとえば、172.16.10.8というクラスBのIPアドレスであれば「172.16番ネットワークの10.8番ホスト」という意味になります。ちなみに、16,384個分のネットワーク数と、１つのネットワーク内で65,534個分のホスト数を表現できます。

5　クラスC

クラスCは**小規模ネットワーク向けのアドレスクラス**です。**クラスCの範囲は192.0.0.0～223.255.255.255で、ネットワーク部は第１～第３オクテット、ホスト部は第4オクテットと決められています。**

たとえば、192.18.10.5というクラスCのIPアドレスであれば「192.168.10番ネットワークの５番ホスト」という意味になります。ちなみに、2,097,152個分のネットワーク数と、１つのネットワーク内で254個分のホスト数を表現できます。

6　クラスDとE

これまで説明してきたA～Cのアドレスは、一部を除きホストに設定することができます。設定できないアドレスはSTEP2-1.9で説明します。しかし、次のクラスDとEは機器に設定することができません。

クラスDは「１対特定グループ」の通信で使用されるマルチキャスト通信用のアドレスとして使用されることが決まっています。クラスDのアドレス範囲は224.0.0.0～239.255.255.255です。

クラスEについては研究用として扱われるため、こちらも機器に設定することはできません。クラスEのアドレス範囲は240.0.0.0～255.255.255.255です。

基礎編
STEP
2-1.3

プライベートIPアドレスとグローバルIPアドレス

LANで使うアドレスと、インターネットで使うアドレス

ポイントはココ!!

- プライベートIPアドレスの範囲は暗記すること！
  クラスA：10.0.0.0～10.255.255.255
  クラスB：172.16.0.0～172.31.255.255
  クラスC：192.168.0.0～192.168.255.255
- インターネットに接続する際に利用する、全世界で一意になるIPアドレスを**グローバルIPアドレス**という。
- グローバルIPアドレスは事業者によって割り当てられるので、管理者が自由に割り当てることはできない。

●学習と試験対策のコツ

プライベートIPアドレスとグローバルIPアドレスに分けることでIPアドレスの枯渇問題の対策ができ、かつセキュリティを高めることができます。特にプライベートIPアドレスの範囲は試験でも実務でも重要ですのでしっかりと暗記しておきましょう。

考えてみよう

これまで学習してきたIPアドレスは厳密にはIPv4（アイピーブイフォー、アイピーバージョンフォー）アドレスといいます（なお、STEP3-1.4ではIPv6を学習します）。

IPv4アドレスで表現できるアドレスの数は全部で約43億個です。これで足りると思いますか？　足りないですよね。全世界でインターネットが爆発的に普及した現代のネットワークの規模において、43億個では数が足りないのです。ではどのようにして、多くの人がIPアドレスを利用できるように工夫しているのでしょうか？

1　プライベートIPアドレス

IPアドレスがいずれ足りなくなることを予測して、**プライベートIPアドレス**と**グローバルIPアドレス**に区別することが考え出されました。**プライベートIPアドレス**とは、**LAN（会社内や家庭内など）で使用できるIPアドレスのこと**です。**異なるLANであればIPアドレスを重複して利用することができます。**このように異なるLANで使用できるIPアドレスを重複させることで、IPアドレスの枯渇対策になるわけです。

■プライベートIPアドレスは各組織で重複しても問題ない

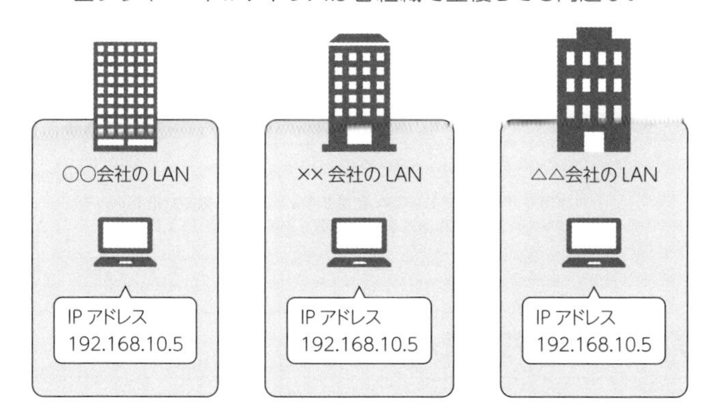

ただし、使用できるプライベートIPアドレスの範囲は決まっており、以下のようになっています。そして、規定のアドレスの範囲内であれば、管理者はLAN内において、自由にIPアドレスをホストに割り振ることができます。

クラスA：10.0.0.0～10.255.255.255
クラスB：172.16.0.0～172.31.255.255
クラスC：192.168.0.0～192.168.255.255

プライベートIPアドレスとアドレスクラスの概念の区別をつけましょう。

次の図を見てください。**IPアドレスクラスの範囲の中にプライベートIPアドレスとして使用できる部分が含まれています。**

■アドレスクラスの範囲の一部をプライベートIPアドレスとして利用している

クラスA	0.0.0.0〜	9.255.255.255	**10.0.0.0〜10.255.255.255**	11.0.0.0〜	127.255.255.255
クラスB	128.0.0.0〜	172.15.255.255	**172.16.0.0〜172.31.255.255**	172.32.0.0〜	191.255.255.255
クラスC	192.0.0.0〜	192.167.255.255	**192.168.0.0〜192.168.255.255**	192.169.0.0〜	223.255.255.255

アドレスクラスの範囲の一部を
プライベートIPアドレスとして利用できる

プライベートIPアドレスの学習をすると、前に扱ったIPアドレスクラスの範囲と混同する人が多発します。注意してください。

2 グローバルIPアドレス

グローバルアドレスIPアドレスとはインターネットに接続した機器で使用できるIPアドレスのことです。プライベートIPアドレスの場合、異なるLANであれば、IPアドレスは重複していても問題ありません。しかし、**グローバルIPアドレスは重複してはダメで、グローバルIPアドレスは全世界で1つ（一意、ユニーク）でなければいけません。**また、グローバルIPアドレスはプライベートIPアドレスと違って、自由に割り当てることはできません。グローバルIPアドレスは、ICANN（アイキャン）と呼ばれる国際的な機関が管理しており、国やプロバイダ（STEP1-1.10を参照）によってあらかじめ使用できる範囲が決められています。

基礎編 STEP 2-1.4

重要度 ∞

2進数の基本

ただの数の数え方の話なので、慣れれば問題なし！

ポイントはココ!!

- コンピュータは「192」のような10進数ではなく「11000000」のような**2進数**で処理をしている。
- 2進数では1桁で0または1を使用し、2個分の数字をカウントできる。

●学習と試験対策のコツ

・$0_{(10)}$から$20_{(10)}$くらいまでは2進数でカウントできるようになろう。
・カウントしながら2進数での桁上がりに慣れよう。

考えてみよう

さて、IPアドレスを深く知ろうとすると、少し難しくなってきます。今まで学習してきた「192.168.10.6」というIPアドレスは、実は人間が理解しやすいように加工されている数字です。コンピュータは「192.168.10.6」ではなく「11000000.10101000.00001010.00000110」という数字の並びで処理をしているのです。

「0」と「1」の2つの組合せで数を表現することを**2進数**表現といいます。コンピュータの世界では、どんなデータでも最終的に「0」と「1」に分解されて処理されているのです。IPアドレスを深く理解するためには、まずは2進数の知識を身につけていきましょう。

みなさんはこれから、この「0」と「1」の並びから「192.168.10.6」を再現できるようにならなければいけません。頑張りましょう！

1　10進数以外の数の数え方

数字を1から9まで数え上げます。次の数字は何ですか？　10ですね。注目したいのは９から10になるときには桁が１つ増えている点です。数が10個たまると次の桁を用意する数え方を**10進数**といいます。皆さんは生活のありとあらゆる場面で10進数の数え方をしています。しかし、実は身近な場面でも10進数以外の数え方をするものがあります。それは何でしょうか？

身近な例で10進数以外の数え方をするものの例に、時間があります。時間は分が60個たまると1時間となります。さらに分が60個たまると2時間になります。これは60進数的な数え方です。ほかにも鉛筆は12本たまると1ダースですね。これは12進数的な数え方だといえます。皆さんは小学校で「１時間30分は何時間ですか？」というような計算をしたかと思いますが、あれは60進数を10進数に変換していると解釈することができます。

これと同じように、今から皆さんには「192.168.10.6」という10進数と「11000000.10101000.00001010.00000110」という２進数を相互に変換できるようになってもらいます。

2　2進数の確認

何はともあれ、まずは２進数で数を数えてみましょう。10進数では０から９までカウントしたら桁が上がりますが、２進数では０から１までカウントしたら桁が上がります。

２進数	10進数
0	0
1	1
10	2
11	3

２進数	10進数
100	4
101	5
110	6
111	7

２進数	10進数
1000	8
1001	9
1010	10
1011	11

なお、２進数の読み方ですが、10と表記されている場合は「イチ、ゼロ」と読みます。「ジュウ」ではありません。２進数の「10」と10進数の「10」を区別するために、2進数では$10_{(2)}$、10進数では$10_{(10)}$と表記したりします。なお、IPアドレスでは$00001010_{(2)}$のように記載されることがありますが、これは$1010_{(2)}$と同じ値です。IPアドレスは１オクテットが８ビット（８桁）なので、８桁分すべてを埋める必要があるからです。

3 桁の考え方を10進数で再確認しよう

さて、2進数を深掘りする前に、日常生活でもなじみのある10進数について、桁の考え方を中心に再確認しておきましょう。現実世界で私たちは、10進数を使って生活しています。10進数は0～9までの組合せで数値を表現します。1桁には0～9までの10コの数を入れることができます。

では、1桁目に9まで入れた後はどのように表現するのでしょうか。ここで桁上がりの登場ですね。1桁で数値を表すことができるのは0～9なので、次は桁上がりして「10」と表現します。10のうち、1の部分が十の位（2桁目）、0の部分が一の位（1桁目）ですね。「10」を別の表現に言い換えると、**「2桁目には10のかたまりが1個、1桁目には1のかたまりが0個ある状態」**と表現できます。これを計算式で表すと次のように表現できます。

10×1個　＋　1×0個　＝　10

では例題です。$356_{(10)}$を上の計算式のように表現してみてください。なぜわざわざこのような計算をしてもらうかというと、2進数の計算でもこの考え方を使うからですよ。

100×3個　＋　10×5個　＋　1×6個　＝　356

4 2進数で表される数を桁の視点から考える

次に2進数でも桁を考えていきましょう。次の図を見てください。(ア) 最初は数が0個です。(イ)次に数が1個になるので1桁目の箱に1個入ります。(ウ)次に数が2個になりますが、2進数では「0」と「1」しか扱わないので、桁上がりして2桁目の箱に数が1個入ります。

$10_{(2)}$は「2のかたまりが1個、1のかたまりが0個」なので次のように考えることができます。

2×1個　＋　1×0個　＝　全部で2

10進数のときとまったく同じ考え方ですね。さて、数が2個たまりました。(エ)次の1個を追加しますが、1桁目の箱が空いているのでそこに入れます。$11_{(2)}$は「2のかたまりが1個、1のかたまりが1個」なので次のように考えることができます。

2×1個　＋　1×1個　＝　全部で3

STEP2
基礎編

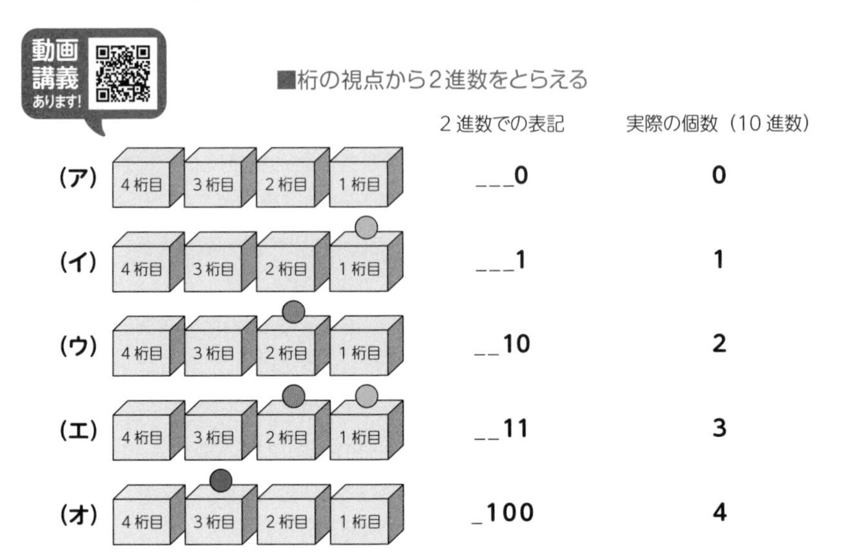

数が3個たまりました。（オ）次の1個を追加しますが、1桁目も2桁目も空いていませんので、桁上がりします。3桁目の箱に1が入ります。$100_{(2)}$は「4のかたまりが1個、2のかたまりが0個、1のかたまりが0個」なので次のように考えることができます。

4×1個　＋　2×0個　＋　1×0個＝　全部で4

さて、なんとなく2進数での数え方がわかってきましたか？　難しく考えることはありません。昔、皆さんが指を折りながら10進数の数え方を覚えたように、紙に何度も書き出して練習してください。慣れの問題です。

そして、ここまで来ると、2進数を10進数に変換する基礎も身についているのです。例題です。$101_{(2)}$は4のかたまり、2のかたまり、1のかたまりがそれぞれ何個ありますか？

4×1個　＋　2×0個　＋　1×1個＝　全部で5

つまり$101_{(2)}$は$5_{(10)}$であることがわかります。これが2進数を10進数に変換するときの基本的な考え方になります。

基礎編
STEP
2-1.5

重要度 ∞

2進数から10進数への変換

計算に慣れるまでとことん練習しよう！

ポイントはココ!!

- 2進数の101は、4のかたまりが1個、2のかたまりが0個、1のかたまりが1個でできているので、5個分の数を表している。つまり2進数の101は10進数の5である。

●学習と試験対策のコツ

2進数から10進数への変換方法は必ずマスターしてください。理解するだけではダメです。早く変換できるように練習しましょう！　素早く変換できないと試験で時間が足りなくなりますよ。

1　桁の考え方を10進数で再確認する

もう一度10進数で桁の考え方を確認します。$312_{(10)}$という3桁の数字を百の位、十の位、一の位に分解して今までの計算式のように表現してください。

100×3個　＋　10×1個　＋　1×2個　＝　312

こうですね。2桁目は10のかたまりが1個あると考えることができます。3桁目は100個のかたまりです。

■312を桁で分解する

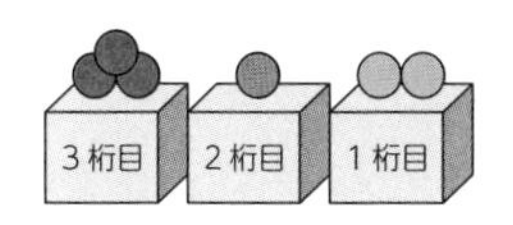

100×3+10×1+1×2=312

では4桁の数字の場合、4桁目は何の数のかたまりでしょうか？　これは想像できますね。100の次なので1000です。たとえば$4892_{(10)}$には1000のかたまりが4個あります。では、8桁の10進数の場合、8桁目は何の数のかたまりでしょうか？　数えずに計算で求めてみましょう。

一、十、百、千、万、十万、百万、千万と数えてしまいましたか？　数えてしまった人はこのタイミングで必ず計算方法を身につけてください。8桁目は10^7になります。基本的な指数計算は中学校で学習済みですので思い出しましょう。たとえば$4892_{(10)}$を指数を使って表現し直すと次のようになります。

$10^3 \times 4 \quad + \quad 10^2 \times 8 \quad + \quad 10^1 \times 9 \quad + \quad 10^0 \times 2 \quad = \quad 4892$

※「数字^0」（0乗）の値は1になります

2　2進数から10進数への変換方法

さて、ここまできたら、2進数から10進数への変換は大詰めです。もう一度$110_{(2)}$を考えてみましょう。先ほどは次のように表現しました。

4×1個　＋　2×1個　＋　1×0個　＝　6

これを書き換えると次のようになります。

2^2×1個　＋　2^1×1個　＋　2^0×0個　＝　6

まだ慣れないうちは次のような表を書いてもよいでしょう。

2^2	2^1	2^0
1	1	0

では次に$10110110_{(2)}$を上の表のように、次の表に当てはめて計算してみてください。

2^7	2^6	2^5	2^4	2^3	2^2	2^1	2^0

計算式は以下のようになりますね。

$$
\begin{aligned}
& 2^7\times1 + 2^6\times0 + 2^5\times1 + 2^4\times1 + 2^3\times0 + 2^2\times1 + 2^1\times1 + 2^0\times0 \\
= & 128\times1 + 64\times0 + 32\times1 + 16\times1 + 8\times0 + 4\times1 + 2\times1 + 1\times0 \\
= & 128 + 0 + 32 + 16 + 0 + 4 + 2 + 0 \\
= & 182
\end{aligned}
$$

これで２進数から10進数への変換が完了しました。なお２の累乗計算は頻繁に出てきますので、CCNA試験では2^0から2^7までは下の表を参考にして覚えてしまいましょう。ただ、覚えるといっても１から２倍していくだけですね。

CCNA試験ではメモを取ることができるので、試験が始まったら表を書いてしまえば楽です。

2^7	2^6	2^5	2^4	2^3	2^2	2^1	2^0
128	64	32	16	8	4	2	1

例題1

$10011010_{(2)}$を10進数に変換してください。

まずは表を使って各桁に数字を並べましょう。

2^7	2^6	2^5	2^4	2^3	2^2	2^1	2^0
1	0	0	1	1	0	1	0

次に１になっているところの数字を足しましょう。10進数に変換すると154になります。

$$= 128\times1 + 64\times0 + 32\times0 + 16\times1 + 8\times1 + 4\times0 + 2\times1 + 1\times0$$
$$= 128 + 0 + 0 + 16 + 8 + 0 + 2 + 0$$
$$= 154$$

解答：154

例題2

・次の２進数を10進数に変換してください。

1）10000000
2）11000000
3）00001010
4）11111111

解答：1）128　2）192　3）10　4）255

基礎編
STEP
2-1.6

重要度 ∞

10進数から2進数への変換

計算に慣れるまでとことん練習しよう！

ポイントはココ!!

●10進数の数を次の表で分解していくと２進数に変換することができます。

2^7	2^6	2^5	2^4	2^3	2^2	2^1	2^0
128	64	32	16	8	4	2	1

●学習と試験対策のコツ

本項の学習を終えると10進数と２進数の相互変換ができるようになります。「これが何の役に立つんじゃい！」と思われている方も多いかと思います。実はこれができないと、STEP3のサブネッティングという項目を理解できないのです……。

1 計算方法その①　IPアドレス計算用

２進数から10進数への変換ができるようになったので、今度は逆に10進数から２進数への変換をできるようになってもらいます。変換方法は主に２パターンあります。１つ目はIPアドレス関連の問題で使いやすい計算、２つ目はどんな10進数でも使える汎用的な計算方法です。

１つ目の計算方法は、２進数を10進数に変換したときの考え方を利用します。さっそく、$172_{(10)}$を２進数に変換してみましょう。10進数から２進数への変換も、２進数から10進数への変換をするときと同じ表を利用します。

2^7	2^6	2^5	2^4	2^3	2^2	2^1	2^0
128	64	32	16	8	4	2	1

まず172の中に128（2^7）が何個あるかを考えます。１個ですね。そこで表の128の欄に1を入れます。

128	64	32	16	8	4	2	1
1							

172のうちの128個分は使ってしまったので、残りは172－128＝44です。次のことを考えます。44の中に64（2^6）は何個ありますか？　0個ですね。そこで表の64の欄に0を入れます。

128	64	32	16	8	4	2	1
1	0						

残りは44です。44の中に32（2^5）は何個ありますか？　1個ですね。そこで表の32の欄に1を入れます。

128	64	32	16	8	4	2	1
1	0	1					

44のうち32個分は使ってしまったので、残りは44－32＝12です。以下同じ処理が続きます。もう計算方法がわかった人は自分で計算してみてください。この説明ではいったん最後まで説明しますね。残り12の中に16（2^4）は何個ありますか？　0個ですね。そこで表の16の欄に0を入れます。

128	64	32	16	8	4	2	1
1	0	1	0				

残りは12です。12の中に8（2^3）は何個ありますか？　1個ですね。そこで表の8の欄に1を入れます。

128	64	32	16	8	4	2	1
1	0	1	0	1			

12のうちの8個分は使ってしまったので、残りは12－8＝4です。次のことを考えます。4の中に4（2^2）は何個ありますか？　1個ですね。そこで表の4の欄に1を入れます。

128	64	32	16	8	4	2	1
1	0	1	0	1	1		

さて、これで残りの数は0になりました。あえて記述すると、0の中に2は0個、1も0個なので、表の2と1の欄には0が入ります。

128	64	32	16	8	4	2	1
1	0	1	0	1	1	0	0

これで変換が終了しました。$172_{(10)}$=$10101100_{(2)}$です。変換が正しいかを確かめるために、計算練習として$10101100_{(2)}$を10進数に変換してみてください。

なお、この変換の結果は次のように表現することもできます。

「$172_{(10)}$は128のかたまりが1個と、32のかたまりが1個と、8のかたまりが1個と、4のかたまりが1個でできている」

なお、この計算方法は、IPアドレスの計算では8桁までしか出てこないという前提に立っています。2進数で8桁といえば「$11111111_{(2)}$＝$255_{(10)}$」ですので、255よりも大きい数については、この表で処理することはできません。

2 計算方法その② 汎用的な計算方法

これまでの方法では、255よりも大きい10進数を変換しようとすると逆に不便になります。ここではどんな10進数でも2進数に変換できる方法を紹介しますので、好きなほうを使ってください。

計算方法はいたって単純で、$172_{(10)}$を次の図のように、ひたすら2で割って余りを出していきます。

0まで計算したら終了です。図のように数字を並べてみると、あら不思議、2進数の完成です。この方法であれば255より大きい数

■10進数から2進数への変換方法

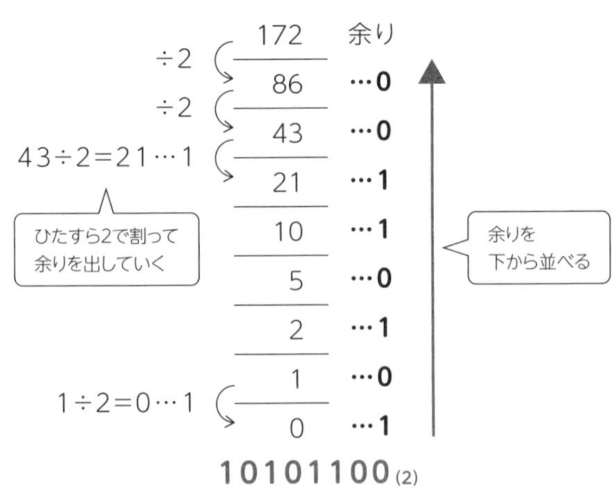

でもまったく同じように計算できますね。

例題1

・次の10進数を２進数に変換してください。

1）163

2）368

3）254

4）27

解答：1）10100011

2）101110000

3）11111110

4）00011011（11011でも正解です）

基礎編
STEP
2-1.7

重要度 ∞

IPアドレスを2進数で把握し直す

IPアドレス全体を２進数に変換できるようになろう

ポイントはココ!!

- IPアドレスを２進数で表現すると、各オクテットは８ビットで構成され、アドレス全体は32ビットになる。
- ８ビットは**１バイト**と表現されることがある。32ビットは４バイト。

●学習と試験対策のコツ

変換計算は慣れないうちは本当に面倒に感じることでしょう。CCNA試験ではIPアドレスの変換は必須です。ほとんどの問題で、STEP3で学習するサブネッティングという難しい項目と絡んでくるので、高速で計算できる必要があります。今のうちに計算に慣れておきましょう。

1 IPアドレスを2進数で把握し直す

ここまでの学習で、10進数で表現されたIPアドレスを２進数に変換ができるようになりましたね。また、２進数でIPアドレスを表現する際は下の図のように、８桁ずつ「.（ドット）」で区切って表現します。また、１区切りのことをオクテットというのでした。**10進数のIPアドレスを2進数に変換する際は、オクテットごとで変換計算をします。**

■IPアドレスを２進数に変換

IP アドレス（10 進数）	172	.	1	.	2	.	3
	⇕		⇕		⇕		⇕
IP アドレス（2 進数）	10101100	.	00000001	.	00000010	.	00000011

ビットとバイトについても説明しておきましょう。「0」と「1」の1桁分のことを**ビット（bit）**といいます。ビットはコンピュータで扱うことのできる最小単位の情報量です。IPアドレスは32個の「1」と「0」の組合せですので、32ビットで構成されているといえます。

ビットという言葉が出てきたので、あわせて**バイト（byte）**という言葉も知っておきましょう。ITの世界では、1ビットが8つ集まるとバイトと表現します。ただしIPアドレスは一般的に8ビットのかたまりを「オクテット」と表現します。オクテットもバイトも「1ビットが8つ集まる」という点においては同じです。

これらの言葉を使うとIPアドレスは次のように説明できます。全部理解できますか？

・IPアドレスは32ビットで構成されている。
・IPアドレスは第1オクテットから第4オクテットまである。
・IPアドレスの情報量は4バイト。

例題1

・次のIPアドレスを2進数32ビットに変換してください。

1）10.20.4.42
2）172.24.189.23
3）192.168.20.230

解答

1）00001010.00010100.00000100.00101010
2）10101100.00011000.10111101.00010111
3）11000000.10101000.00010100.11100110

基礎編
STEP
2-1.8

重要度 ∞

サブネットマスク

どこまでがネットワーク部なのかをさし示す

ポイントはココ!!

- IPアドレスのビット列のうち、どこまでがネットワーク部なのかをさし示す値を**サブネットマスク**という。
- サブネットマスクの１でマーキングされるアドレス部分はネットワーク部、０でマーキングされるアドレス部分はホスト部だと判断される。
- 「172.1.2.3/18」のようにネットワーク部の長さを数字で表す方法を**CIDR表記（プレフィックス表記）**という。
- IPアドレスクラスに沿ったアドレスの割り当てをしているアドレスを**クラスフルアドレス**という。
- サブネットマスクを使って任意の場所でネットワーク部とホスト部を区切っているアドレスを**クラスレスアドレス**という。

●学習と試験対策のコツ

今回は、どこまでがネットワーク部なのかをさし示すサブネットマスクについて学習をします。スラッシュの表記方法と10進数表記の表記方法の違いをしっかり理解しておきましょう。この項目はかなり重要です。STEP3ではサブネッティングという計算問題が待ち構えていますが、今回のサブネットマスクの理解が必須になります。STEP3で学習するサブネッティングは脱落者多発項目です。しっかりとここで計算練習をしてください。

考えてみよう

「192.168.20.230」というIPアドレスはどこまでがネットワーク部でしょうか？　これまでの説明だと、192.168.20.230はクラスCなので24ビット目までがネットワーク部だということになります。これまでは、各IPアドレスクラスでネットワーク部とホスト部の境目の位置は決まっていると説明してきましたが、実は決まっていません。現在ではネットワーク部とホスト部の境目は自由に変えることができるようになっています。(※詳しくはSTEP3-1.2で解説します)

そのため、IPアドレスが192.168.20.230となっていても、ネットワーク部が18ビットや28ビット分の長さがある可能性もあるのです。このままだと、どこまでがネットワーク部なのかすぐに判別できません。これを解決するためにどのようにすればいいでしょうか。

1　サブネットマスクとは

IPアドレスのどこまでがネットワーク部なのか判別するために、IPアドレスのビット列を図のようなイメージでマーキングします。

■IPアドレスをネットワーク部とホスト部に分けて色でマーキングする

192	.	168	.	20	.	230
11000000	.	10101000	.	00010100	.	11100110
		ネットワーク部				**ホスト部**

もちろん、色でマーキングはできませんので、実際には下の図のように「0」と「1」を32ビット分用意してマーキングをします。

■IPアドレスをネットワーク部とホスト部に分けて0と1でマーキングする

192	.	168	.	20	.	230
11000000	.	10101000	.	00010100	.	11100110
11111111	.	**11111111**	.	**11111111**	.	**00000000**

IPアドレスのうち、「1」でマーキングされている部分はネットワーク部で、0でマーキングされている部分はホスト部としてコンピュータは認識します。このように、どこまでがネットワーク部なのかをさし示す「0」と「1」の並びを**サブネットマスク**といいます。**IPアドレスはアドレス本体とサブネットマスクの2つがそろってはじめて住所としての機能を持つのです。**なお、サブネットマスクも人間が読みやすいように2進数から10進数に変換したうえで表示されます。サブネットマスク「11111111.11111111.11111111.00000000」を10進

数に変換すると次のようになりますね。

■10進数で表されたIPアドレスとサブネットマスク

192	.	168	.	20	.	230
255	.	255	.	255	.	0

10進数で表したサブネットマスクは図のようになりましたか？　アドレス本体とサブネットマスクがそろってIPアドレスとして機能するのです。

例題1

あるアドレス「192.168.30.42」のネットワーク部は先頭から27ビット目までです。サブネットマスクを10進数で表して、IPアドレスを完成させてください。

アドレスを２進数に変換すると図のようになりますね。サブネットマスクを作成するうえでは不要ですが、説明のために一応変換しました。

192	.	168	.	30	.	42
11000000	.	10101000	.	00011110	.	00101010

今回ネットワークは27ビット目までなので、図のように27ビット目までを１で埋めます。残りの５ビットはホスト部になるので０で埋めます。

192	.	168	.	30	.	42
11000000	.	10101000	.	00011110	.	00101010
11111111	.	**11111111**	.	**11111111**	.	**11100000**

サブネットマスクを２進数で表現できたらあとは10進数に変換して終了です。

192	.	168	.	30	.	42
11000000	.	10101000	.	00011110	.	00101010
11111111	.	**11111111**	.	**11111111**	.	**11100000**
255	.	255	.	255	.	224

完成したIPアドレスは次のようになります。

192	.	168	.	30	.	42
255	.	255	.	255	.	224

例題2

IPアドレス「172.1.2.3 255.255.192.0」のサブネットマスクが「255.255.192.0」であるとき、このIPアドレスのネットワーク部は何ビット分あるか。

CCNA試験ではネットワーク部が何ビット分あるのかを素早く計算しなければいけません。こちらも練習してみましょう。答えは18ビットですね。

255	.	255	.	192	.	0
11111111	.	**11111111**	.	**11000000**	.	**00000000**

2 プレフィックス表記

さて、変わって実務の話ですが、正直、サブネットマスクが「255.255.192.0」と表記されていても、何ビット目までがネットワーク部なのかパッとわかりませんよね？　ということでもっと簡単な表記方法があります。

IPアドレス「172.1.2.3 255.255.192.0」は18ビット目までがネットワーク部なので「**172.1.2.3/18**」と表現できます。かなり簡単ですね！　この表記方法を**CIDR（サイダー）表記**といいます。また、ネットワーク部の長さのことを

プレフィックス長とも呼ぶので、**プレフィックス表記**ともいいます。

使い分けとしては、ネットワークの構成図など視認性が必要な場合はCIDR表記で、ネットワーク機器にIPアドレスを設定するときは10進数表記を利用します。両方の表記を理解できるようにしてください。

また、IPアドレスクラスに沿ったアドレスの割り当てをしているアドレスを**クラスフルアドレス**、サブネットマスクを使って任意の場所でネットワーク部とホスト部を区切っているアドレスを**クラスレスアドレス**といいます。

例題3

1）172.1.2.3 255.255.0.0　をCIDR表記で表してください。

2）10.10.5.8 255.240.0.0　をプレフィックス表記で表してください。

3）192.168.5.23/24　を10進数のサブネットマスクで表してください。

4）192.168.238.175/30　を10進数のサブネットマスクで表してください。

解答

1）172.1.2.3/16

2）10.10.5.8/12

3）192.168.5.23 255.255.255.0

4）192.168.238.175 255.255.255.252

基礎編 STEP 2-1.9

重要度 ★★★

ネットワークアドレスとブロードキャストアドレス

ネットワークの最初と最後のアドレスは使用方法が決められている

ポイントはココ!!

- ネットワーク自体の住所を表すIPアドレスを**ネットワークアドレス**という。
- **ホスト部がすべて0**になっているIPアドレスがネットワークアドレス。
- ネットワーク内でブロードキャスト通信の宛先として利用されるアドレスを**ブロードキャストアドレス**という。
- ホスト部がすべて1になっているIPアドレスはブロードキャストアドレス。
- ネットワークアドレスとブロードキャストアドレスを機器に設定することはできない。

●学習と試験対策のコツ

今回は、機器に設定できないIPアドレス（ネットワークアドレス、ブロードキャストアドレス）について学習します。STEP2の段階では、計算が面倒でも毎回２進数に変換することをお勧めします。計算力が身につくだけでなく、ネットワーク部やホスト部に対する理解も深まるからです。問題演習を多くこなすと、いずれ２進数に変換しなくても処理できるようになります。

考えてみよう

IPアドレス192.168.5.23/24について、このIPアドレスは何番ネットワークの何番ホストの住所を表していますか？

ネットワーク部とホスト部を考慮すると、192.168.5番ネットワークの23番ホストであると表現できます。192.168.5.23/24というIPアドレスでこのホストの住所を表現できています。では、192.168.5番ネットワーク自体の住所はどのように表現すればよいのでしょうか？　「192.168.5」だけではIPアドレスとして不完全なので利用することができません。

1 ネットワークアドレス

ネットワークそれ自体の住所を表すIPアドレスが**ネットワークアドレス**です。ネットワークアドレスは、ネットワークそのものを表す名前のようなものです。そのため、ネットワークアドレスは**機器に設定することができない予約済みのIPアドレス**として扱われます。ネットワークアドレスをいくつかの方法で説明すると次のようになります。

・ホスト部のビットがすべて0になっているアドレス
・ネットワーク内での最初（最小）のIPアドレス

具体的に見ていきましょう。たとえば172.16.1.0/16のIPアドレスがあった場合、今までの説明だと、このアドレスは172.16番ネットワークの1.0番ホストの住所を表しています。２進数で表現すると次のようになりますね。

172.16.1.0/16
10101100.00010000.00000001.00000000 /16

このIPアドレスの場合、ネットワークアドレスはホスト部のビットを全部０にした172.16.0.0/16となります。ホスト部がすべて０ということは、ネットワーク内での最初（最小）のIPアドレスであるともいえるのです。

■ネットワークアドレスはホスト部のビットがすべて0になっている

172.16.0.0/16

（10101100.00000001.00000000.00000000）ホスト部がすべて０

クラスCアドレスでも確認してみましょう。192.168.32.89/24のIPアドレスがあった場合、今までの説明だと、このアドレスは192.168.32番ネットワークの89番ホストの住所を表しています。２進数で表現すると次のようになりますね。

192.168.32.89/24
11000000.10101000.00100000.01011001 /24

では、このネットワークのネットワークアドレスを算出してください。ホスト部をすべて0にすればよいので次のようになりますね。

11000000.10101000.00100000.01011001 /24　←ホストのIPアドレス
11000000.10101000.00100000.**00000000** /24　←ネットワークアドレス

10進数でネットワークアドレスを表現すると、192.168.32.0/24となります。「なんだ、簡単じゃないか、第3か第4オクテットが0になるだけだろ？」と思った人がいると思います。そうなんです。クラスフルなIPアドレスであれば、ネットワークアドレスは次の例のように簡単に算出することができるんです。

クラスA：10.0.0.0 /8　（ホスト部は第2～第4オクテット）
クラスB：172.13.0.0 /16　（ホスト部は第3～第4オクテット）
クラスC：192.168.65.0 /24　（ホスト部は第4オクテット）

2　クラスレスなIPアドレスのネットワークアドレス

STEP2までに扱うIPアドレスは、上記のようにネットワークアドレスがパッとわかるIPアドレスしか使っていません。STEP3からはパッとはわからなくなります。少し予習をしておきましょう。

192.168.32.89/27のIPアドレスがあった場合、クラスレスなIPアドレスであり、ネットワーク部が第4オクテットに食い込んでいるので、パッと見ただけでは〇番ネットワークの〇番ホストであるとはわかりません。このネットワークのネットワークアドレスを算出してみましょう。アドレスを2進数にすると次のようになりますね。

IPアドレスクラスに沿ったアドレスの割り当てをしているアドレスをクラスフルアドレス、サブネットマスクを使ってネットワーク部を任意の長さで指定しているアドレスをクラスレスアドレスといいましたね。（STEP2-1.8）

192.168.32.89/27
11000000.10101000.00100000.1011001 /27　←ホストのIPアドレス

27ビット目までがネットワーク部なので、ホスト部は28ビット目からです。ホスト部をすべて0にすればネットワークアドレスになります。

```
192.168.32.89/27
11000000.10101000.00100000.01011001 /27  ←ノードのIPアドレス
11000000.10101000.00100000.01000000 /27  ←ネットワークアドレス
```

この２進数を10進数に戻すと、192.168.32.64/27となりネットワークアドレスの完成です。

3 ブロードキャストアドレス

ネットワーク内での最初のアドレスが特別なのと同じように、ネットワーク内での最後のアドレスも特別扱いされています。ネットワークアドレスと同様に、機器に設定することができない予約済みのIPアドレスが**ブロードキャストアドレス**です。ブロードキャストアドレスはブロードキャスト通信の際に利用されることが決まっているので、機器に設定することはできません。ブロードキャストアドレスをいくつかの方法で説明すると次のようになります。

・ホスト部のビットがすべて1になっているアドレス
・ネットワーク内での一番最後（最大）のIPアドレス

具体的に見ていきましょう。たとえば172.16.1.0/16のIPアドレスがあった場合、今までの説明だと、このアドレスは172.16番ネットワークの1.0番ホストの住所を表しています。２進数で表現すると次のようになりますね。

```
172.16.1.0/16
10101100.00010000.00000001.00000000 /16
```

このIPアドレスの場合、ブロードキャストアドレスはホスト部のビットを全部1にした172.16.255.255/16となります。ホスト部がすべて１ということは、ネットワーク内での最後（最大）のIPアドレスであるともいえるのです。

■ブロードキャストアドレスはホスト部のビットがすべて1になっている

172.16.255.255/16

（10101100.00000001.11111111.11111111）ホスト部がすべて１

クラスCアドレスでも確認してみましょう。192.168.32.89/24のIPアドレスがあった場合、今までの説明だと、このアドレスは192.168.32番ネットワークの89番ホストの住所を表しています。２進数で表現すると次のようになりますね。

192.168.32.89/24
11000000.10101000.00100000.01011001 /24

では、このネットワークのブロードキャストアドレスを算出してください。ホスト部をすべて1にすればよいので次のようになりますね。

11000000.10101000.00100000.01011001 /24　←ホストのIPアドレス
11000000.10101000.00100000.**11111111** /24　←ネットワークアドレス

10進数でネットワークアドレスを表現すると、192.168.32.255/24となります。「なんだ、簡単じゃないか、ネットワークアドレスと同じ要領で、第３か第４オクテットが255になるだけでしょ？」と思った人がいると思います。そうなんです。クラスフルなIPアドレスであれば、ブロードキャストアドレスは次の例のように簡単に算出することができるんです。

クラスA：10.255.255.255 /8　(ホスト部は第２～第４オクテット)
クラスB：172.13.255.255 /16　(ホスト部は第３～第４オクテット)
クラスC：192.168.65.255 /24　(ホスト部は第４オクテット)

4　クラスレスなIPアドレスのブロードキャストアドレス

STEP2までに扱うIPアドレスは、上記のようにブロードキャストアドレスがパッとわかるIPアドレスしか使っていません。STEP3からはパッとはわからなくなります。少し予習をしておきましょう。192.168.32.89/27のIPアドレスのブロードキャストアドレスを算出してみましょう。アドレスを2進数にすると次のようになりますね。

192.168.32.89/27
11000000.10101000.00100000.1011001 /27　←ホストのIPアドレス

27ビット目までがネットワーク部なので、ホスト部は28ビット目からです。ホスト部をすべて1にすればネットワークアドレスになります。

192.168.32.89/27
11000000.10101000.00100000.01011001 /27　←ホストのIPアドレス
11000000.10101000.00100000.010**11111** /27　←ブロードキャストアドレス

この2進数を10進数に戻すと、192.168.32.95/27となりブロードキャストアドレスの完成です。

例題1

次のIPアドレスが所属するネットワークの、ネットワークアドレスとブロードキャストアドレスを算出してください。

1）172.16.36.42/16
2）192.168.20.30/24

解答

1）ネットワークアドレス：172.16.0.0
　　ブロードキャストアドレス：172.16.255.255
2）ネットワークアドレス：192.168.20.0
　　ブロードキャストアドレス：192.168.20.255

重要度 ∞

MACアドレスの基本

全世界で1つしかない個体識別番号

ポイントはココ!!

- 製造時にコンピュータやネットワーク機器のポートに付与される個体識別番号のことを**MACアドレス**という。
- MACアドレスは16進数12桁で表す。
- MACアドレスの12桁のうち上位６桁のことを**OUI（ベンダーコード）**という。

●学習と試験対策のコツ

基本的な知識として、MACアドレスは12桁の16進数で表現されることを必ず理解しましょう。CCNA試験ではMACアドレスの最初の６桁と下位６桁の違いも問われますので、OUI（ベンダーコード）とシリアルナンバーの違いも覚えてください。

考えてみよう

前回までIPアドレスについて学習してきましたね。IPアドレスは異なるネットワークにある機器へデータを送るために必要なアドレスでした。それに対して、同一ネットワーク内で機器にデータを送るために必要なアドレスは**MACアドレス**でしたね。たとえるなら「３年２組13番」がIPアドレスで、「渦々太郎」がMACアドレスです。

ここではMACアドレスの構造などを学習していきます。IPアドレスは２進数32ビットで構成されていますが、MACアドレスのビット数はそれよりも多いでしょうか、少ないでしょうか？

1　MACアドレスとは

MACアドレスとは**製造時にコンピュータやネットワーク機器のポートに付与**

される個体識別番号のことです。MACアドレスが重複することはありません。なお、**ハードウェアアドレス**や**物理アドレス**と呼ばれることもあります。機器ごとに一意（ユニーク）の番号が割り当てられるということは、IPアドレスよりももっと多くの数が必要になりそうですね。

MACアドレスは、**2進数48ビット**で構成されますが、表示上は「00-00-4C-01-F4-5C」のように**16進数12桁**で記載されます。2桁ずつ区切る際には、「-」「:」「.」のいずれかを使用します。

■MACアドレスの表記例

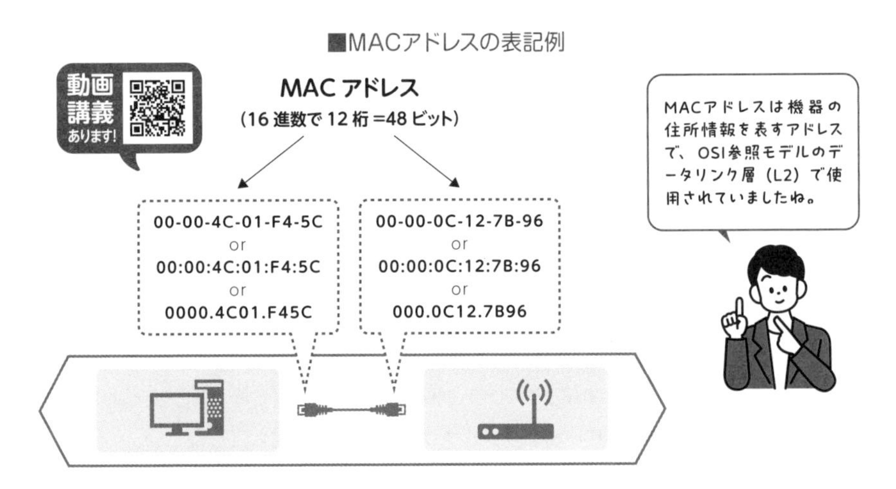

さらっと「16進数」という新しい語句が出てきましたが、いったん横に置いておきましょう。MACアドレスの12桁のうち最初の6桁のことを**OUI（Organizationally Unique Identifier）**といいます。OUIは**ベンダーコード**ともいいます。ベンダーとは**ITの機器を販売する製造会社**のことです。

MACアドレスは、機器が製造されるときに付与されるので、MACアドレスの上位6桁を見れば、どの製造会社の製品かがわかるようになっています。

残りの下位6桁は、各製造会社が製品に割り当てるシリアルナンバーとなっています。

参考として各社のベンダーコードを掲載しておきます。1つのベンダーでも複数のベンダーコードがありますので、ほんの一例です。インターネットを利用すれば、ベンダー名からもベンダーコードからも検索できます。

Cisco Systems：00-00-0C
NEC　　　　　：00-00-4C

YAMAHA　　：00-A0-DE
FUJITSU　　：00-00-0E
TOSHIBA　　：00-00-39

■MACアドレスの構成

なお、ルータにはポート（インターフェース）の数だけMACアドレスがあります。つまり１台のルータでも複数のMACアドレスを持っているのです。

■ルータは各ポートにMACアドレスが割り当てられている

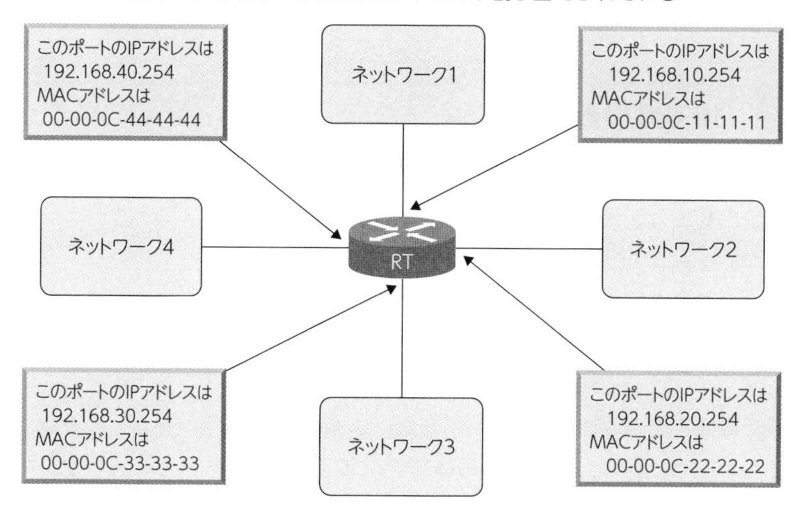

基礎編 STEP 2-1.11

重要度 ∞

16進数

16進数を使用すると冗長な２進数をスッキリ表現できる

ポイントはココ!!

- 16進数から２進数に変換する場合は、各桁について16進数を10進数に変換し、その10進数を２進数に変換する。
- ２進数から16進数に変換する場合は、２進数を４ビットずつに分割して、２進数を10進数に変換し、その10進数を16進数に変換する。

●学習と試験対策のコツ

16進数はSTEP3のIPv6という項目でも再登場しますので、16進数での数え方や、基本的な変換処理はできるようにしましょう。

1　16進数の数え方

ここでは16進数の数え方と変換方法を説明しますが、CCNA試験においては16進数の複雑な変換はできなくても大丈夫です。IPアドレスのときのような計算にはならないので安心してください。

16進数では１桁に16個分の数がたまったら桁が上がります。さっそく数えてみましょう。0、1、2、3、・・・8、9、次はどんな数になりますか？　10でしょうか？　いいえ、10にはなりません。10だと２桁になってしまうので、１桁で16個分の数字を表現します。

「え～１桁でどうやって16個分の数を表現するの!?」と不思議に思ってください。学びの入口はいつも好奇心です。16進数では数を表すためにアルファベットA～Fを使用します。数を数えるのにアルファベットを使用するので混乱する人が大量に発生します。９の次は次のようになります。読み方は通常のアルファベットと同じです。

・・・、8、9、A、B、C、D、E、F

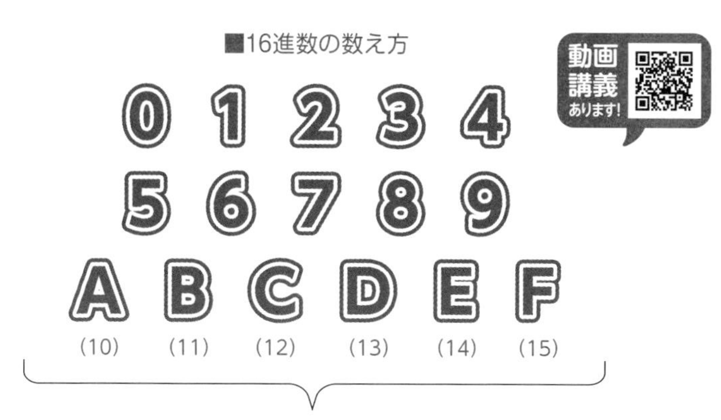

16 種類の数値文字で数値を表現

$F_{(16)}$ ($15_{(10)}$) の次は数が16個になるので桁上がりして$10_{(16)}$ ($16_{(10)}$) になります。読み方は「イチ、ゼロ」です。さぁ、ここから$40_{(10)}$くらいまで数えてみてください。

・・・11、12、13、14、15、16、17、18、19

$19_{(16)}$ ($25_{(10)}$) の次に気をつけてくださいね。1Aですよ。ではどんどん数えていってください。

・・・1B、1C、1D、1E、1F

$1F_{(16)}$ ($31_{(10)}$) まで数えました。1桁がまたいっぱいになりましたので、次は$20_{(16)}$ですね。このまま$40_{(10)}$最後まで数えましょう。

・・・20、21、22、23、24、25、26、27、$28_{(16)}$ ($40_{(10)}$)

以上が16進数での数の数え方です。

さて、少し考えてみてください。IPアドレスの項目で２進数を頑張って勉強したのに、MACアドレスで、なぜわざわざ16進数という新しい数え方を学習しなければいけないのでしょうか？

余談ですが、コンピュータが色を処理する際にはカラーコードが利用されていますが、このカラーコードは6桁の16進数で表現されています。blackは「000000」、whiteは「ffffff」、orangeは「ffa500」です。

2　16進数の変換

16進数で表記する大きな理由は「スッキリするから」です。16進数で12桁だと、

２進数にすると48桁になります。MACアドレス「00-00-4C-01-F4-5C」であれば、２進数表記にすると次のようになります。だいぶスッキリしますよね。

16進数：00-00-4C-01-F4-5C
２進数：00000000 - 00000000 - 01001100 - 00000001 - 11110100 - 01011100

注目してほしいのは、16進数を使用することで２進数４ビット分を１桁で表現できる点です。たとえば、01101010の２進数があったとしましょう。これを電話で誰かに伝えるとすると、「0」と「1」の羅列が続くので、伝えミスが起こる可能性がありますよね？　ここで、01101010と伝えるのではなく、16進数で6Aと伝えるとどうでしょうか。２桁で伝えられるので、話すほうも扱いやすく、聞くほうもわかりやすく受け取ることができますね。

■16進数を使用することで2進数4ビット分を1桁で表現できる

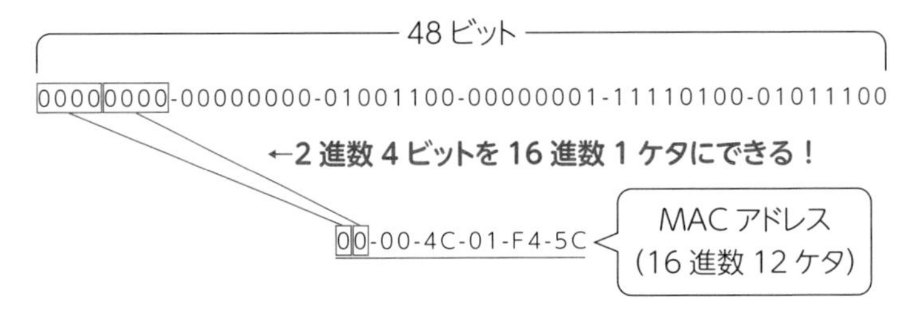

さて、勘のいい人は16進数への変換方法も見当がついているのではないでしょうか？　16進数の変換方法はいたって単純です。16進数から２進数に変換する場合は、各桁について16進数→10進数→２進数に変換して、変換された値を並べれば終了です。

■16進数から2進数に変換する方法

16進数	0	1	-	F	4	-	5	C
10進数	0	1	-	15	4	-	5	12
2進数	0000	0001	-	1111	0100	-	0101	1100

$01F45C_{(16)}$＝$000000011111010001011100_{(2)}$となります。逆に、２進数から16進数に変換する際は２進数を４ビットずつに分割して、２進数→10進数→16進数という変換をするだけです。

2進数	0000	0001	-	1111	0100	-	0101	1100
10進数	0	1	-	15	4	-	5	12
16進数	0	1	-	F	4	-	5	C

例題1

・次の変換練習問題を解いてください。

1) ベンダーコード「00-A0-DE$_{(16)}$」を2進数で表記してください。

2) カラーコード「87cefa$_{(16)}$」(lightskyblue)を2進数で表記してください。

3) 「010111111001111010100000$_{(2)}$」を16進数で表記してください。

解答

1) 00000000 - 10100000 - 11011110(区切りはなくて構いません)

2) 10000111 - 11001110 - 11111010

3) 5F9EA0

基礎編

STEP 2-2

ネットワークアクセス（スイッチング）Ⅱ

この章では、出題割合の20%を占める重要項目であるネットワークアクセス分野について、その基礎知識を学習していきます。

STEP1-2では、スイッチの基本動作やフラッディング、ARPについて学習しました。これらの知識を学習すると、この章で学習するSTPというプロトコルの必要性を理解することができます。STPとはSpanning Tree Protocolという言葉の略ですが、多くの学習者がこの言葉の意味を理解せずに学習を進めています。なぜTree（木）という言葉を使っているのでしょうか？　この言葉の由来を理解すると、きっとSTPに対する理解がより深まることでしょう。このポイントを意識しながら、この章でSTPの概要について学習を進めていきましょう。

基礎編 STEP 2-2.1

重要度 ∞

冗長性とブロードキャストストーム

安全に運用しようとすると、逆に問題が起こってしまう!?

ポイントはココ!!

- 障害が発生した場合に備えて、バックアップ装置を普段から配置することを**冗長性**という。
- 冗長性を持つネットワークではネットワークが環状経路になり、**ブロードキャストストーム**が発生する可能性がある。
- 冗長性を維持しつつ、ブロードキャストストームを防ぐプロトコルに**STP**がある。

●学習と試験対策のコツ

これからSTP（Spanning Tree Protocol）というプロトコルを学習していきます。非常によく使われている技術なので試験でも頻出です。ここでは、そもそもなぜSTPを勉強する必要があるのかを理解しましょう。STPを理解すると、今まで学習した項目のとらえ方が大きく変わりますよ。なぜTreeという名前がついているんでしょうね。

考えてみよう

図中のゲームサーバには365日24時間大量のユーザーがアクセスしているとします。本当にこのネットワーク構成でいいでしょうか。心配になる部分はないですか？

■冗長性を持たないネットワーク

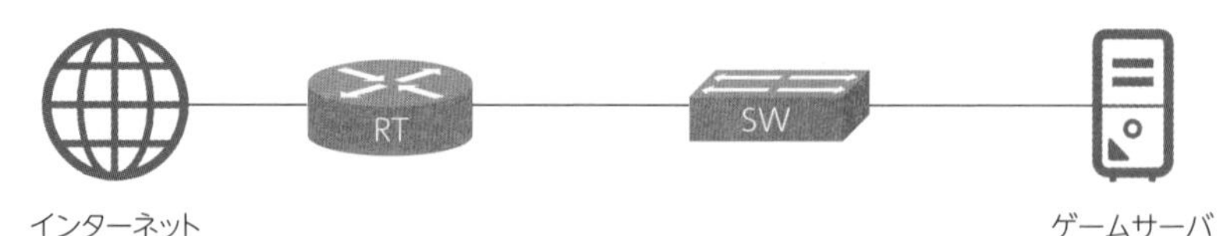

1 ネットワークには冗長性が必要

ゲームユーザーからしたら、とても心配なネットワークですよね。通信経路が１つしかないので、どこかで障害が発生した瞬間に、ゲームサービスが停止してしまいます。ネットワークの一部が故障、停止したとしても、継続してサービスを提供できるようにしなければいけません。ネットワークアクセス（スイッチング）の観点からすると、次のようなネットワークを考えることができます。

■冗長性を持つネットワーク

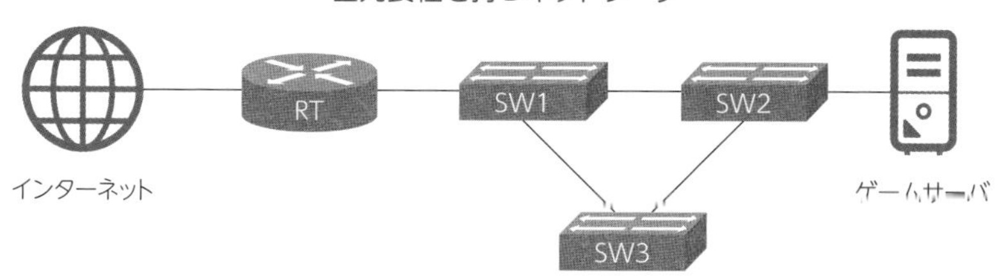

このネットワークであれば、SW1とSW2の間で障害が起きても、SW3を迂回する経路に切り替えれば、通信を続けることができます。このように、障害が発生した場合に備えて、バックアップ装置を普段から配置、運用しているネットワークには**冗長性（Redundancy）**があるといえます。たとえば「冗長なセリフ」などと言うことがありますが、あれは「無駄の多いセリフ」という意味ですね。予備として用意はされているが、普段は運用していなくて無駄になっているという意味で冗長と呼ばれています。なお、**冗長性は多重性と同じ意味**です。

■障害発生時に通信を迂回させ維持することができる

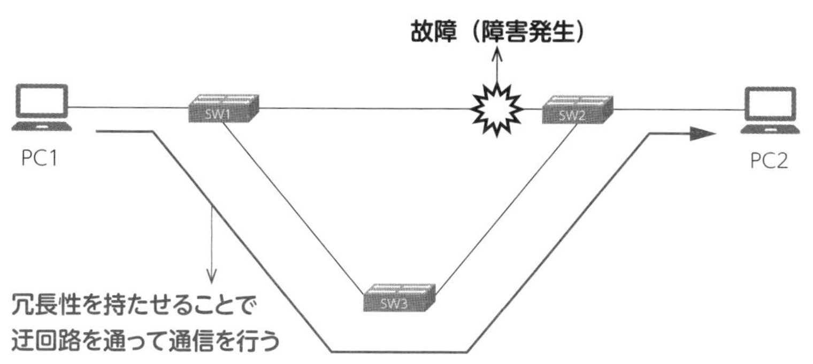

2 ブロードキャストストームとその対策となるSTP

さて、ネットワーク内での通信を安定させるためには、冗長性が必要になります。そして、予備の経路を用意すると、ネットワークは環状の経路（ループ）になります。この環状経路が厄介なんです。

結論からいうと、ネットワークが環状経路の構成になっていると、フレームがずっと流れ続ける現象が発生します。このことを**ブロードキャストストーム**といいます。

たとえば、以下の図のような冗長構成のネットワークで、ARP要求をパソコン１からパソコン２に対して送信したとします。すると、パソコン１から送られたブロードキャスト通信のフレームがネットワーク内をグルグル回って止まらなくなってしまうのです。ブロードキャストストームが発生するとネットワーク機器に過剰な負荷がかかり故障してしまうことがあります。ブロードキャストストームは絶対に回避しないといけないのです。

ARP要求とは、IPアドレスをもとにしてMACアドレスを割り出すことでしたね。(STEP1-2.3)

■ARPの通信がループする様子

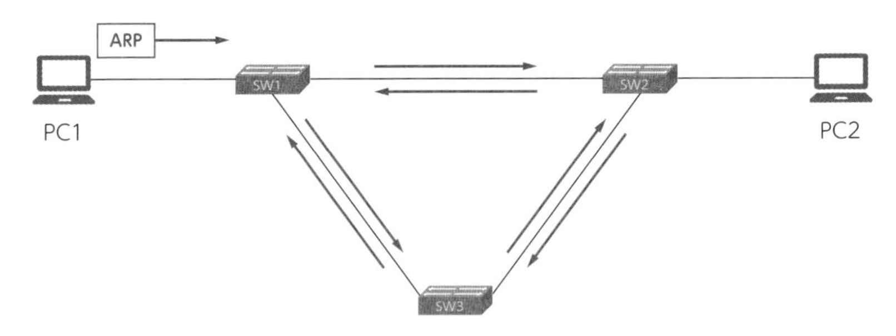

ネットワークに冗長性を持たせようと思って冗長化をすると、ネットワークが環状経路になり、ブロードキャストストームが発生してしまいます。この問題を解決するのが**STP（Spanning Tree Protocol）**というプロトコルです。

基礎編 STEP 2-2.2

重要度 ★★★

STPの概要

STPは環状経路上の特定のポートをブロックしてツリー構造にする

ポイントはココ!!

- STPでは、**環状経路にある、特定のスイッチの特定のポートをブロックして通信できないようにする。**
- STPでは、通常の通信経路で**障害が起こった際には、ブロックしていたポートを開放して予備の経路を運用する。**

考えてみよう

さて、STPというプロトコルがブロードキャストストームを防ぐ役割を担うと紹介しましたが、具体的にはどのようにブロードキャストストームを防ぐのでしょうか？　通信がネットワーク内をグルグル回り出すのが危険なんですよね。

1　STPの概要

結論からいうと、**STP (Spanning Tree Protocol)** では**環状経路にあるスイッチの特定のポートをブロックして通信できないようにします。**環状になっているからブロードキャストストームが発生してしまうんですから、その輪をぶった切ればいいわけですね。

ここで皆さんには「いやいや、環状経路じゃなくなったら、そもそも冗長性を維持できないじゃないか！」と思っていただきたいですね。常に考えながら本書を読んでほしいです。

STPでは、普段通信している**経路で障害が起こった際には、ブロックしていたポートを開放して予備の経路を運用する**のです。

常にネットワークの状態を監視して、臨機応変に通信経路を切り替えてくれる、ありがたいプロトコルなのです。

STEP2 基礎編

■STPの概要

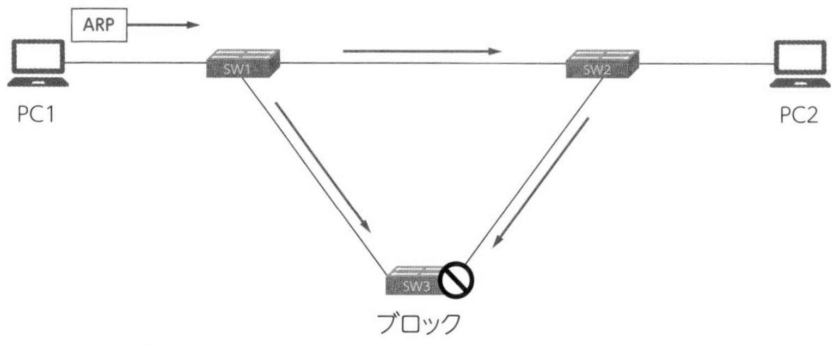

（ブロックすることで、ブロードキャストストームを防ぐ）

2 なぜスパニングツリーという名前なのか？

あらためて、スパニングツリーという言葉について触れておきましょう。スパニングツリーの「ツリー」の意味は「木」という意味ですね。L2スイッチがつながっている環状経路ではブロードキャスト通信のデータが送られると、データが永久にネットワーク上を回り続けてしまいます。そこで、特定のスイッチの特定のポートをブロックするのですが、ブロックすると図のように環状から枝葉のようなツリー構造に変化するのです。

■環状経路があるときのネットワーク

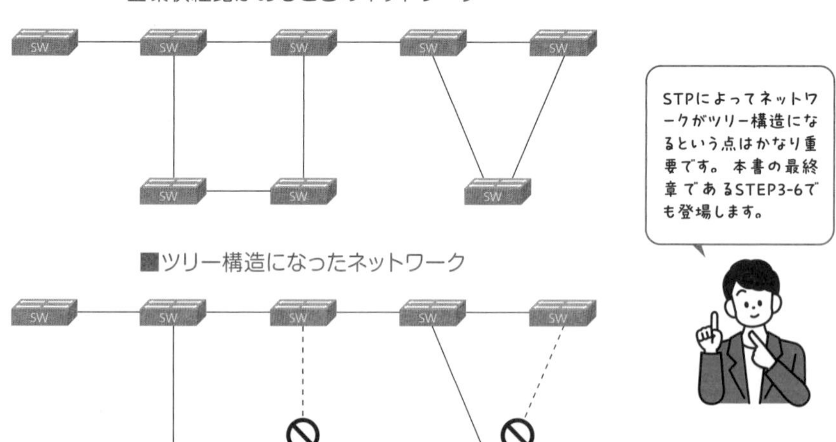

論理的なツリー構造になれば環状経路ではなくなるので、ブロードキャストストームを防ぐことができるようになります。「論理的な」とは「見かけ上の」という意味です。STPでは１つのポートをブロックしてブロードキャストストームを防ぎ、ネットワークの冗長性を維持することができます。

3　障害が発生した場合の動作

図の場所で障害が発生した場合、STPはブロックしていたポートを開放し、予備の経路で通信ができるようにします。

■障害が発生した場合の経路切り替えのイメージ

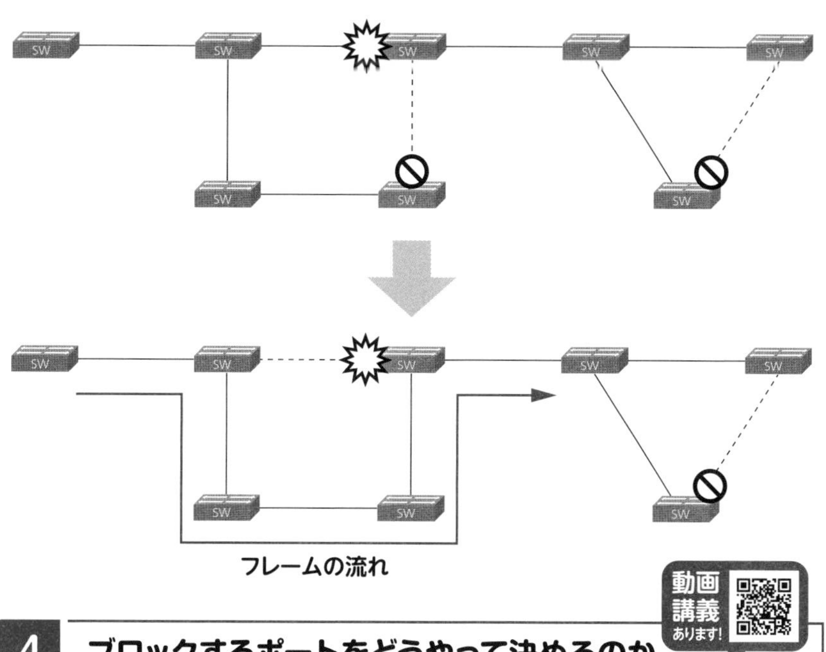

動画講義 あります!

4　ブロックするポートをどうやって決めるのか

ここまでのSTPの説明では単純に「ポートをブロックするよ～」と説明していただけですが、実際には、どのような理屈でブロックするポートを選出するのかを理解しなければいけません。なお、ブロックするポートのことをSTPでは**非指定ポート**（NDP、Non Designated Port）といいます。

非指定ポートを決定する基本的な考え方は、優先度の高いスイッチやポートを稼働させ、優先度の低い（余りのものの）ポートをブロックするというものです。下記に非指定ポートの決定手順のまとめを掲載しますが、具体的な手順については、本書ではページ数の関係で割愛します。余力のある人はぜひ動画講義で学習してみてください。

1）ルートブリッジの選出

a）ブリッジプライオリティの値がより低いスイッチがルートブリッジに選ばれる。

b）プライオリティ値が同じ場合など、ブリッジプライオリティの値で決められない場合は、MACアドレスの値が低いスイッチがルートブリッジに選ばれる。

2）ルートポートの選出

a）累計パスコストが最も小さいポート

b）送信元ブリッジIDが最も小さいBPDUを受け取るポート

c）送信元ポートIDが最も小さいBPDUを受け取るポート

3）指定ポートの選出

a）簡易判定方法

i）ルートブリッジのポートは必ず指定ポート

ii）ルートポートのリンク上の反対側（対向側）のポートは必ず指定ポート

b）ルートパスコストが小さいBPDUを送信するポート

c）BPDUの送信元ブリッジIDが小さいポート

d）送信元ポートIDが最も小さいBPDUを送信するポート

4）非指定ポートの決定

a）最終的に残ったポートが非指定ポート

基礎編

STEP 2-3

IPコネクティビティ（ルーティング）Ⅱ

この章では、出題割合の25%を占める最重要項目であるIPコネクティビティ分野について、その基礎知識を学習していきます。

STEP1-3では「そもそもルーティングとは何か?」という内容から丁寧に確認してきました。この章では実際にルータがどのようにパケットを転送しているのかを学習します。基本的な話は次のような流れになります。

STEP1-3でルーティングの概要を学習したよね。

↓

STEP2-3

・ルータは実際にはこんな感じで転送処理を行っているんだよ。

・管理者はこんな感じでルータにルーティングの設定をするんだよ。

・ルーティングの設定ってかなり面倒だよね。

・実はルーティングの設定もプロトコルを利用して自動でできるんだ!

↓

Step3-3の学習へ

すべての学習項目が非常に重要なので、必ず身につけてください。頑張りましょう!

基礎編
STEP
2-3.1

重要度 ∞

ルーティングの基本動作の確認

ルーティングの挙動をIPアドレスとMACアドレスを使いながら理解する

ポイントはココ!!

- パケットが転送される際、L3ヘッダ内の送信元IPアドレスと宛先IPアドレスは変わらない。
- パケットが転送される際、L2ヘッダ内の送信元MACアドレスと宛先MACアドレスは、データが転送されるセグメント（ネットワーク）が変わるたびに変わる。

●学習と試験対策のコツ

IPアドレスを学習したことで、ルーティングの単元も本格的にネットワークの学習らしくなってきます。本項で扱う内容は、ネットワーク図を把握するために必須です。ネットワーク図の読解に慣れていきましょう。

復習問題1

1）図の中にネットワークはいくつありますか？
2）図中のすべてのネットワークに関して、そのネットワークアドレスを答えてください。

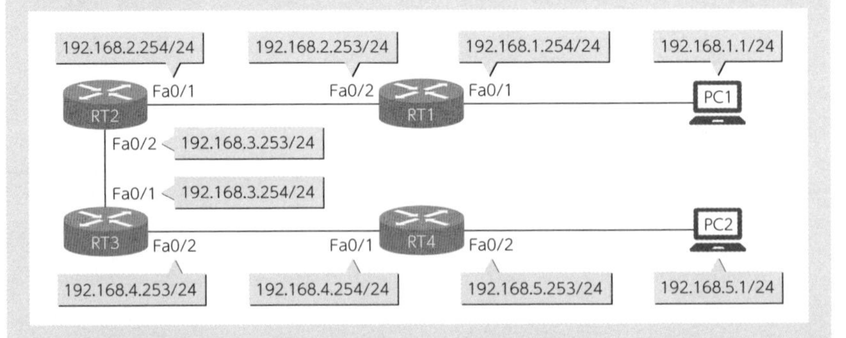

解答

1） 5つ

2） 192.168.1.0/24
192.168.2.0/24
192.168.3.0/24
192.168.4.0/24
192.168.5.0/24

1 ネットワーク図の読み取り方

復習問題１のIPアドレスはすべてクラスCであり、プレフィックス長も24ビットなので、ホスト部は第４オクテットの８ビットになります。ゆえにネットワークアドレスを算出するのは簡単ですね。なお、CCNA試験の問題では、ネットワーク図を簡潔に表現するために、次のように図示されることがあります（MACアドレスは省略しています）。このようなネットワーク図の表記にも慣れていきましょう。

■ネットワーク図の表記例

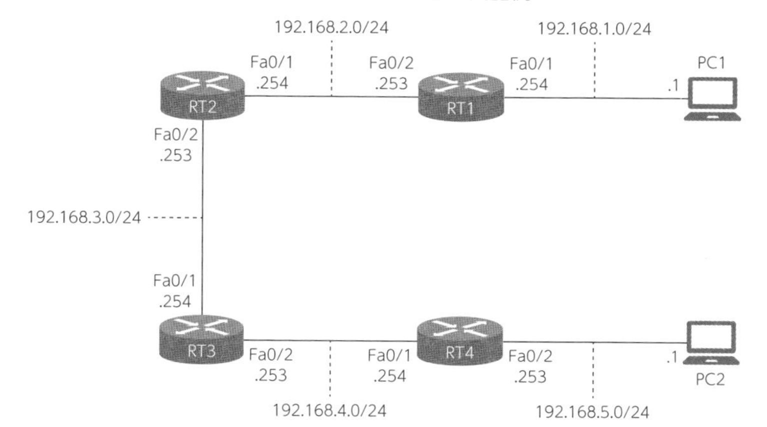

さて、ネットワーク図の基本的な読み取り方を確認したところで、ルーティングの際のヘッダ情報に関する問題を解いてみましょう。

復習問題2

この問題はSTEP1-3.3で扱った問題です。図中の送信元のパソコンから宛先のパソコンに向けてパケットが送信されました。パケットがRT3からRT4に転送されているときの、宛先IPアドレス、送信元IPアドレス、宛先MACアドレス、送信元MACアドレスをそれぞれ答えてください。

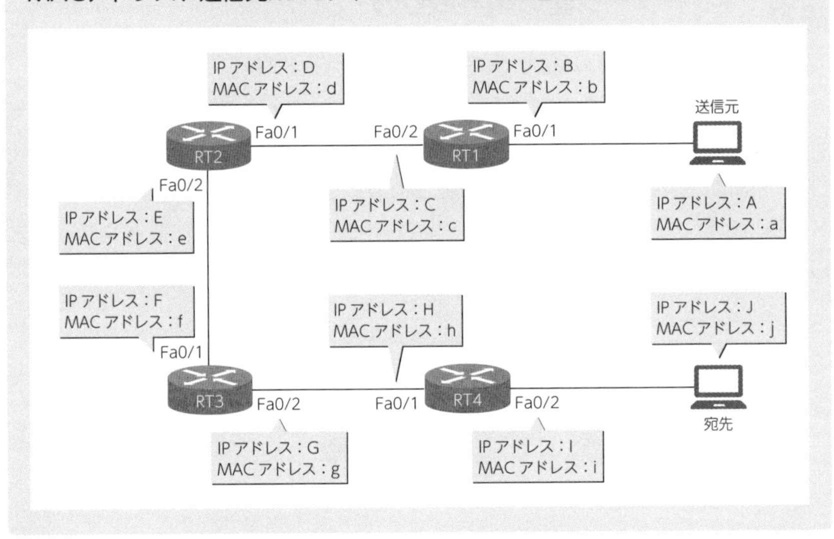

解答

IPアドレスは送信元から宛先まで常に同じです。RT3がRT4へパケットを転送する際は、１つのネットワーク内を通るので、MACアドレスが必要になります。もしもRT3がRT4のFa0/1のMACアドレスを知らない場合は、ARPを利用して調べるんでしたね。よって、解答は次の表のようになります。

■パケットがRT3からRT4に転送されているときのヘッダ内容

L3ヘッダ		L2ヘッダ	
宛先IPアドレス	送信元IPアドレス	宛先MACアドレス	送信元MACアドレス
J	A	h	g

例題1

図で、パソコン1からパソコン2へ通信を行うとします。パケットがRT1からRT2に転送されているときの、宛先IPアドレス、送信元IPアドレス、宛先MACアドレス、送信元MACアドレスをそれぞれ答えてください。

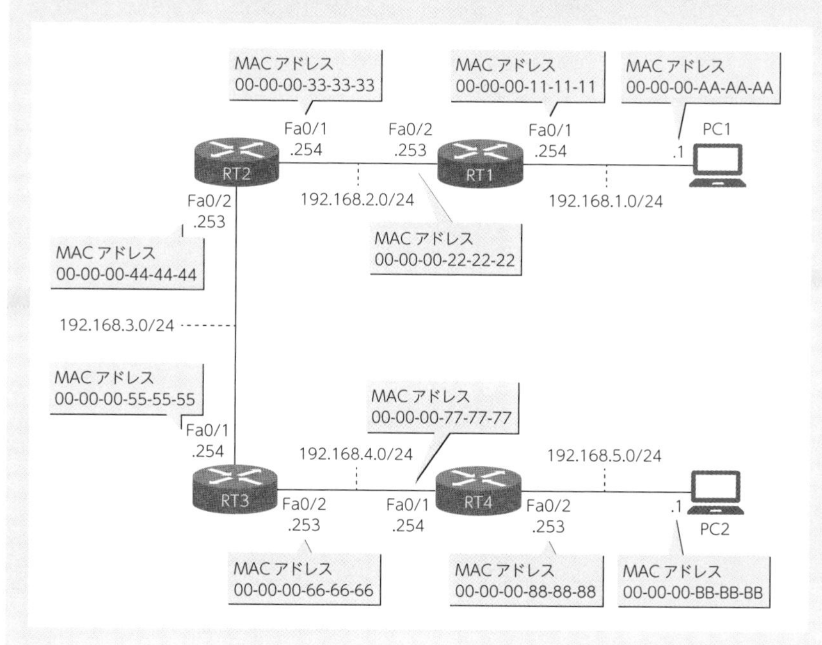

解答

図中の情報量がかなり多くて迷ってしまいますね。試験では解答に必要のない情報であっても問題文にたくさん表示されます。技術について正しく理解していないと、不必要な情報に惑わされることになります。今回、注目する情報は次の図のとおりです。

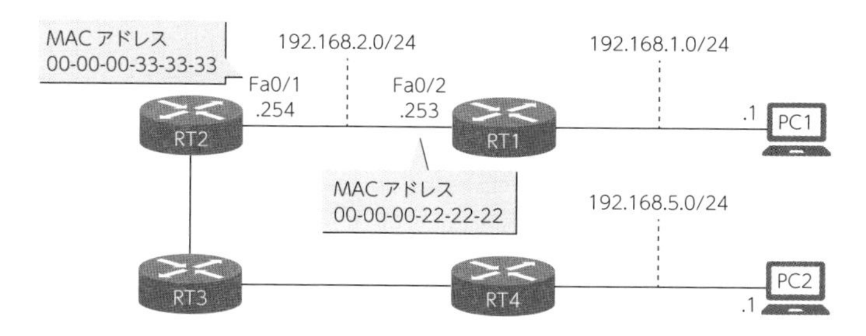

IPアドレスは送信元から宛先まで常に同じです。１つのネットワーク内で転送するので、RT1からRT2に転送するにはMACアドレスが必要になります。よって解答は次の表のようになります。

■RT1からRT2に転送されているときのヘッダ内容

宛先IPアドレス	送信元IPアドレス	宛先MACアドレス	送信元MACアドレス
192.168.5.1	192.168.1.1	00-00-00-33-33-33	00-00-00-22-22-22

さて、実際のIPアドレスとMACアドレスを利用した問題はどうだったでしょうか？　問題の考え方は復習問題２とまったく同じです。解きにくいなと感じた人は、情報量の多さやIPアドレスの省略表記に慣れていない可能性がありますので、何度も練習しましょう。

基礎編
STEP
2-3.2

重要度 ∞

ルーティングテーブルの参照手順

ルーティングはバケツリレーのように行われる

ポイントはココ!!

- ルーティングテーブルには主に、**宛先ネットワーク**、**ネクストホップ**、**出力インタフェース**の情報が登録されている。

1 ルーティングテーブルの参照手順

ルータはデータを受信すると、ルーティングテーブルを参照して「○○ネットワークにパケットを転送するには、○○ポートの先にいる、○○ルータに転送すればよい」と判断するとSTEP1-3.2で学習しました。ざっくりいうとルータはバケツリレーのようにデータを宛先まで転送するのでしたね。では、ルータが参照しているルーティングテーブルとは、具体的にどのような内容になっているのでしょうか？

ルーティングテーブルには、さまざまなネットワークへの経路情報の一覧が登録されています。１つ１つの経路情報のことを**エントリ**といいます。エントリには大きく以下の3つの情報があり、ルータはこれらを参照してデータを送り出す方向を決定してます。

1. 宛先ネットワーク
2. ネクストホップ
3. インタフェース

2 宛先ネットワークを確認する

RT3はFa0/1でパケットを受信しました。これからこのパケットの転送処理を行います。まずはこのパケットの宛先を確認します。受信したパケットのL3ヘッダから宛先IPアドレスを確認すると「192.168.5.1」とありました。

■RT3のルーティングテーブル

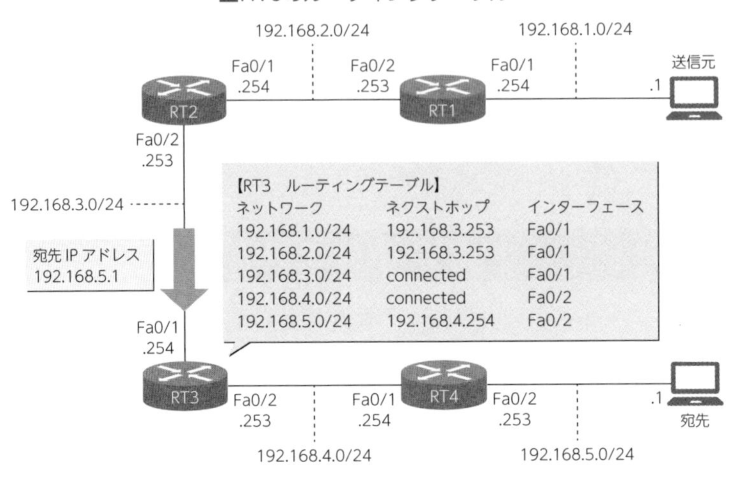

RT3はルーティングテーブルの上から順に、宛先IPアドレスとネットワークアドレスを照合していきます。すると、宛先のIPアドレスは、192.168.5.0/24のネットワークに当てはまることがわかります。

■ルーティングテーブルの検索

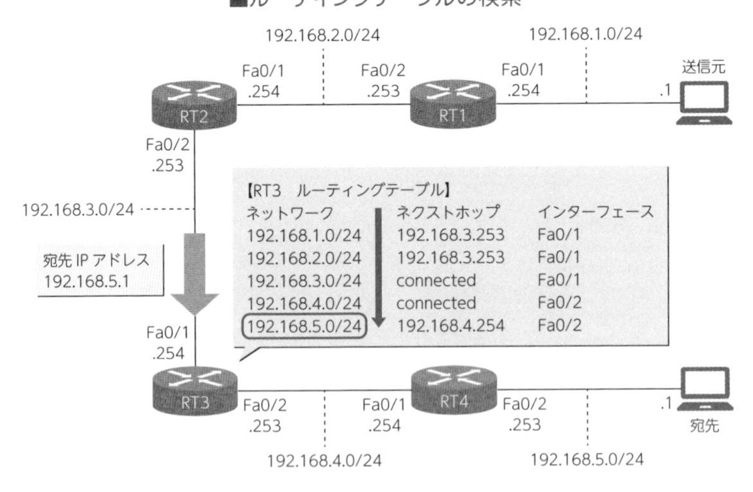

3　ネクストホップを確認する

RT3にはデータの宛先情報（エントリ）があることがわかったので、このエントリ情報に基づいて、転送処理を進めていきます。RT3は、受信したデータをバケツリレーのように隣のルータに転送しますが、この隣のルータのことを**ネクストホップ**といいます。また、**宛先ネットワークに転送するために必要な次のIPアドレスの情報**のことをネクストホップアドレスといいます。

■ネクストホップの情報

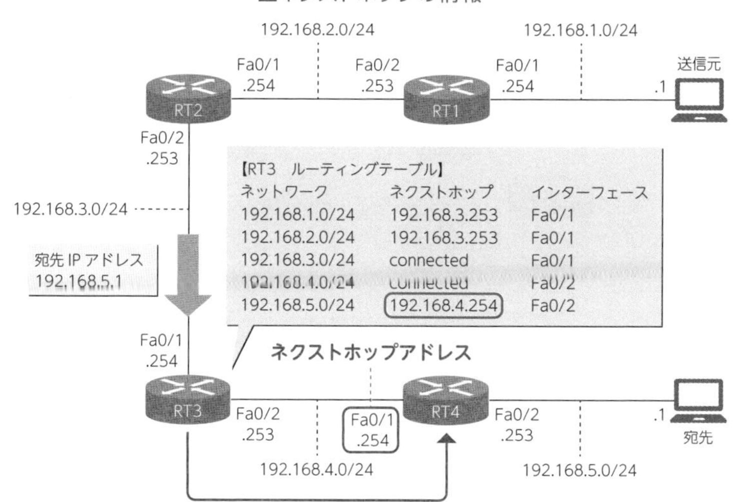

今回はRT4のFa0/1に転送します。RT4のFa0/1のIPアドレスはRT3のルーティングテーブルに登録されており、ネクストホップの列を見ればわかります。ネクストホップには192.168.4.254と登録されていますね。つまり**192.168.5.0/24のネットワークに転送するためには、ネクストホップアドレス192.168.4.254に転送すればいいと判断できます。**

RT3にしてみれば、バケツリレーでお隣さん（RT4）にパスした後の処理は、お隣さんが何とかしてくれる!という感じなのです。

4　送信するインターフェースを確認する

最後にRT3は、自身のどのインターフェースからデータを送信するかを確認します。

インタフェースの列を見てください。Fa0/2となっていますね。つまり**192.**

■出力インターフェースの確認

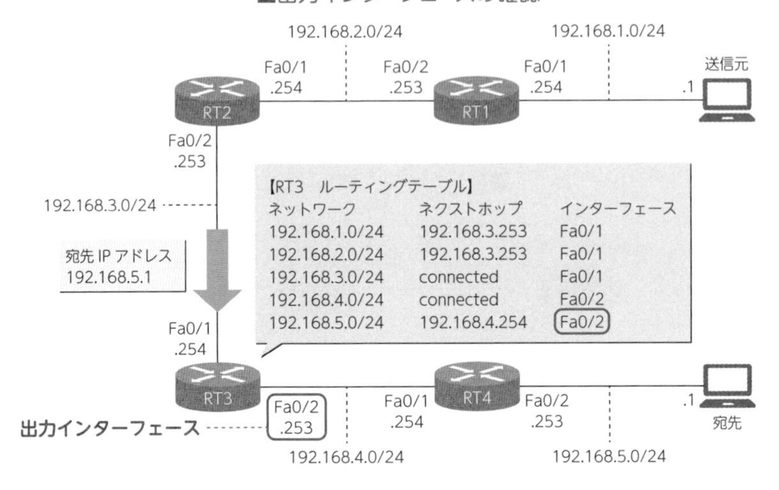

168.5.0/24のネットワークにパケットを転送するためには、ネクストホップアドレス192.168.4.254に転送すればよくて、そのためには自身のFa0/2から送信すればいいと判断できます（あとのことはネクストホップが何とかしてくれる！）。

5 実際に転送する

RT3がネクストホップ（192.168.4.254）へパケットを転送する際には、もちろんMACアドレスが必要です。RT3は自身のARPテーブルを確認し、192.168.4.254と紐づいているMACアドレスを検索します（情報がなければARPを行います）。そして、L2ヘッダの宛先MACアドレスや送信元MACアドレスを付け替えて転送をするのです。

以上が、ルーティングの際の基本的なルーティングテーブルの参照手順です。バケツリレーとして考えるとスッキリと理解できると思います。「○○ネットワークに転送したければ、ネクストホップの○○に、自分の○○インターフェースから送信すればよい。あとのことはネクストホップのルータが何とかしてくれる。後の工程で転送に失敗してもオレは知らん。自分がやるべきことはやったぞ！」というイメージです。

ARPとは、IPアドレスをもとにしてMACアドレスを割り出すことでしたね。（STEP1-2.3）

基礎編
STEP
2-3.3

重要度 ★★★

ルーティングテーブルのデフォルト状態とデータの破棄

学習していない宛先ネットワークには転送できない

ポイントはココ!!

- ルータがデフォルトで学習する経路情報は**直接接続のネットワークのみ**。
- ルーティングテーブルに、転送先のネットワーク情報がない場合、ルータはそのパケットを**破棄する**。
- ルータに経路情報を学習させる方法には、**スタティックルーティング**と**ダイナミックルーティング**がある。

●学習と試験対策のコツ

本項でルーティングテーブルの学習は終了です。次項からはいよいよルーティング学習の花形的項目に入っていきます。

練習問題

ルータは、宛先IPアドレスが192.168.2.164のパケットを受信しました。この後ルータはどのような転送処理を行うか、ルーティングテーブルを参照して解答してください。

ルーティングテーブル

ネットワーク	ネクストホップ	インターフェース
192.168.1.0/24	connected	Fa0/1
192.168.2.0/24	192.168.1.254	Fa0/1
192.168.3.0/24	connected	Fa0/2
192.168.4.0/24	192.168.1.254	Fa0/1

解答：192.168.2.0/24のネットワークにパケットを転送するために、ネクストホップ192.168.1.254に向けて、自身のインターフェースFa0/1からパ

ケットを送信します。

考えてみよう

郵便ハガキの宛先に「火星」と書いたら、ハガキは届かずに返ってきますよね。これと同じように、ルーティングテーブルで、宛先のIPアドレスに一致するエントリが見つからなかった場合に、そのパケットはどうなるでしょうか？

1 ルーティングテーブル中のconnectedの意味

ルーティングテーブルに関する補足をしておきます。ルーティングテーブルの中にネクストホップが「connected」となっているエントリがあります。connectedとは直接接続という意味で、そのネットワークがルータに直接つながっていることを表しています。

■直接接続しているネットワーク

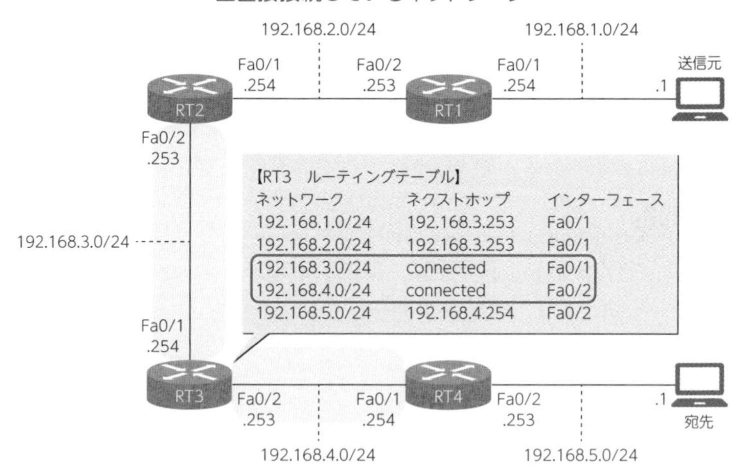

2 ルーティングテーブルの初期状態

ここからが重要です。**ルータが自動で経路を学習するのは直接接続のネットワークのみです。ルータは、直接つながっていないネットワークへの経路情報については、初期状態では学習していません。**図中のRT3について、初期状態のルーティングテーブルは次の図のようになっているのです。

■ルーティングテーブルの初期状態

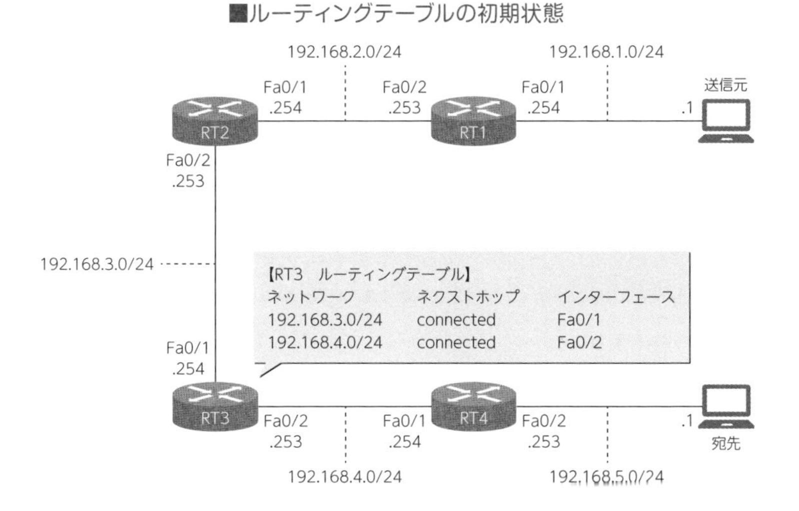

3 データの破棄

この状態で、宛先IPアドレスが192.168.5.1のパケットをRT3が受信したらどうなるでしょうか？　ルーティングテーブルには宛先IPアドレスのネットワークと一致するエントリがありません。**転送先のネットワーク情報がない場合、ルータはそのパケットを破棄し、送信元に到達不可というメッセージを通知します。**

ハガキは返ってきますが、データは破棄されてしまうのですね……
（まぁ、もともとのデータはパソコンに残っているので大丈夫ですが）

4 経路の学習方法

RT3は初期状態では、直接接続されたネットワークへの経路情報しか学習していません。では、どのようにしてその他のネットワークへの経路情報を学習するのでしょうか？　経路の学習方法は２つあります。次項からは、経路の学習方法について、次の２つの方法を確認していきます。

1. 管理者が**手動**で設定する（スタティックルーティング）
2. ルーティングプロトコルを利用してルータに**自動**で設定させる(ダイナミックルーティング)

基礎編
STEP
2-3.4

重要度 ★★★

スタティックルーティング

管理者が手動で経路情報をルータに登録する

ポイントはココ!!

- ルータが直接つながっていないネットワークへの経路情報は、ルーティングの設定を行うことでルーティングテーブルに登録することができる。
- 宛先ネットワークへの経路情報が管理者によって手動で設定されたルートのことを**スタティックルート**という。
- スタティックルートを使用してルーティングすることを**スタティックルーティング**という。

●学習と試験対策のコツ

スタティックルート、デフォルトルート、デフォルトゲートウェイは混同しやすい語句シリーズです。違いをしっかりと理解していきましょう。

学習場所は、スタティックルート（STEP2-3.4）、デフォルトルート（STEP2-3.5）、デフォルトゲートウェイ（STEP1-3.2）です。

考えてみよう

次ページの図でRT3にはルーティングの設定を何もしていません。RT3が図中のすべてのネットワークと通信をするためには、追加でどのネットワークへの経路をRT3に学習させる必要があるでしょうか。ネットワークアドレスで答えてください。

1 管理者が手動でルータに経路を学習させる

RT3はデフォルトの状態ですので、学習している経路情報は192.168.3.0/24

■RT3がまだ学習していないネットワークはどこ？

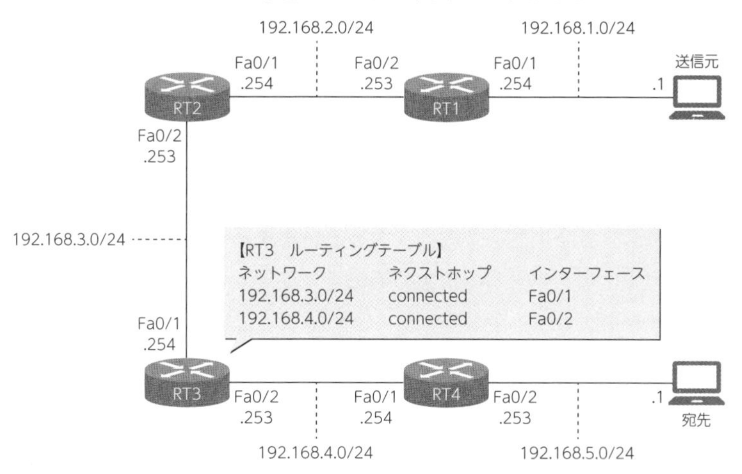

と192.168.4.0/24の２つのネットワークのみです。よって、他のネットワーク192.168.1.0/24、192.168.2.0/24、192.168.5.0/24の３つのネットワークへの経路情報を追加で学習させなければいけません。

ルータがデフォルトで学習する経路情報は直接接続のネットワークのみでしたね（STEP2-3.3）。また、そもそもネットワークの範囲はどこからどこまでなのかということはSTEP1-3.3で学習しました。

ルータと直接つながっていないネットワークへの経路情報は、**管理者が手動で設定を行うことでルーティングテーブルに登録することができます。**管理者が手動で経路情報を設定したルートのことを**スタティックルート**といいます。スタティックルーティングの設定を行うと、ルーティングテーブル上にスタティックルートが登録されます。管理者がスタティックルートを設定することで、ルーティングテーブル上に新しいエントリが追加されます。

2　スタティックルートの設定方法

スタティックルートの設定方法を簡単に確認してみましょう。RT3で次のようなコマンドを実行します。なお、コマンドによるネットワーク機器の操作については、本書では詳しくは取り扱いませんので、参考程度にしてください。

■スタティックルートを設定するコマンド

```
RT3(config)# ip route 192.168.5.0 255.255.255.0 192.168.4.254
```

コマンドの内容自体は単純で「192.168.5.0 255.255.255.0のネットワークにパケットを転送したければ、ネクストホップ192.168.4.254に送信しなさい」という内容になっています。注目したいのは、宛先ネットワークの指定の際にプレフィックス長表記「192.168.5.0/24」ではなく、10進数のサブネットマスク「255.255.255.0」で指定している点です。皆さんがルータを操作するときにはこのようなコマンドを入力することになるので、10進数のサブネットマスクもマスターしなければいけません。

3 ルーティングテーブルの確認

スタティックルートを登録した後で、RT3で「show ip route」というコマンドを実行するとルーティングテーブルを確認することができます。エントリの読み取り方は基本的に今までと同じです。

■RT3でのshow ip routeの実行結果

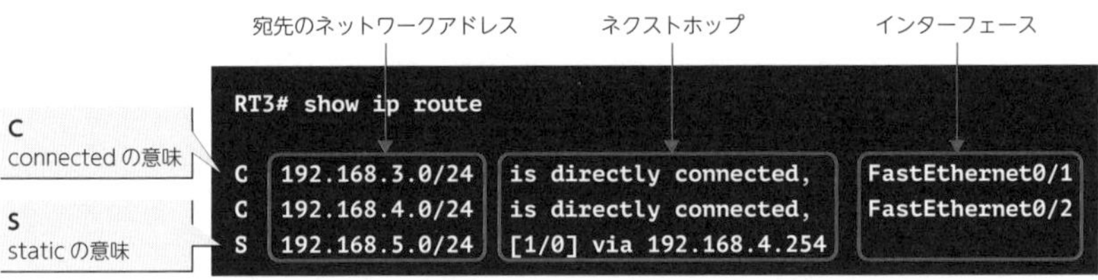

これでRT3に192.168.5.0/24ネットワークへの経路情報を設定することができました。このようにスタティックルートを使用してルーティングすることを**スタティックルーティング**といいます。なお、RT3では、まだ192.168.1.0/24と192.168.2.0/24への経路情報を登録していませんので、これまでの操作を繰り返すことになります。

基礎編 STEP 2-3.5

重要度 ★★★

デフォルトルート

宛先ネットワークが見つからない場合の最終手段

ポイントはココ!!

- ルーティングテーブルに宛先の経路情報がない場合、パケットを破棄することなく、パケットを転送する経路のことを**デフォルトルート**という。
- 社内ネットワーク以外にパケットを転送する場合は、デフォルトルートで外部（インターネット方向）に転送するのが一般的。

●学習と試験対策のコツ

デフォルトルートを学習することで、スタティックルートの設定作業が少し楽になります。スタティックルート、デフォルトルート、デフォルトゲートウェイは混同しやすい語句シリーズです。違いをしっかりと理解していきましょう。

学習場所は、スタティックルート（STEP2-3.4）、デフォルトルート（STEP2-3.5）、デフォルトゲートウェイ（STEP1-3.2）です。

考えてみよう

次ページの図でRT1にはルーティングの設定を何もしていません。RT1がすべての図中のすべてのネットワークと通信をするためには、どのような操作をすればいいでしょうか。各問題に答えてください。

■RT1がまだ学習していないネットワークはどこ？

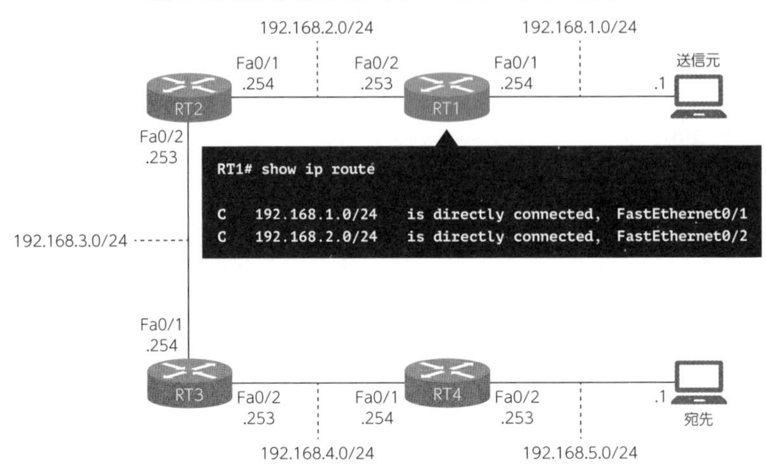

例題1

図のネットワークにおいて、RT1がまだ学習していない経路情報を、ネットワークアドレスですべて答えてください。

解答

192.168.3.0/24、192.168.4.0/24、192.168.5.0/24の３つ

例題2

RT1にスタティックルートを登録していきます。登録すべき情報を次の表に埋めてください。

宛先ネットワーク	サブネットマスク	ネクストホップ	インターフェース
192.168.3.0			
192.168.4.0			
192.168.5.0			

解答

宛先ネットワーク	サブネットマスク	ネクストホップ	インターフェース
192.168.3.0	255.255.255.0	192.168.2.254	FastEthernet0/2
192.168.4.0	255.255.255.0	192.168.2.254	FastEthernet0/2
192.168.5.0	255.255.255.0	192.168.2.254	FastEthernet0/2

1 デフォルトルートとは

さて、例題は解けましたか？　ルーティングテーブルの読み方も、スタティックルートの設定方法も、考え方は基本的には同じで、「○○のネットワークにパケットを転送したければ、ネクストホップ○○に、自分のインタフェース○○から送信する」と考えるのでしたね。

ところで、問題に答える際に表を埋めていて、何か感じませんでしたか？　筆者としては、皆さんに「同じような内容ばかりで面倒だなぁ」と感じてほしかったポイントです。今回のネットワークであれば、RT1がデータを転送しようとしたら、処理は1通りしかないですね。RT1は、どの宛先のデータ（直接接続以外）を受信しようとも、「その宛先に転送したければ、ネクストホップ192.168.2.254に、自分のインタフェースFa0/2から送信する」という処理を行えばよいのです。

■RT1の転送処理は1通りしかない

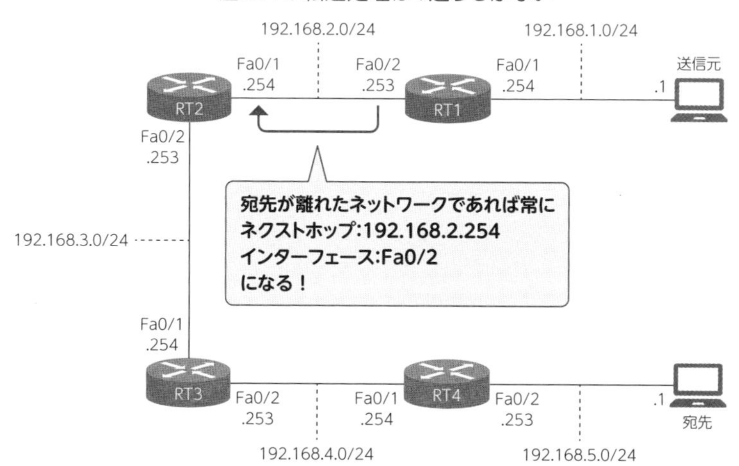

これから、説明をわかりやすくするために社内ネットワークへのパケットの転送を題材にデフォルトルートの利便性を説明しますが、一般的にはインターネット方向へパケットを転送する際にデフォルトルートを使用します。詳しくは後ほど説明します。

転送の処理方法が1通りなのに、宛先ネットワークの数（今回は3つ）の分だけ設定処理をするのは面倒です。しかも、ネットワーク全体のことを考えると、設定作業をすべきネットワーク機器はRT1だけではなく他にもあるので、作業負荷は大きくなります。

この問題を解決するために**デフォルトルート**があります。デフォルトルートとは、**ルーティングテーブルに宛先の経路情報がない場合、パケットを破棄することなく、データを転送する経路**のことです。

2 デフォルトルートの設定方法とルーティングテーブルの確認

デフォルトルートの設定方法を簡単に確認してみましょう。RT1で次のようなコマンドを実行します。なお、コマンドによるネットワーク機器の操作については、本書では詳しくは取り扱いませんので、参考程度にしてください。

```
RT1(config)# ip route 0.0.0.0 0.0.0.0 192.168.2.254
```

スタティックルートの設定コマンドと同じですが、IPアドレスとサブネットマスクの部分がすべて0になっていますね。ここでは、この違いだけわかってもらえれば十分です。デフォルトルートを登録した後で、RT1で「show ip route」というコマンドを実行するとルーティングテーブルを確認することができます。デフォルトルートを設定すると、図の枠部分の記載が現れます。

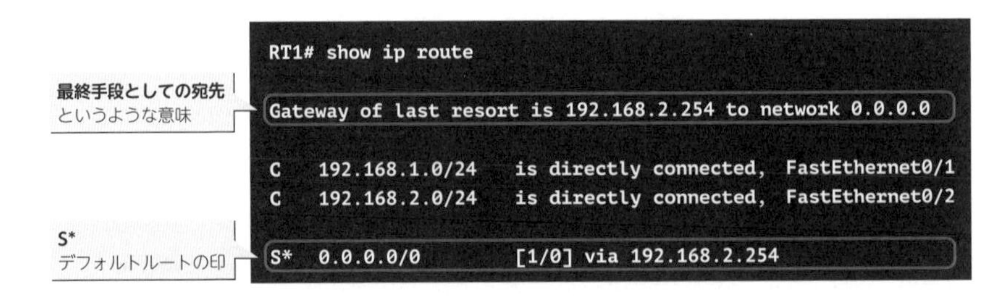

これでRT1にデフォルトルートを設定することができました。わざわざ、宛先ネットワークの数だけ設定する必要がなくなり、作業がとても楽になりましたね。

3 ルーティングの際の挙動

次にルーティングの際の挙動を確認してみましょう。RT1がパケットを受信しました。L3ヘッダから宛先IPアドレスを確認すると「192.168.5.1」とありました。

■RT1が宛先IPアドレス192.168.5.1を受け取ったとき

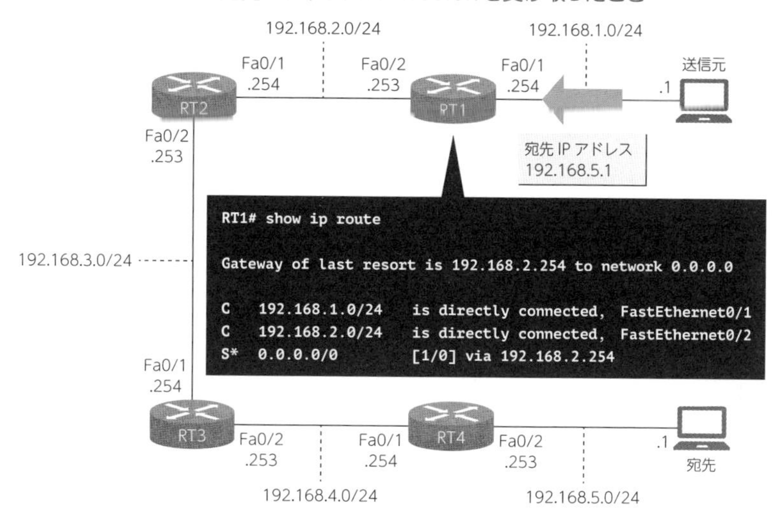

RT1はルーティングテーブルの上から順に、宛先IPアドレスとネットワークアドレスを照合していきますが、今回は宛先のIPアドレスと一致するネットワークがありません。しかし今回は最終手段としてデフォルトルートが用意されていますので、デフォルトルートのエントリに沿って転送作業を行います。

ルーティングテーブルに、転送先のネットワーク情報がない場合、デフォルトの動作として、ルータはそのデータを破棄するのでしたね。（STEP2-3.3）

デフォルトルートが設定されているときの基本的な挙動を確認しました。追加で考えてみたいことがあります。もしもRT1に、宛先IPアドレスが172.28.

231.168のデータが届いたらRT1はどのように処理するでしょうか？　人間であれば「このネットワーク図の中に、そもそもそんなネットワークはないよ！」と判断しますよね。

■宛先IPに一致するエントリがない場合は、デフォルトルートが適用される

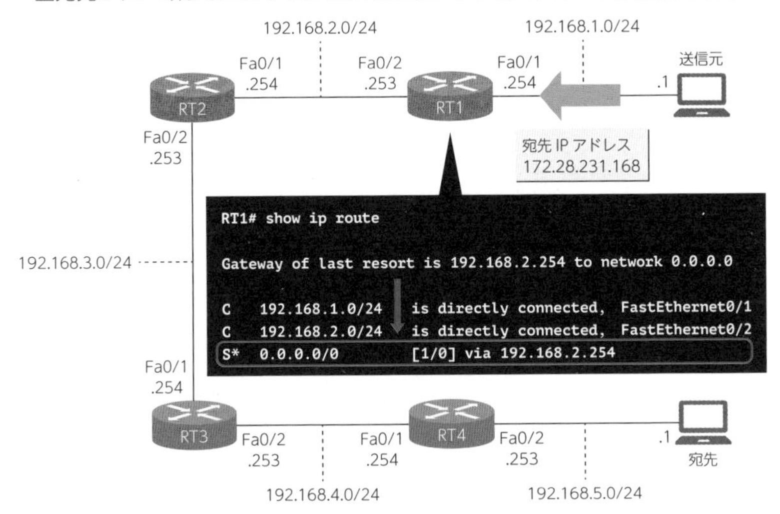

結論からいうと、RT1はデフォルトルートの情報通りにRT2に転送処理を行います。デフォルトルートとは、ルーティングテーブルに宛先の経路情報がない場合の最終手段として、パケットを転送する経路のことなので、RT1は間違った処理はしていません。

4 デフォルトルートの一般的な使用方法

デフォルトルートは一般的に、インターネット方向へパケットを転送しているルータで設定されます。インターネット上にある無数の宛先ネットワークを、ルーティングテーブルに1つずつ登録するなんて絶対にやりたくないですよね。そこでデフォルトルートを使用します。ルータは、インターネット方向（ルーティングテーブルに登録されていないネットワーク）へのパケットを受信すると、デフォルトルートがあればパケットをインターネット方向へ転送します。

次の図では、RT1がデフォルトルートを利用して、RT2の192.168.2.2へパケットを転送する図です。さらに、RT1からパケットを受け取ったRT2はデフォルト

ルートを利用してインターネットへデータを転送します。

■デフォルトルートの利用方法

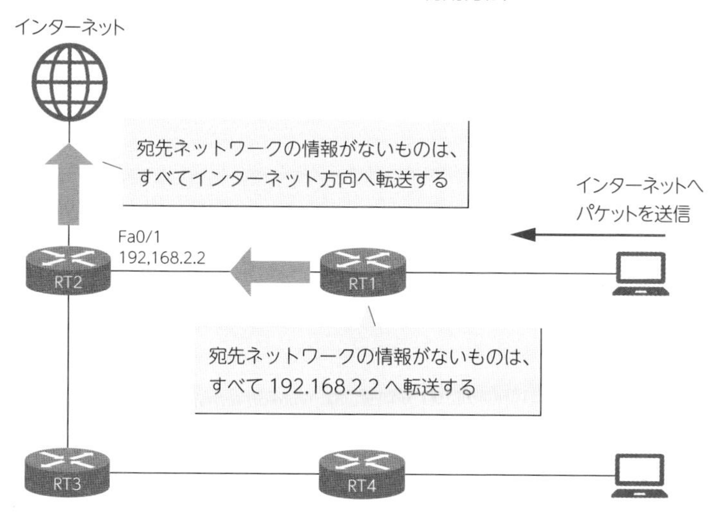

これまでの説明のとおり、デフォルトルートがあれば、インターネット上の無数の宛先ネットワークの情報をルーティングテーブルに１つ１つ登録することなくインターネット方向へパケットを転送できます。また、ルーティングテーブルの宛先情報の肥大化を抑えることで、ルータの負荷を軽減することができます。社内ネットワーク以外へのパケットは、デフォルトルートで外部に転送するのが一般的です。

5　デフォルトルートの設定で管理は少し楽になったが……

デフォルトルートを学習したことで、スタティックルートの設定作業が少し楽になりました。しかし、社内のネットワークの数が数百個あったらどうなるでしょうか。数百のネットワークを数百のネットワークにつなげないといけなくなります。そんなスタティックルートの設定は絶対にしたくないですね。そこで、次に勉強するダイナミックルーティングという技術を利用します。

なお、スタティックルート（STEP2-3.4）、デフォルトルート（STEP2-3.5）、デフォルトゲートウェイ（STEP1-3.2）は混合しやすい語句シリーズです。違いをしっかりと理解しておきましょう。

基礎編
STEP
2-3.6

重要度 ∞

ダイナミックルーティング

自動で経路情報を収集してくれる

ポイントはココ!!

- ルーティングプロトコルを利用し、ルータ間でお互いのネットワークの情報をやり取りして、自身のルーティングテーブルに経路情報を自動で登録したルートのことを**ダイナミックルート**という。
- ダイナミックルートを使用してパケットを転送することを**ダイナミックルーティング**という。
- ダイナミックルーティングではスタティックルーティングに比べて管理の手間を省ける。
- ダイナミックルーティングはスタティックルーティングに比べてルータに負荷がかかりやすい。

●学習と試験対策のコツ

ダイナミックルーティングは、スタティックルーティングに比べてルータに負荷がかかりやすいデメリットもありますが、それ以上にダイナミックルーティングプロトコルが自動でルーティングテーブルを更新して、経路を切り替えてくれるメリットのほうがはるかに大きいです。

そのため、一般的にルーティングにおいてはダイナミックルーティングが使用されます。ダイナミックルーティングプロトコルはいくつかありますので、詳しくは次項で見ていきましょう。

考えてみよう

次ページのネットワーク図を見てください。このネットワークで、すべてのノードがすべてのノードと通信できるように、各ルータにスタティックルートを設定していきます。RT1には、どのネットワークへの経路情報を設定しなければいけませんか？　ネットワークアドレスで答えてください。

■復習の問題図

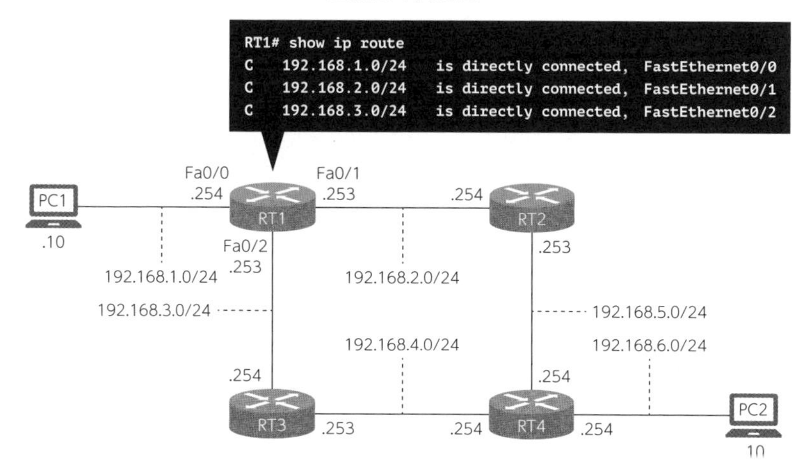

解答：192.168.4.0/24
192.168.5.0/24
192.168.6.0/24の３つ

ルータがデフォルトで学習する経路情報は直接接続のネットワークのみでしたね（STEP2-3.3）。また、そもそもネットワークの範囲はどこからどこまでなのかということはSTEP1-3.3で学習しました。

1 このままでは通信できない

「考えてみよう」ではRT1のみを扱いましたが、RT1の設定をするだけでは不十分です。なぜなら、RT2～RT4もデフォルトの状態なので、直接接続のネットワークしか知らないからです。

RT1にスタティックルートが正しく設定されたとして、試しにこの状態でPC1からPC2に通信をしてみましょう。

RT1に次の図のようにスタティックルートが設定されました。

ここで問題です。RT1が192.168.6.0/24のネットワークにパケットを転送する場合、RT1はRT2かRT3のどちらにパケットを送信しますか？　ルーティングテーブルを読み取ってください。

■RT1にスタティックルートの設定をした場合

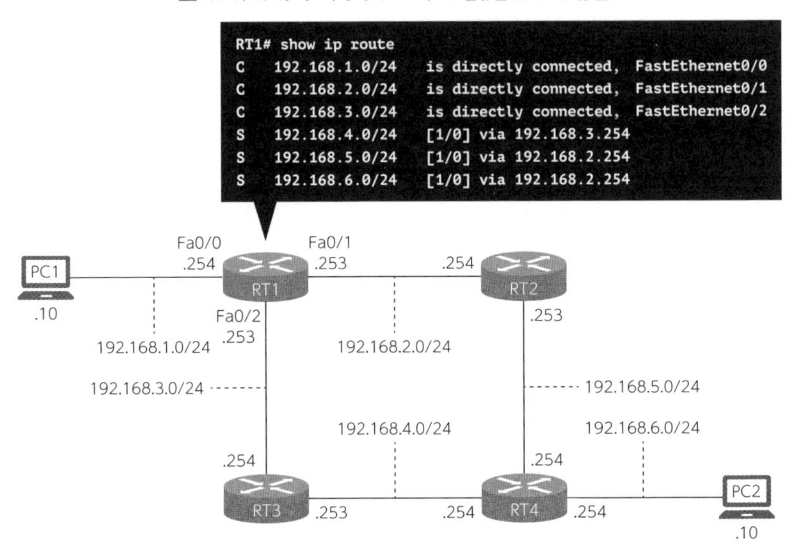

答えはRT2です。ルーティングテーブルの一番下のエントリーに注目してください。ネクストホップが192.168.2.254となっているので、RT2だとわかります。

■RT1のルーティングテーブルの読み取り方

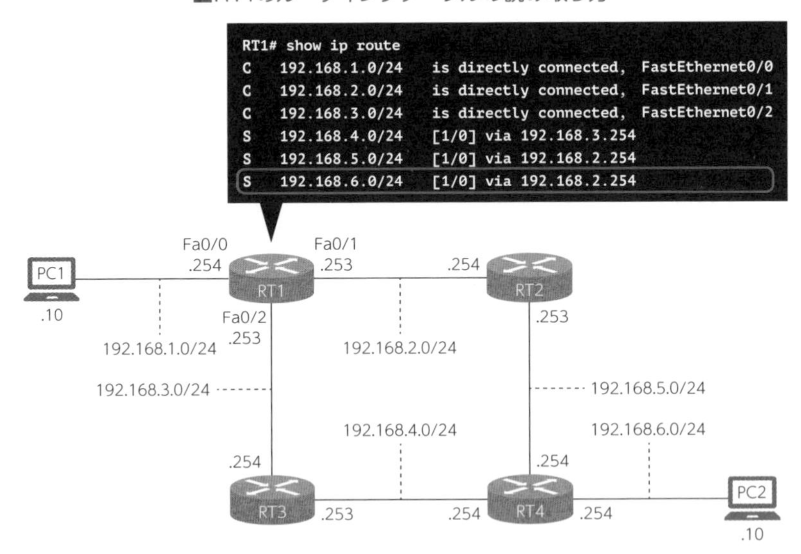

さて、今PC1からの通信がRT1に届きました。RT1はルーティングテーブルを検索して、192.168.6.0/24のエントリーを発見、ネクストホップの192.168.2.254にパケットを送信します。

■RT1はRT2にパケットを転送する

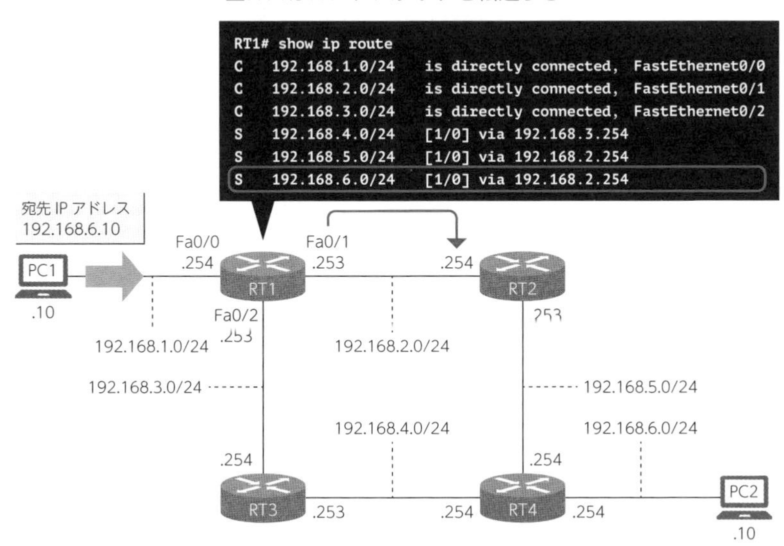

これでRT1は自分の仕事をやり切りました。RT1にしてみれば、この後のパケツリレー（ルーティング）がどうなろうと、私はもう関係ありません！　という気持ちでしょう。

さて、データがRT2に届きました。RT2はルーティングテーブルを検索しますが、宛先IPアドレスに一致するようなエントリはありません。そして、デフォルトルートも設定されていません。そこでRT2はデータを破棄して、PC1に到達不可のメッセージを送り返します。

今回、RT2にはデフォルトルートは設定されていません。したがって、ルーティングテーブルに、転送先のネットワーク情報がない場合はそのデータを破棄します。

■RT2のルーティングテーブル

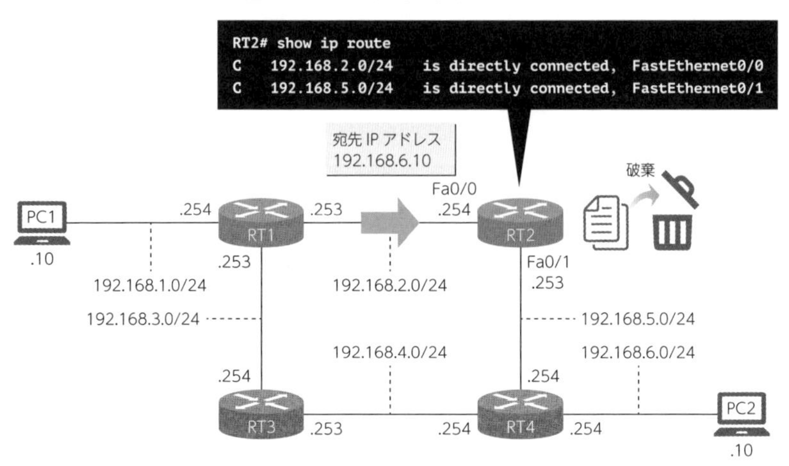

さて、ここまでの解説で、RT1だけに経路情報を登録するだけでは不十分なことがわかってもらえたでしょうか？　**ネットワーク全体で正しく通信をするためには、すべてのネットワーク機器に正しい設定を行わないといけないのです。**

2 たった4台のルータに設定するだけでも相当大変

すべてのネットワーク機器に設定をするべきだというのなら、おとなしく黙々と地道に作業を続ければいいと思われるかもしれませんが、たった４台のルータを設定するのでも結構大変なんですよ。RT1にはスタティックルートを３つ設定しました。他のルータにはどれだけのスタティックルートを設定すべきか数えてみてください。

動画講義あります!

RT1：３つ
(192.168.4.0/24、192.168.5.0/24、192.168.6.0/24)

RT2：４つ（192.168.1.0/24、192.168.3.0/24、192.168.4.0/24、
192.168.6.0/24)

RT3：４つ（192.168.1.0/24、192.168.2.0/24、192.168.5.0/24、
192.168.6.0/24)

RT4：３つ（192.168.1.0/24、192.168.2.0/24、192.168.3.0/24）

上記のすべてのスタティックルートを設定すればこのネットワークは全体で通

信ができるようになりますが……大変です。こんな作業はやりたくありません。ということでプロトコルの力を借りましょう。

3 ルーティングプロトコル

これまでにARPやSTPなどのプロトコルを学習しましたが、ルーティングに関しても便利なプロトコルがたくさんあります。ルーティングに関するプロトコルを総称してルーティングプロトコルといいます。ルーティングプロトコルを使用すると、**ルータ間でお互いのネットワークの情報をやり取りして、自身のルーティングテーブルに経路情報を自動で登録させることができます。**こうして登録されたルートのことを**ダイナミックルート**といいます。また、ダイナミックルートを使用してパケットを転送することを**ダイナミックルーティング**といいます。

4 障害発生時の挙動

ダイナミックルーティングは、ネットワークを構築する場面以外にも、障害発生時などにも効力を発揮します。次の図を見てください。RT1にはスタティックルートが登録されていて、トラブルがなければPC1からやってきたPC2宛てのパケットは、RT2に転送されます。では、ここでRT2の図中左側のインタフェースに何らかの障害が発生した場合、RT1はPC2宛てのデータをRT2とRT3のどちらに転送するでしょうか。

■スタティックルートを設定している環境で障害が発生したら

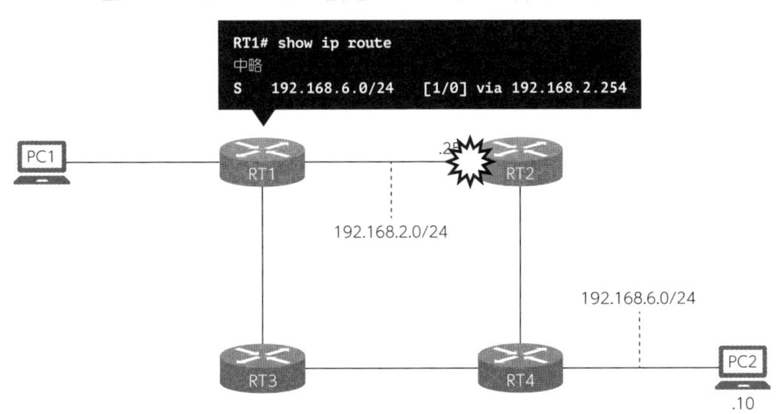

STEP2 基礎編

答えは、**引き続きRT2にデータを転送し続けます**。これは、スタティックルートは管理者が意図的に手動でネクストホップのアドレスを指定するからです。つまり、ネクストホップアドレスは常に固定されるので、RT2の図中左側のインタフェースで障害が発生しても変わらずRT2にパケットを転送し続けます。

普通に考えれば、RT2で障害が発生したら、迂回路でRT3へパケットを転送すればよいのですが、それをするには、また新しくRT3へのスタティックルートを設定しなければいけないのです。

ダイナミックルーティングでは**ルータ間でお互いのネットワークの情報をやり取りして、自身のルーティングテーブルに経路情報を自動で登録させることができる**ので、障害情報も処理することができるのです。これにより、先ほどのようにRT2の左側のインタフェースで障害が発生しても、RT1は経路を再計算して、パケットをRT3へ転送してくれるのです。なんて便利なんでしょう！

■ダイナミックルーティングプロトコルの挙動

PC1
RT1
.2
RT2
192.168.2.0/24
RT2 で障害が発生したと
連絡を受けました。
経路を再計算して
RT3 に転送する経路を
新しく設定しました！
192.168.6.0/24
RT3
RT4
PC2
.10

スタティックルーティングの場合は、ルータに障害が発生した場合などに管理者が手動で設定を変更する手間がかかる一方で、ダイナミックルーティングはルーティングプロトコルが自動でルーティングテーブルを更新しますので、管理の手間が省けます。

ただし、ダイナミックルーティングもデメリットがないわけではありません。スタティックルーティングではルータ同士がネットワーク情報のやり取りを行わないので、ルータの負荷が少ないですが、ダイナミックルーティングは情報のやり取りを行うのでルータに負荷がかかるデメリットがあります。

基礎編
STEP
2-3.7

重要度 ★★★

ルーティングプロトコルの種類

プロトコル名とAD値の組合せは必ず暗記しよう

ポイントはココ!!

- シスコ製品において、ルーティングプロトコルの優先度を表す値を**アドミニストレーティブディスタンス値（AD値）**という。
- 各プロトコルの名前とAD値の組合せは全種類必ず覚えよう。

●学習と試験対策のコツ

本項で紹介するプロトコル名とAD値の組合せはすべて完璧に覚えてください。プロトコルの詳しい内容ですが、CCNA試験では主にOSPFとEIGRPについて出題されます。概要についてはSTEP3-3で取り扱います。

考えてみよう

自動で経路情報を計算してくれるルーティングプロトコルですが、その種類は複数あり、１つのネットワーク機器でプロトコルを複数利用できます。そして、自動計算される経路は、各プロトコルによってさまざまに変わります。次の図のRT1では転送経路の候補が3つあり、それぞれのプロトコルで算出された経路もバラバラです。この場合は、どの経路を採用すべきでしょうか。

■プロトコルによって最適な経路の基準が違う

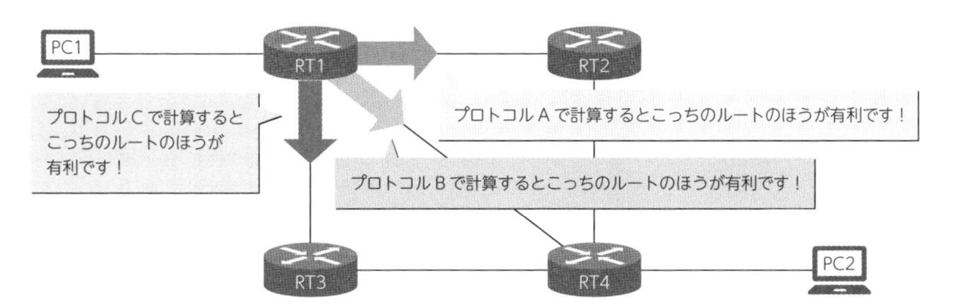

1 プロトコルの優先度を示すAD値

シスコ製品では、どの経路を採用するかを判断するために、経路を計算するルーティングプロトコルに優先度の値が用意されています。この優先度の値のことを**アドミニストレーティブディスタンス値（AD値）**といいます。複数のルーティングプロトコルが利用されている場合、ルータはこのAD値を参考にして実際に利用する経路を決定します。

■AD値とルーティングテーブルに表示されるコード

プロトコル	AD 値	コード
直接接続	0	C
スタティック	1	S
eBGP	20	B
EIGRP	90	D
OSPF	110	O
IS-IS	115	i
RIP	120	R
iBGP	200	B

優先度　高 ⇕ 優先度　低

ルーティングテーブル上で表示されるプロトコルの記号

たとえば、次の図でRT1がEIGRPとOSPFとRIPで経路を自動学習していた場合、PC1からパケットを受信したRT1は、どのルータにパケットを転送するでしょうか。

■どのプロトコルの経路がルーティングテーブルに載るか

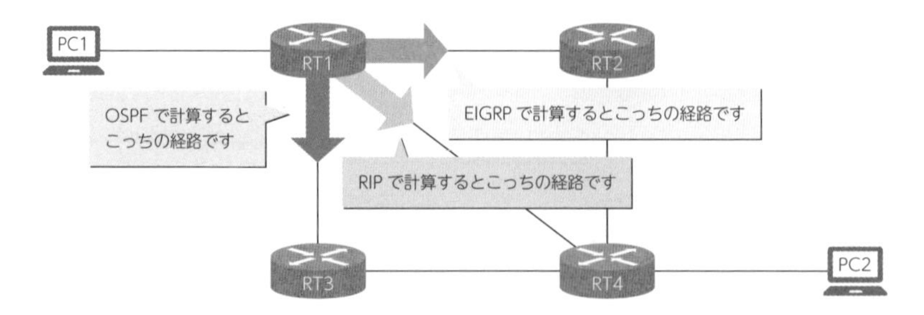

答えはRT2ですね。EIGRPのAD値は90、OSPFは110、RIPは120なので、EIGRPで計算された経路が優先されるわけです。STEP2の段階では、各プロトコルがどんな内容なのかは把握する必要はありません。ただし、**試験対策として各プロトコルの名前とAD値の組合せは全種類必ず覚えてください。**次の覚え方を参考にしてください。

ルーティングプロトコル名とAD値の組合せについて、覚え方を紹介します。どんな覚え方でもかまいませんが、とにかくすべて暗記してください。

■ルーティングプロトコル名とAD値の覚え方

プロトコル名	AD値	覚え方
eBGP	20	**外では美人、パスタ20gしか食べない** 外では：eはExternalのe 美人：BGP パスタ：パスベクタ型に分類される 20g：AD値は20 ちなみに、家の中だと200g食べます（iBGPを参照）
EIGRP	90	**課長へのディスりがエグくて苦渋** 課長、ディスり：拡張ディスタンスベクタ型に分類される エグくて：EIGRP 苦渋：AD値は90
OSPF	110	**伊藤さんとスケートリンクでデート、押すとプフっと怒って可愛い** 伊藤さん：AD値は110 リンクでデート：リンクステート型に分類される 押すとプフっと：OSPF
IS-IS	115	**スケートリンクでデート、いい子だな、愛です愛です** リンクでデート：リンクステート型に分類される いい子：AD値は115 愛です愛です：IS-IS
RIP	120	**いい匂いのリップディスったんですか!?** いい匂い：AD値は120 リップ：RIP ディスったんですか：ディスタンスベクタ型に分類される
iBGP	200	**家の中では美人、パスタ200g食う** 家の中：iはInternalのi 美人：BGP パスタ：パスベクタ型に分類される 200g：AD値は20 ちなみに、外だと20gしか食べません（eBGPを参照）

STEP2
基礎編

2 スタティックルートについて

「AD値とルーティングテーブルに表示されるコード」の表で「スタティック」と表記されているのは、スタティックルートのことです。AD値は1で、かなり優先されることがわかります。つまり、ルーティングプロトコルで経路を学習していても、管理者がスタティックルートを設定すると、基本的にはそのスタティックルートが優先されるのです。ルーティングプロトコルを利用して経路を自動で学習させつつも、スタティックルートで任意の経路を設定できるので、かなり柔軟に通信経路を設計できますね。

3 ルーティングテーブルの例

次の図はOSPFというルーティングプロトコルで経路を学習した際のルーティングテーブルの例です。「O」の目印があるエントリが、OSPFで学習した経路が採用されているエントリです。注目してほしいのは、一番下の行のスタティックルートです。192.168.6.0/24への経路は、OSPFで算出された経路よりも、スタティックルートが設定された経路が優先されます。これは、OSPFのAD値（110）よりも、スタティックルートのAD値（1）が優先されるからですね。その他の細かいパラメータは、ここでは気にしないでください。

■ルーティングテーブルの例

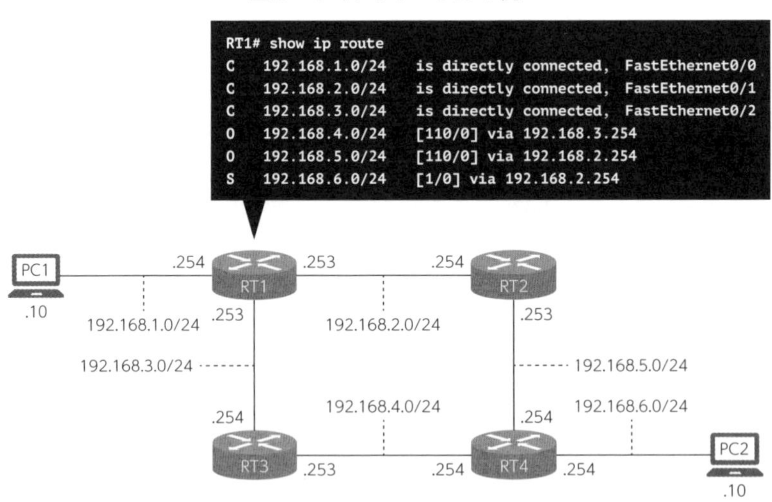

基礎編

STEP 2-4

IPサービスⅡ

この章では、出題割合の10%を占める項目であるIPサービス分野について、QoSというしくみを中心にその基礎知識を学習していきます。

QoSとは、重要なデータの優先度を高くして転送することでサービスの品質を維持する技術のことですが、皆さんも、オンラインビデオ通話やオンラインゲームなどで、QoSにとてもお世話になっているはずです。この章では「そもそも通信の品質とは何か」という内容から解説していきます。レイテンシーやジッタなど、学習者がよく混同してしまう言葉が出てくるので、気をつけながら読み進めてください。

キューイングとスケジューリングの項目では、覚えなければいけない方式が5つも出てきます。書籍ではしくみを把握しにくい内容ですので、動画講義も用意してあります。ぜひ動画講義も参考にしながら、しくみの名称と内容を覚えていってください。

基礎編
STEP
2-4.1

重要度 ∞

通信の品質を下げる要因

「遅延」と「遅延のゆらぎ」を区別しよう

ポイントはココ!!

- 重要なデータの優先度を高くして転送することでサービスの品質を維持する技術を**QoS**という。
- データが１つの場所から別の場所に転送されるまでにかかる時間のことを**遅延（レイテンシー）**という。
- レイテンシーの変化の度合い（ゆらぎ）のことを**ジッタ**という。
- ルータに大量の通信が届き、ルータが処理しきれず送受信ができなくなる状況を**輻輳（ふくそう）**という。
- 輻輳が発生すると、ルータはそれ以降に受信したパケットを**テールドロップ**する。

●学習と試験対策のコツ

レイテンシーやジッタが試験で直接問われることはありませんが、QoSでどんな問題を解決しようとしているのかを理解するためには、レイテンシーとジッタの区別をつけておかなければいけません。

考えてみよう

データと通信網の関係は自動車と道路網の関係によく似ています。自動車が通るルートが一般道と高速道路に分かれているように、ネットワークでもFast Ethernet（100Mbps）のケーブルとGigabit Ethernet（1Gbps）のケーブルでは通信速度が違います。他にも、都市部や連休の高速道路などで渋滞が起こるように、ネットワークもアクセスが集中すると渋滞してしまいます。

さて、自動車のルールには救急車や消防車などを最優先しないといけないというものがありますが、ネットワークの世界にはそのようなルールはあるのでしょうか？　皆さんは今までに「優先されているデータ」に触れたことはありますか？

1 QoSとは

　ネットワークの世界では、データに通信の優先度をつけることができます。重要なデータの優先度を高くして転送することでサービスの品質を維持する技術を**QoS（Quality of Service）**といいます。どのようなデータの優先度が高くて、どのようなデータの優先度が低いか、皆さんは想像できますか？

　優先度の基準はサービスの内容によっても変わりますが、たとえばLINEなどのチャットアプリを考えてみましょう。通常のメッセージ投稿と電話とを比べると、遅延してはいけないデータはどちらですか？　やはり電話ですよね。チャットアプリなどのサービスであれば、メッセージが少し遅れて届くことに大きな問題はありませんが、電話の音声が遅れたり途切れたりするとユーザーの満足度は著しく下がってしまいます。つまり、音声データの品質を保つほうが優先度が高いのです。他にも、オンラインゲームであれば、コンマ１秒の世界で戦っているユーザーが多いでしょうから、通信の遅れはサービスの質に直結してしまいます。

　QoSの設定をすると通信の遅れやデータのバラつきを防ぎ、欠損してはいけない音声データなどを優先的に転送することができるようになります。

■QoSではデータの転送優先度を設定する

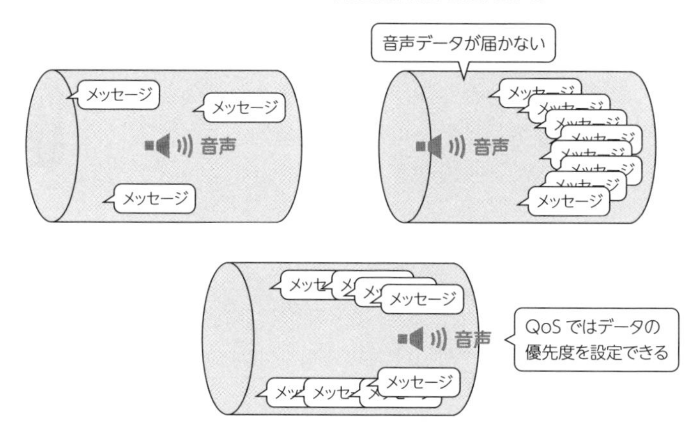

2 サービスの品質を下げる要因

　QoSのしくみを学習する前に、そもそも通信の品質を下げている要因には何があるのかを確認しておきましょう。通信の品質を測るうえで重要な指標に**遅延**

（レイテンシー：latency）と**ゆらぎ（ジッタ：jitter）**、**損失**があります。

3 レイテンシー（遅延）

レイテンシー（遅延）とは、データが１つの場所から別の場所に転送されるまでにかかる時間のことです。ウェブページでボタンをクリックしてからページの反応があるまでの時間や、ビデオ通話で自分が発話してから、その音声データが相手の機器で再生されるまでの時間などのことです。

遅延が発生する原因は大きく２つあります。１つ目はネットワーク機器の転送処理速度に関係するものです。QoSでは、ネットワーク機器の転送処理を制御することで遅延を小さくしようとします。２つ目は、電気信号や光信号そのものが移動するのにかかる時間です。こちらはネットワーク機器では制御できません。

ここで重要なことは、ビデオ通話などであれば、レイテンシーそれ自体はサービスの質に大きく影響しないという点です。**仮に通信が多少遅延したとしてもその遅れ具合が一定であれば、相手は音声や画像を途切れることなく聞き取ることができる**からです。次の図では音声パケットが遅延していますが、その遅れ具合が一定であるために、データの一時保管場所であるバッファーにデータがたまるまで待つことができます。音声データはバッファーから出力されるので、相手は音声や画像を途切れることなく受け取ることができます。

遅れ具合が一定であれば、多少遅れても問題ないという点は意外ですよね。

■レイテンシーのサービスへの影響は大きくはない

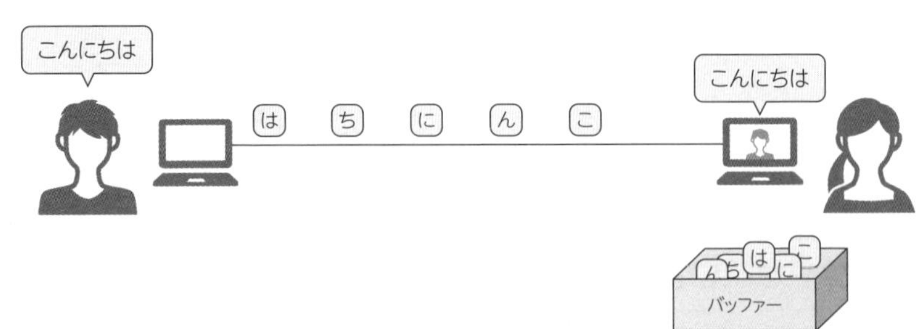

4 ゆらぎ（ジッタ）

一方で、**ゆらぎ（ジッタ）**とは、**レイテンシーの変化の度合い**のことをさします。あるパケットは遅延なく届いたのに、別のパケットはかなり遅延するなど、遅れ具合がバラバラな状態のことは「ジッタが大きい」といいます。逆にある程度大きいレイテンシーでも遅れ具合にバラつきがない状態は「ジッタが小さい」と表現されます。ジッタが大きくなると、バッファーにたまるパケットが乱れてうまく機能しなくなり、音質や画質が乱れてしまいます。QoSでは音声や動画のパケットを優先的に転送して遅延を短くしますが、本質的には**ジッタを小さくすることによって通信品質を維持しようとしている**のです。

■ジッタが大きいと音質や画質が乱れる

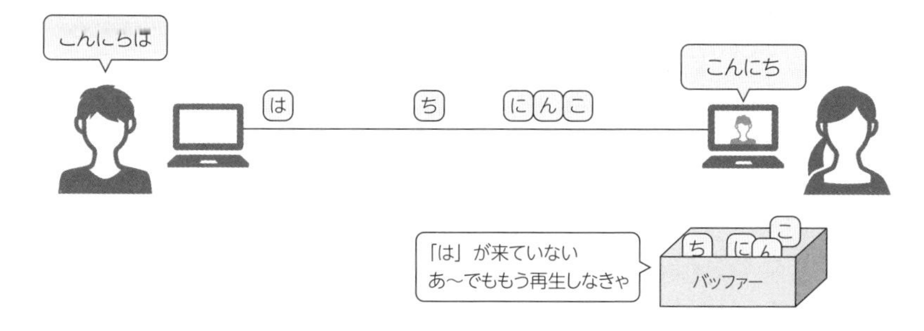

5 輻輳

ルータに大量のデータが届いたとき、ルータがそのデータを処理しきれず送受信ができなくなることがあります。この状態を**輻輳**（ふくそう）状態といいます。輻輳状態になると、ルータはそれ以降に受信したデータを破棄しはじめます。これを**テールドロップ**といい、この状態になるとパケットの優先順位に関係なくデータは破棄されてしまいます。つまり、ビデオ通話中に、通信経路上のルータで輻輳が発生してテールドロップが始まると、音声や画像は途切れ途切れになってしまうのです。

レイテンシーとジッタの区別はつきましたか？　QoSでは、サービスの品質を下げるこれらの要因に対応します。

基礎編
STEP
2-4.2

重要度 ★★★

QoSのしくみ

分類、マーキング、キューイング、スケジューリング

ポイントはココ!!

- 送信元から宛先までのすべてのネットワーク機器であらかじめ帯域を確保したうえで通信を開始するQoSの方式を**IntServ**という。
- 各ルータやスイッチでパケットの優先順位を判定し転送処理を行うQoSの方式を**DiffServ**という。
- DiffServでは主に分類、マーキング、キューイング、スケジューリングの４つの工程でパケットを処理している。
- イーサネットフレームの優先度を表す値を**CoS**値という。
- IPパケットの優先度を表す値を**DSCP**値という。
- DSCP値の他にもIPパケットの優先度を表す値として**IP Precedence**があるが、DSCP値のほうがより細かく優先度を設定できる。

●学習と試験対策のコツ

今後の学習では、QoSの各技術に関してたくさんの方式を覚えなければいけません。そのためにも、QoSのしくみの概要をしっかりと押さえておきましょう。「キューイングの種類を全部覚えたぞ！　あれ、でもキューイングって何のためにやっているんだっけ？」とならないようにしましょう。

1　QoSの2つの方式

QoSには**IntServ（イントサーブ、Integrated Services）**、**DiffServ（ディフサーブ、Differentiated Services）**の２つの方式があります。この中で一番普及しているのがDiffServです。

IntServ

IntServでは、送信元から宛先までのすべてのネットワーク機器であらかじめ帯域（データの通り道）を確保したうえで通信を開始します。RSVP（Resource reSerVation Protocol、リソース予約プロトコル）を使用してすべての機器で帯域を確保します。品質を保証すべき通信が増えるほどネットワーク全体に負荷がかかるのと、複雑で運用しづらいという点からほとんど普及していません。

DiffServ

DiffServでは、各ルータやスイッチでパケットの優先順位を判定し転送処理を行います。各ネットワーク機器で行うため、ネットワーク全体への影響は少なく、**現在ではこの方式が主流**になっています。DiffServでは主に**分類**、**マーキング**、**キューイング**、**スケジューリング**の４つの工程でパケットを処理しています。それぞれの処理の概要は次のとおりです。

分類	パケットやフレームがどのような通信か、クラスを定義する
マーキング	分類されたクラス別に優先度の割り当てを行う
キューイング	マーキングされた優先度をもとにパケットを並べる
スケジューリング	整理された並びからどの順番で転送をするか決定する

■QoSの４つの工程

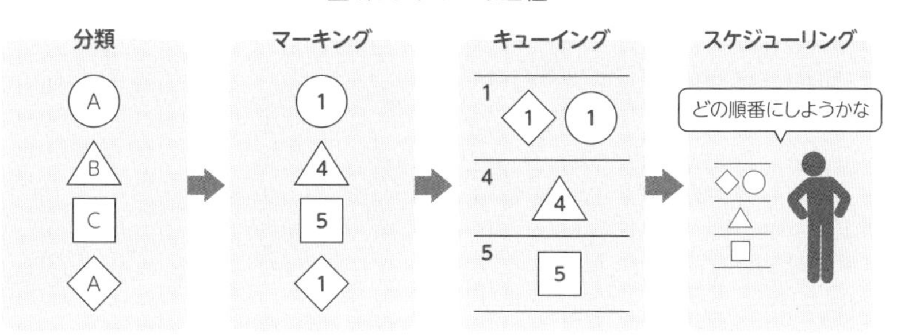

2 マーキング

ネットワーク機器は、クラスに分類されたパケットの**CoS（Class of Service）**値や**DSCP（Differentiated Services Code Point）値**を変更することで優先度をマーキングします。なお、すでに優先度がマーキングされている場合は、その優先度に応じてキューイング処理を開始します。

CoS値とは**イーサネットフレームの優先度を表す値**です。ヘッダの特定のフィールドに0～7の値が格納されます。つまり、8段階の設定が可能です。値が大きいほど優先度が高くなっており、シスコ社は、音声は5、通常データは0～2でマーキングすることを推奨しています。

DSCP値とは、**IPパケットの優先度を表す値**です。DSCP値はIPヘッダの中のToS（Type of Service）というフィールドに格納され、64段階の設定が可能です。また、ネットワーク機器がDSCP値に応じてどのように動作をするかは標準でいくつか決められています。なお、IPパケットの優先度を表すものにはDSCP値以外にも**IP Precedence（IPプレシデンス）**というものもあります。IP PrecedenceよりもDSCP値のほうが細かな優先度設定ができます。

3 キューイングとスケジューリング

■パケットを優先度別にソフトウェアキューに並べる

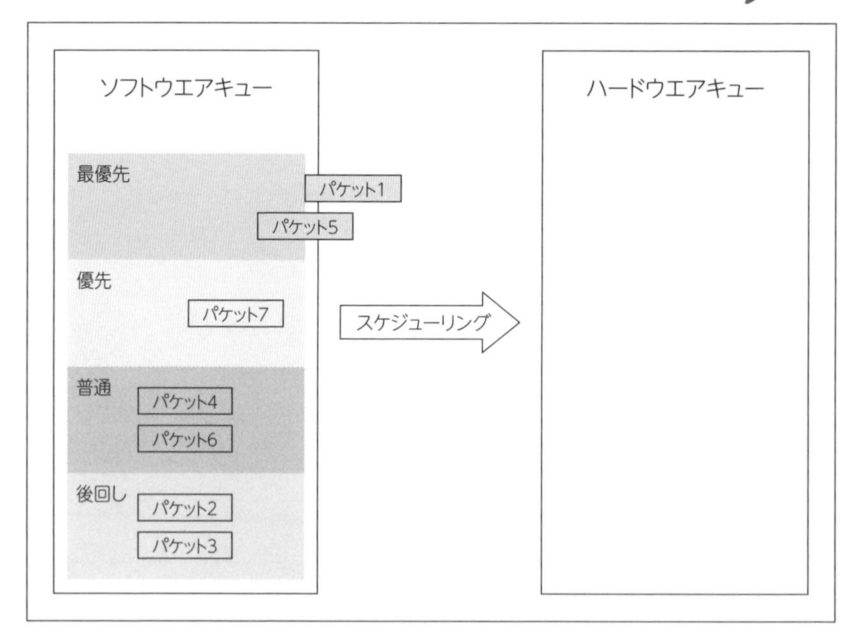

優先度が設定されたパケットは、実際に送信される順番が決まるまでキュー（queue）と呼ばれる領域に一時的に並べられます。キューは仮の順番を割り振るためのソフトウェアキューと、実際に送信する順番が確定するハードウェアキューの２種類に分かれます。

まず、キューイングの処理では、パケットを優先度別にソフトウェアキューに並べていきます。ソフトウェアキューの中にも複数のキューがあり、パケットの優先度によってどこに並べられるかが変わります。ソフトウェアキューの構成はキューイングの方式によってさまざまです。

ソフトウェアキューに並んだパケットは、次にハードウェアキューへ移動するのですが、具体的にいつどの順番でパケットを送信するのかがこのとき決定されます。これをスケジューリングと呼びます。

4　キューイングとスケジューリングの方式

FIFO（First In First Out）

キューイングのデフォルトの方式です。先入れ先出しの訳のとおり、優先度に関係なく到着した順番でパケットを処理します。

PQ（Priority Queuing）

ソフトウェアキューが、High（高）、Medium（中）、Normal（一般）、Low（低）の４つで構成されています。パケットの優先度から振り分けられます。優先度の高いキューがなくなるまで低いキューは処理がされません。

WFQ（Weighted Fair Queuing）

ソフトウェアキューは、アプリケーションの処理内容ごとのキューで構成されます。各キューは内容に基づいて重みづけされており、重みづけによって転送されるパケットが決まります。

CB-WFQ（Class-Based WFQ）

管理者が設定したクラスごとにキューの割り当てができます。最低保証帯域の定義が可能で、どれだけ通信が混雑しても帯域を確保できます。

LLQ（Low Latency Queuing）

管理者が設定したクラスごとにキューの割り当てができ、その中でも最優先のキューを１つ指定することができます。最優先のキューと他のキューの最低保証帯域を設定することで、PQ方式のように優先度の高いキューを優先させながらも、他のキューを最低保証で転送させることができます。

基礎編
STEP
2-4.3

重要度 ★★

QoS その他のしくみ

信頼境界、帯域制御、輻輳管理

ポイントはココ!!

- ネットワーク管理者にとって信頼できる部分と信頼できない部分の境界を**信頼境界**という。
- 最低限保証されている伝送速度を超過したトラフィックを破棄して帯域を制御するしくみを**ポリシング**という。
- 指定した送出レートを超えないように、CIRを超過したパケットをバッファで一時保管し、その後追って送信することで帯域を制御するしくみを**シェーピング**という。
- キューが満杯になる前に少しずつパケットをランダムで破棄する輻輳管理の方法を**RED**という。
- REDの機能に加えて破棄率を優先度（IPプレシデンス値・DSCP値）ごとに設定できる輻輳管理の方法を**WRED**という。

●学習と試験対策のコツ

IPサービスの出題割合は10％で、その中でもさまざまな学習項目があります。QoSはそのうちの１つなので、試験での出題数は数問程度です。しかし、覚えれば確実に点数を取ることができる項目ですので、根気よく語句を覚えていきましょう。

1 信頼境界

DiffServでは各ルータやスイッチでパケットの優先順位を判定し転送処理を行います。小規模なネットワークであれば問題ありませんが、大規模なネットワークや、各ネットワーク機器の処理能力が低い場合、分類やマーキングを毎回行っていると機器への負荷が大きくなってしまいます。では、DiffServではどのようにして各ネットワーク機器の負担を小さくしているのでしょうか？

■すべてのネットワーク機器にパケットの優先順位を判定させるのは大変

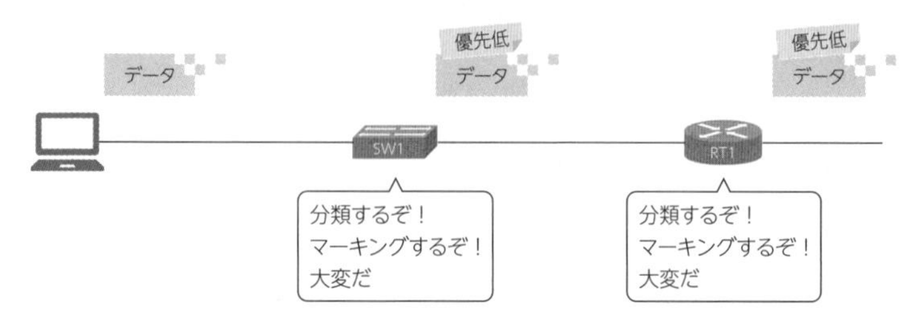

結論からいうと、分類やマーキングの処理をする機器と、処理をしない機器を区別します。そして、処理をしない機器は、処理をした機器からのCoS値やDSCP値を信頼して、データを転送します。これにより、ネットワーク全体でみると、分類やマーキングの負担が小さくなります。

では、どのネットワーク機器に分類とマーキングの処理をさせればよいでしょうか？　ネットワーク管理者にしてみれば、自分が管理するネットワーク機器は信頼できますが、ネットワークに接続しているユーザーの機器や他社の製品は信頼できませんね。そこで、一般的には外部からのデータを最初に受け取るネットワーク機器において、分類とマーキング処理をさせます。このようにして、ネットワーク管理者にとって信頼できる部分と信頼できない部分が区別されます。この境界のことを**信頼境界**といいます。

■信頼境界

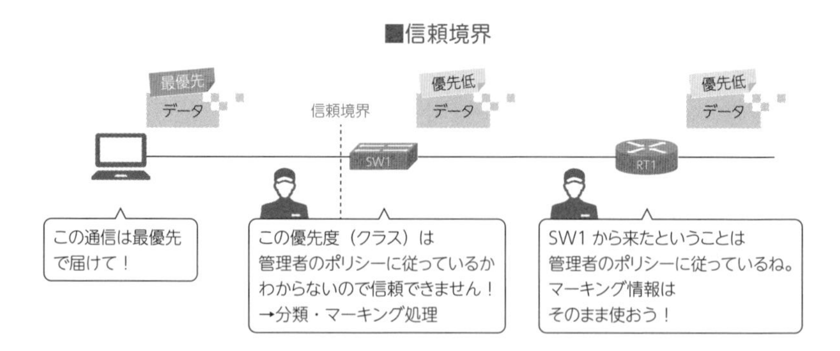

2　ポリシング

DiffServでは通信の種類によって優先順位を決め、優先度の高いパケットを先に送り出すという、優先制御を行います。これに加えてCisco IOSでは**ポリシン**

グと**シェーピング**という機能でネットワークを流れるトラフィックの通信を制御することができます。これを**帯域制御**といいます。トラフィックとはネットワーク回線上でやり取りされるデータの量のことです。IntServでは送信元から宛先までのすべてのネットワーク機器で一貫して帯域制御を行っていますが、ポリシングとシェーピングは個々の機器で実行可能です。

ポリシングでは、最低限保証されている**伝送速度（CIR：Committed Information Rate）を超過したトラフィックを破棄**したり優先度を変えたりします。自身の許容量以上に受け取りたくない場合に有効なので、主に受信側で設定します。超過分のパケットは破棄されるので、データが欠損する可能性がありますが、遅延やジッタは発生しにくくなります。

■ポリシング

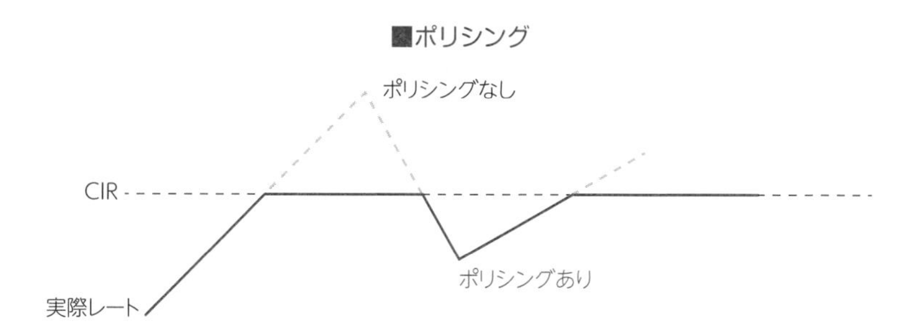

3 シェーピング

シェーピングでは、指定した送出レートを超えないように、**CIRを超過したパケットを機器のメモリ領域（バッファ）で一時保管します。**その後、送信が可能になったら送信します。パケットの損失は発生しにくいですが、リアルタイムに送信されない場合があるため、遅延やジッタが発生する可能性があります。なお、バッファがいっぱいの場合はパケットは破棄されます。

■シェーピング

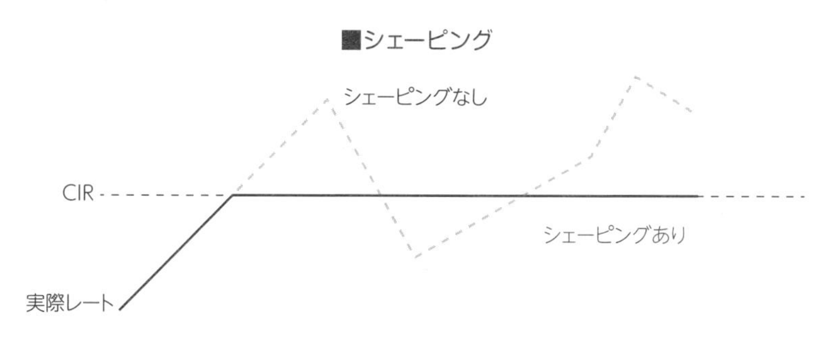

4 輻輳管理の種類

通信の品質を下げる要因（STEP2-4.1）で、輻輳（ふくそう）が発生するとネットワーク機器はテールドロップを始めると学習しました。テールドロップが発生してしまうと、音声や映像配信などのリアルタイム処理が必要なサービスは、品質が大幅に低下してしまいます。これを回避するために、輻輳を管理するしくみがあります。

RED（Random Early Detection）ではキューが満杯になる前に少しずつパケットの破棄を行います。最小閾値（しきい）を超えないうちはノードロップ、最小閾値を超えるとランダムドロップ、最大閾値を超えるとフルドロップするようになります。ドロップはランダムで行うため、優先度の高いパケットも破棄される可能性があります。

閾値（しきいち、いきち、スレッショルド）とは、境界や基準となる値のことです。「バッテリーの残量警告が表示される閾値を15%に設定しよう」というように使われます。

■RED（Random Early Detection）

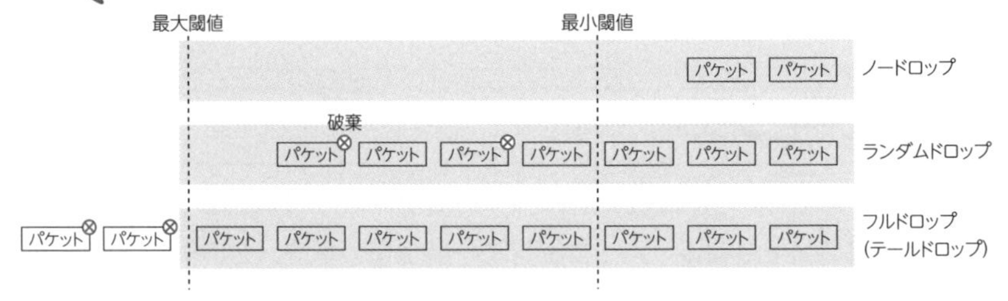

WRED（Weighted Random Early Detecticn）はREDと同じですが、破棄率を優先度（IPプレシデンス値・DSCP値）ごとに設定できます。

基礎編

STEP 2-5

セキュリティ基礎 Ⅱ

STEP1-1.10で学習したLAN、WAN、インターネットの違いを覚えていますか？　本章はこの知識を前提として学習が進んでいきますので、理解があいまいな人は復習しておきましょう。

この章では、出題割合の15%を占める項目であるセキュリティ基礎の分野について、VPNの技術を中心にその基礎知識を学習していきます。なぜVPNが必要なのかをはじめとして、VPNにはどんな種類があるのか、VPNを実現している構成技術にはどんなものがあるのかを学習していきます。

本書を読んでいる人の中には、ネットワークエンジニアでなくても、仕事でVPNアプリがインストールされた社用スマホを利用している人がいるかもしれません。なぜ社用スマホにVPNアプリが必要なのかを考えながら読み進めてください。

基礎編 STEP 2-5.1

重要度 ★★★

VPNの基本

不特定多数が利用するネットワークで通信を守るために

ポイントはココ!!

- 仮想的なプライベートネットワークを作ることで、まるで専用線を使用しているかのように通信ができる技術を**VPN（Virtual Private Network）**という。
- VPNは**インターネットVPN**と**IP-VPN**の２種類に分類できる。
- インターネットVPNはさらに**サイト間VPN**と**リモートアクセスVPN**に分けられる。
- インターネットVPNは対応したルータやソフトウェアを用意するだけなので安価。
- IP-VPNは通信事業者の閉域網を利用するため安全性が比較的高く、インターネットVPNよりもコストは高くなるが、専用線サービスよりは安価で済む。
- IP-VPNでは**MPLS**という技術で利用者のパケットを区別している。

●学習と試験対策のコツ

VPNの種類や特徴をしっかりと押さえるためには、WANとインターネットの違いをよく理解しておく必要があります。

考えてみよう

皆さんはカフェなどの公衆無線LAN（フリー WiFi）を利用したことがありますか。手軽にインターネットに接続できて非常に便利ですが、一方で通信を傍受されたりハッキングされたりする可能性があることをご存じでしょうか。公衆無線LANはインターネットに接続されていますが、インターネットには善人だけでなく、悪意のあるユーザーもたくさん存在しています。

たとえば、アクセスをするだけで情報を盗まれてしまう危険なサイトがあったり、通信を傍受され情報が漏洩する危険性もあります。では、どのようにすれば安心・安全な通信を実現できるのでしょうか？

LAN、WAN、インターネットの違いはSTEP1-1.10で学習しました。

1　安心・安全なネットワーク環境とは

安心・安全な通信をする１つの方法は、管理者によって守られているLANの中でだけデータ通信を行うことです。つまり、会社のLANの中だけで仕事をするのです。会社のパソコンを利用して、会社のサーバとだけやり取りをし、インターネットへ直接アクセスすることを禁止します。メールも直接は送受信できません。USBメモリなどによるデータの持ち出しや持ち込みも一切禁止します。会社のパソコンとスマホはやり取りできません。なぜならスマホはインターネットを介して通信するからです。

また、もしも東京の本社と北海道の支社とで通信をしたい場合は、電気通信事業者と契約をして自社しか利用できない専用線でWANを構築します。これには莫大なコストがかかりますが、これで安心・安全なネットワーク環境を実現できます。

「いやいや、それではビジネスが成立しないじゃないか！」と皆さん思っていることでしょう。

皆さんが思っているとおり、関係者だけが接続できるクローズドなネットワークを構築するのにはコストがかかりますし、インターネットに接続できない点で非常に不便になります。そこで、**VPN（Virtual Private Network）**という技術の登場です。

2　VPNの概要

VPNを利用すると、**インターネットなどで仮想的なプライベートネットワークを作ることができ、まるで専用線を使用しているかのような通信を実現することができます。**また、専用線では１対１の接続しかできませんが、VPNでは仮想的な専用線として扱うことができるのでn対nのフルメッシュな接続をすることもできます。VPNは大きく２つに分類することができるので、１つずつ見ていきましょう。

3 インターネットVPN

■インターネットVPN

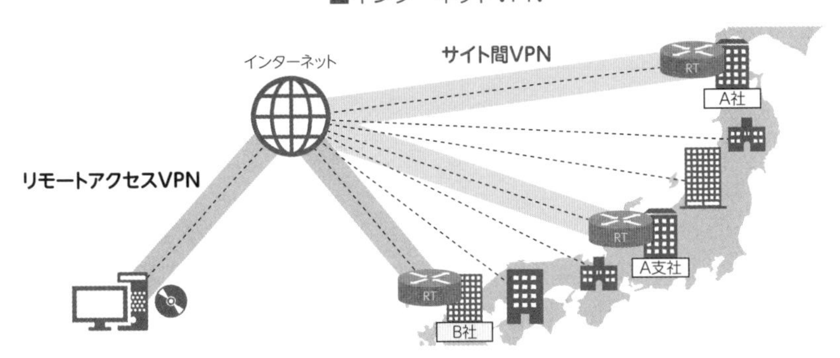

１つ目は**インターネットVPN**です。インターネットに接続しているルータをVPN対応の機種にすることで、インターネットでVPNを利用できるようになります。データ通信の際にはソフトウェアやルータでデータの暗号化が必要になるほか、インターネットでは帯域（送信できるデータの容量）が保証されていないので、VPNでの**通信速度が安定しない可能性があります**。また、インターネットVPNは用途別にさらに２種類に分類することができます。

①サイト間VPN

サイト間VPNでは、**拠点にVPN対応のルータを設置**し、ルータにトンネル（後述）の作成や暗号化、復号の処理を行わせます。ルータがセキュリティプロトコルでVPN処理を行うので、リモートアクセスVPNのような**ソフトウェアのインストールは不要**です。拠点間で**常時VPN接続をしており**、拠点（サイト）内の端末は１つのVPNを使用して通信することができます。

②リモートアクセスVPN

リモートアクセスVPNでは、モバイル端末などで社内のネットワークにアクセスするときに使われます。サイト間VPNとは違い、アクセスする端末にVPN

接続用の**ソフトウェアをインストールする必要があります。**暗号化などの処理はソフトウェアが行い、**必要なときだけVPN接続が確立されます。**なお、拠点側にはVPN接続を受け入れる機器が必要になります。

4 IP-VPN

2つ目は**IP-VPN**です。インターネットVPNではインターネット上にVPNを用意しますが、IP-VPNでは通信事業者が用意したWAN上でVPNを用意します。WANについて勘違いしている人が多いのですが、通信業者とWAN契約を結んでも、必ずしも自社専用のネットワークになるわけではありません。通信事業者と契約している特定のユーザーで、通信事業者の閉域網を共有しているのです。この点で、インターネットとWANサービスの違いは、不特定多数の利用者が存在するか、特定のユーザーに限られているかであるといえます。

■WANサービスは必ずしも完全なプライベートネットワークではない

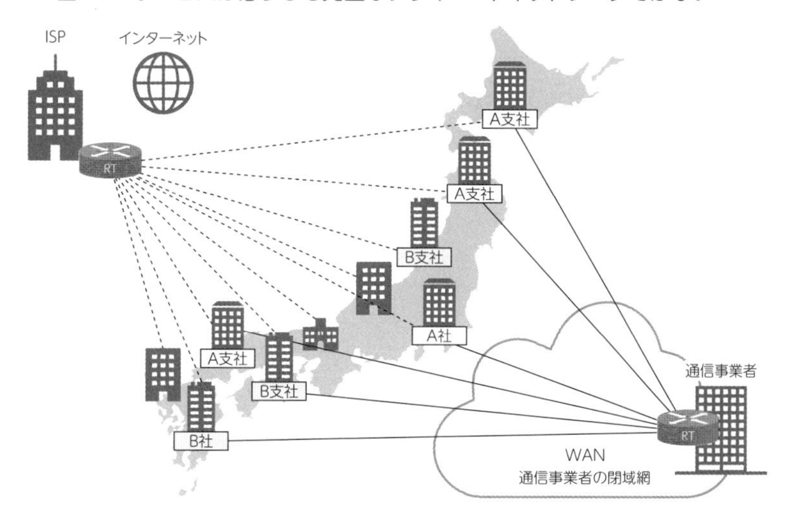

完全にプライベートなWANを構築したい場合は、回線を占有する専用線サービスを利用しなければいけません。専用線サービスはコストもかかります。そこで、IP-VPNでは通信事業者の閉域網上でVPNを構築します。インターネットVPNよりも安全でコストはかかりますが、専用線サービスよりは安価で済みます。インターネットVPNでは帯域が保証されていませんでしたが、IP-VPNでは

帯域保証サービスを提供している事業者もあります。

■IP-VPNでは通信事業者が用意した閉域網上でVPNを利用する

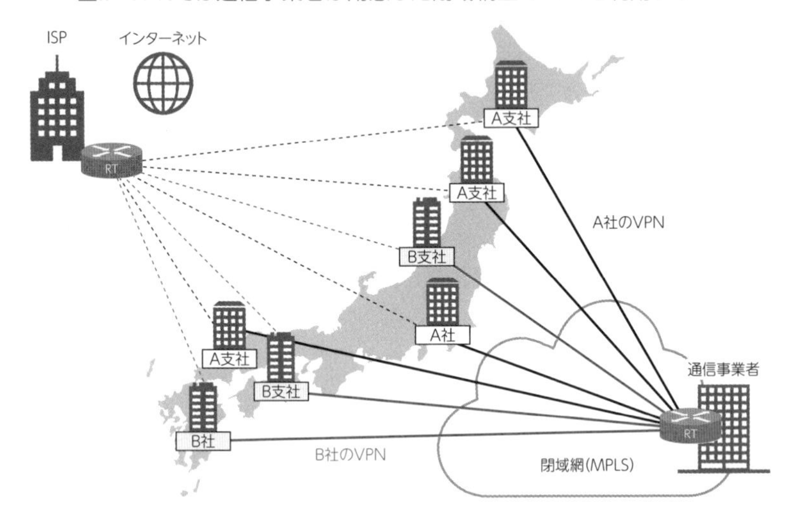

また、他のIP-VPNユーザーの通信と混在しないように、通信事業者は**MPLS(Multi Protocol Label Switching)**という技術で通信を識別しています。MPLSは、利用者ごとにラベルを定義してパケットにラベルを付与することでどのユーザーの通信なのかを判別する技術です。このラベルがあることで、従来のルーティングと比べて転送効率が高くなっています。なお、IP-VPNではMPLSでデータを区別しているので、データは**暗号化されません。**

基礎編 STEP 2-5.2

重要度 ★★

VPNを構成している技術

トンネリングと暗号化、認証機能

ポイントはココ!!

- VPNを構成している技術には**トンネリング**と**暗号化**、**認証機能**がある。
- トンネリングではIPパケットをIPヘッダでカプセル化しデータを転送している。
- VPNでよく利用されているトンネリングプロトコルに**GRE**や**IPsec**がある。

●学習と試験対策のコツ

試験対策としてトンネリングのしくみを細かく覚える必要はありません。「IPパケットをIPヘッダでカプセル化する」という文章を理解できていれば問題ありません。一方で、覚えるのが大変ですがトンネリングプロトコルの名称は頑張って覚えてください。

1 VPNを構成している技術

VPNでは**トンネリング**と**暗号化**という２種類の方法で安全性の高い通信を実現しています。イメージとしては、端末間でトンネルを作って専用線のように扱うことで、他のデータが混ざらないようにします。そして、トンネルの中を通っているデータを盗聴されないように暗号化します。

■トンネリングと暗号化

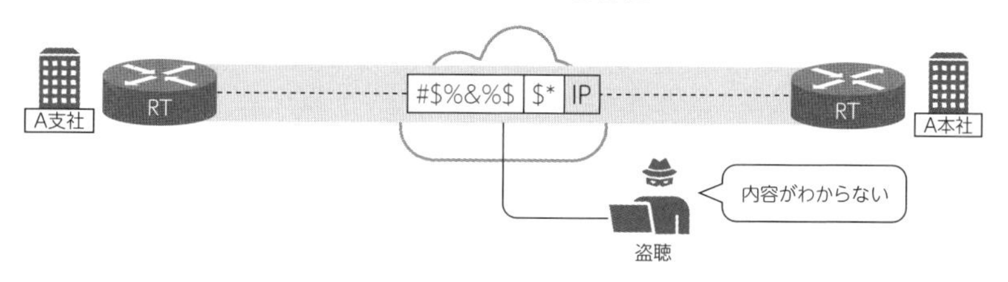

2 トンネリング

トンネリングを利用すると、まるで1つのLANの中でやり取りをしているように通信することができます。次の図を見てください。A支社のパソコンがA本社のサーバと通信する場合、インターネットを介して通信することになるので、プライベートIPアドレスを使用することはできません。宛先IPアドレスには本社ルータのグローバルIPアドレスが設定されます。

■インターネット通信では宛先IPアドレスにはグローバルIPアドレスが使用される

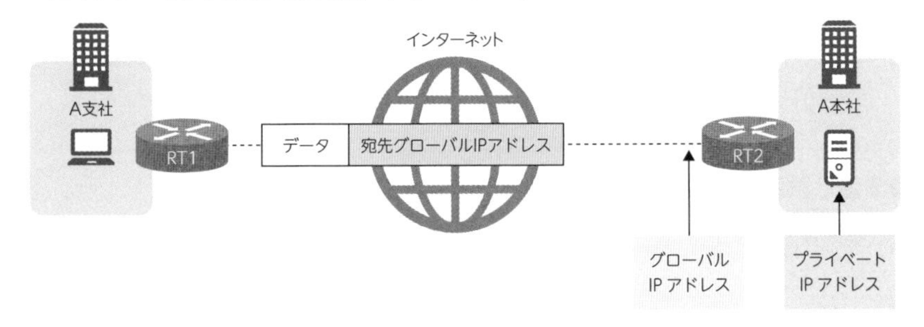

しかしトンネリングを利用すると、A支社のパソコンは本社サーバのプライベートIPアドレスを宛先IPアドレスとして通信することができるようになるのです。支社のパソコンと本社のパソコンが、まるで1つのLANに所属しているかのように通信できるのです。

■トンネリングを利用すると、まるで同じLAN内にいるかのように通信できる

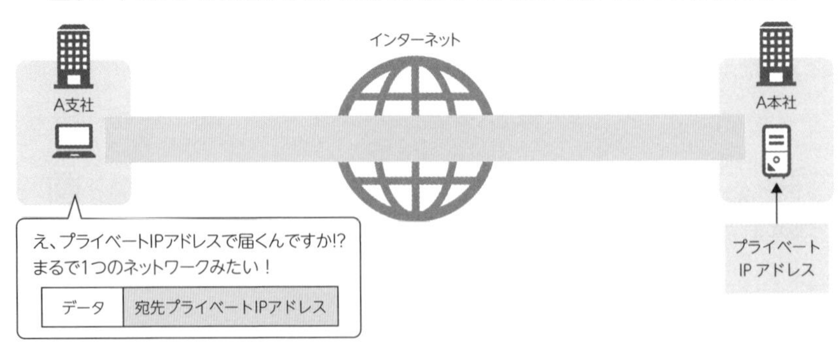

支社のパソコンはLAN通信のようにサーバとやり取りできるわけですが、このときに働いているのがVPNに対応したルータです。ルータはパソコンから受け取ったパケットに、グローバルIPアドレスを宛先とするヘッダを付加してカプセル化します。すると、プライベートIPアドレスのヘッダはデータとして扱われることになります。

OSI参照モデルやTCP/IPモデルの各層でヘッダを付加してデータを送信できる状態にすることをカプセル化といいました。(STEP1-1.14)

■VPN対応ルータがパケットをカプセル化する

これにより、プライベートIPアドレスを宛先としたパケットをデータとして保持したまま、A本社にデータを転送できるようになります。パケットがA本社に到着すると、A本社のルータはカプセル化を解除します。すると、データの中からプライベートIPアドレスを宛先とするパケットが出てくるというしくみです。

これがカプセル化の基本的なしくみです。パソコンやサーバから見たら、あたかもLANの中で通信できているように感じますよね。また、トンネリングを利用することで、インターネットを超えられなかったようなデータでも、カプセル化することで転送することが可能になります。

トンネリングのプロトコルには、**PPTP**(Point to Point Tunneling Protocol)、**L2TP** (Layer2 Tunneling Protocol)、**IPsec** (Security Architecture for Internet Protocol：アイピーセック)、**GRE** (Generic Routing Encapsulation)などがあります。VPNではトンネリングと暗号化を兼ね備えたIPsecがよく利用されています。詳細は本書では割愛しますが、これらのプロトコルがトンネリングに関するものだということは覚えてしまいましょう。

3 暗号化

トンネリングを利用していても、通信を盗聴されると元のパケットの内容はわかってしまいます。そこで、VPNではトンネリングでカプセル化をする際に、送信側のルータで暗号化を行い、受信側のルータで復号を行います。

■パケットの暗号化

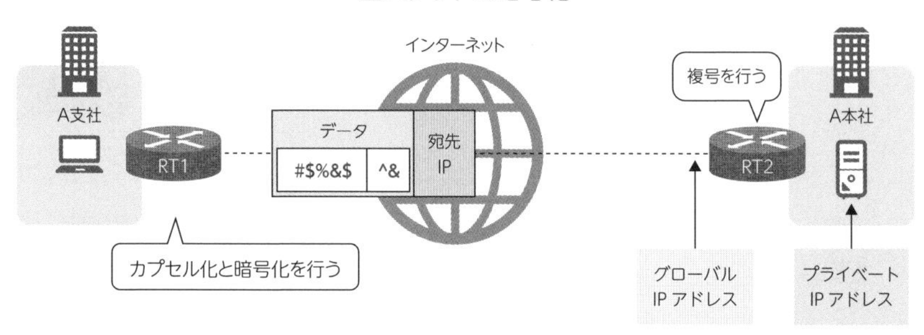

なお、VPNにはトンネリングや暗号化以外にも、なりすまし攻撃を防ぐために認証機能などもついています。VPN接続している相手が、そもそも悪意のあるユーザーだったらトンネリングも暗号化も意味がなくなってしまいますからね。

ネットワークを利用するユーザーが正規のユーザーかどうかを確認することを認証といいました。（STEP1-5.2）

基礎編

STEP 2-6

自動化とプログラマビリティⅡ

この章では、出題割合の10%を占める項目である自動化とプログラマビリティの分野について、SDN技術を中心にその基礎知識を学習していきます。

STEP1-6で言葉だけ出てきたSDNですが、本章ではその概要を学習していきます。SDN技術とはざっくりいうと、ルータなどの機能をネットワーク全体で実装していくというものですが、初学者にとっては少し抽象度の高い内容で理解しにくいかもしれません。かなりかみくだいて丁寧に説明していますので、少しずつ読み進めてください。

学習するときのコツは、ネットワーク基礎や、ネットワークアクセス、IPコネクティビティなどの他分野で登場しているルータのイメージに固執しないことです。SDNという最新技術の基礎知識を、この章で身につけられるように頑張っていきましょう。

基礎編 STEP 2-6.1

重要度 ∞

SDNの概要

ネットワーク全体に関する処理はSDNコントローラーに集約する

ポイントはココ!!

- ネットワーク機器の構成を処理と機能別に見ると、**マネジメントプレーン**、**コントロールプレーン**、**データプレーン**の３つに分類できる。
- **マネジメントプレーン**は、ネットワーク機器の操作や管理を実施するための機能のことをさす。
- **コントロールプレーン**は、データ転送のために必要なルーティングテーブルやMACアドレステーブルなどの経路情報を作成する制御機能のことをさす。
- **データプレーン**は、カプセル化やルーティングテーブルの検索、フィルタリングなど、データ転送機能のことをさす。
- SDNでは各ネットワーク機器のコントロールプレーンを**SDNコントローラー**に集約することで、ネットワークを集中管理できるようにする。

●学習と試験対策のコツ

マネジメントプレーン、コントロールプレーン、データプレーンの３つは必ず内容まで覚えて区別できるようにしてください。

考えてみよう

SDNによるネットワークの自動化では、従来のネットワークとは大きく異なる考え方をします。ここまでに学習した内容をもとにすれば「小難しいことをしなくても、単純にルータ同士を連携させればいいのでは？」と思えるかもしれません。しかし、実はルータ同士を連携させるほうが逆に非効率だったりするのです。さて、SDNではどのようにネットワークを構築するのでしょうか。

SDNは、ソフトウェアによってネットワークを運用・管理する技術と考え方の総称です。（STEP1-6.1）

1　ルータの役割別構成

まずは、これまでに学習したルータのしくみを別の視点で解釈し直してみましょう。ルータの構成は処理内容や機能によって３つに分類して考えることができます。

１つ目は**マネジメントプレーン**という役割です。マネジメントプレーンは、ネットワーク機器の操作や管理を実施するための機能のことをさします。データの転送には直接かかわりません。

２つ目は**コントロールプレーン**という役割です。コントロールプレーンは、データ転送のために必要なルーティングテーブルやMACアドレステーブルなどの経路情報を作成する制御機能のことをさします。経路情報の作成などはネットワーク全体で共通している処理ですね。

３つ目は**データプレーン**という役割です。データプレーンは、カプセル化やルーティングテーブルの検索、フィルタリングなど、データ転送機能のことをさします。

■ルータの構造を機能別に見ると

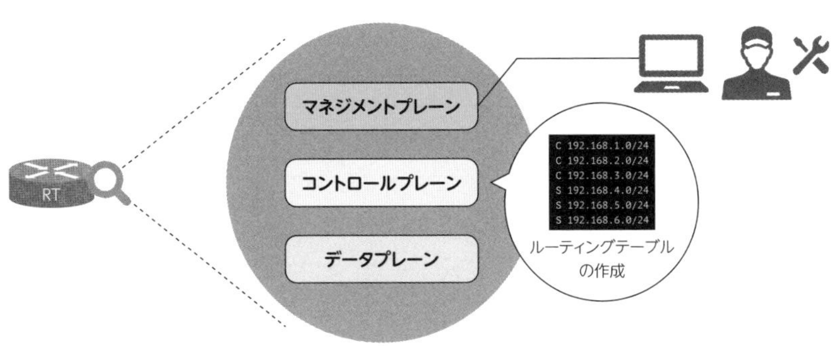

2　従来型ネットワークの非効率な点

従来のネットワークでは、仮にネットワーク機器同士を連携させようとしても非効率になってしまいます。なぜなら、各ネットワーク機器が各データプレーンで同じようなことを計算しているからです。コントロールプレーンでは経路情報などの計算が行われていますが、経路情報などはネットワーク全体に関係することなので、各ルータに計算させなくてもいいはずなのです。しかも、次の図中の右下のルータのように、そもそもルータの設定が間違っていた場合、データプレーンの処理も変わってしまうため、ネットワーク全体のルーティングが不安定になる可能性もあるのです。

■ルータの設定が間違っていた場合

さぁ経路情報を計算するぞ！
結果はAになりました。
さぁ経路情報を計算するぞ！
結果はAになりました。
コントロールプレーン
データプレーン
さぁ経路情報を計算するぞ！
結果はAになりました。
さぁ経路情報を計算するぞ！
結果はBになりました。

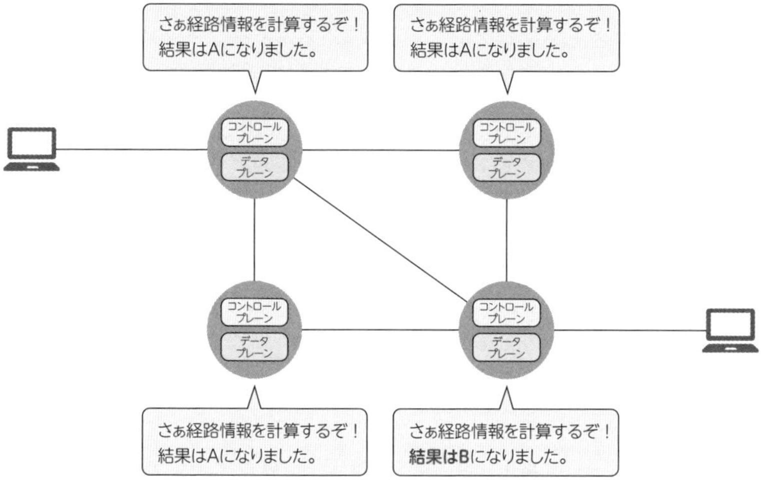

3 SDNコントローラー

何が問題かというと、各ネットワーク機器にネットワーク全体に関係する処理をさせている点ですね。SDNでは、コントロールプレーンとデータプレーンを分離して、ネットワーク全体に関する処理を行う**SDNコントローラー**に集約しています。自動化を行う場合、ネットワーク全体に共通化ができる機能を対象とする事で、効率的な対応が可能となります。

SDNコントローラーによって、ルーティングテーブルやMACアドレステーブルなどのコントロールプレーンの役割を集約することができます。そして、各ネットワーク機器はSDNコントローラーに制御されてデータ転送を行います。

従来のように個々の機器で経路情報を制御するとなると、個々の機器に個別に

■SDNコントローラーがまとめて計算をする

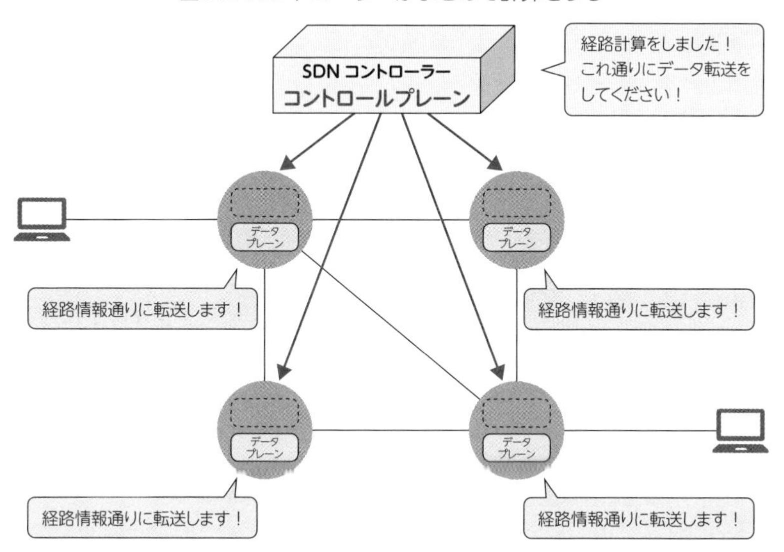

設定をしなければいけません。機器が大量にある場合は複雑で膨大な作業になってミスを誘発する原因にもなります。しかし、SDNコントローラーは経路情報を統合的に管理できるため、作業内容が簡易化されて作業量が大幅に減少します。

■SDNコントローラーを利用するとコントロールプレーンの役割を集約することができる

基礎編
STEP
2-6.2

重要度 ★★★

SDNのアーキテクチャ

SDNネットワークは大きく3つの機能で構成されている

ポイントはココ!!

- マネジメントプレーンにあたるSDNアーキテクチャは**アプリケーションレイヤ**。
- コントロールプレーンにあたるSDNアーキテクチャは**コントロールレイヤ**。
- データプレーンにあたるSDNアーキテクチャは**インフラストラクチャレイヤ**。
- SDNコントローラーは**ノースバウンドAPI**を提供しており、アプリケーションレイヤのプログラムからSDNコントローラーを操作できる。
- SDNに対応しているネットワーク機器は**サウスバウンドAPI**を提供しており、SDNコントローラーから機器を操作することができる。
- ネットワークをSDN化する技術やサービスには**OpenFlow**、**Cisco ACI**、**Cisco SD-Access**などがある。

●学習と試験対策のコツ

APIなど聞きなれない言葉が出てきてイメージしにくいでしょう。SDNのアーキテクチャを理解するうえで重要なことは、ネットワーク機器１台に詰め込まれていた機能や役割が、ネットワーク全体で実装されていることです。ネットワーク上に機能が分散しているので、それらの機能を連携させるためにAPIが用意されています。

考えてみよう

これまでは１台のルータのお話を中心にしていましたが、SDNコントローラーで各機器のコントロールプレーンを集約したことにより、ネットワーク全体をどう制御するかを考える必要が出てきました。SDNではどのような構造（アーキテクチャ）でネットワーク全体を制御するのでしょうか？

1 SDNのアーキテクチャ

処理内容や機能によってルータの構造を３つに分類したのと同じように、SDNでもネットワーク全体を処理内容や機能によって３つに分類します。

■ネットワークの構造を機能別に3つに分ける

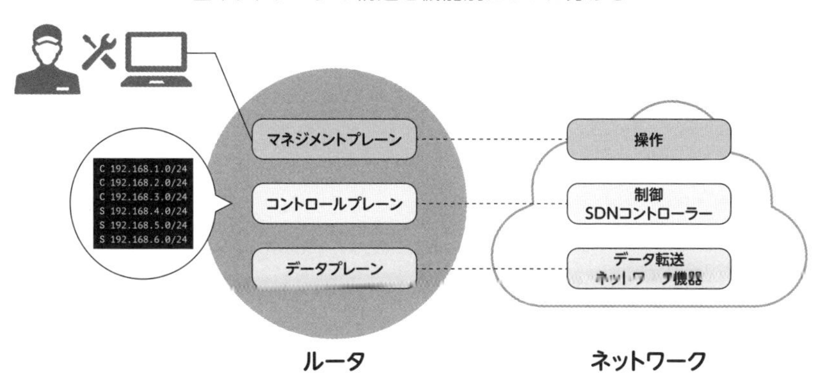

SDNでは、ルータのマネジメントプレーンにあたる部分を**アプリケーションレイヤ**といいます。さまざまなアプリケーションを通してSDNコントローラーを操作します。次に、コントロールプレーンにあたる部分を**コントロールレイヤ**といい、SDNコントローラーが該当します。最後に、データプレーンにあたる部分が**インフラストラクチャレイヤ**です。インフラストラクチャレイヤには、実際にデータ転送をするルータなどの各種ネットワーク機器が該当します。

■SDNの各レイヤにはどんな機器があるか

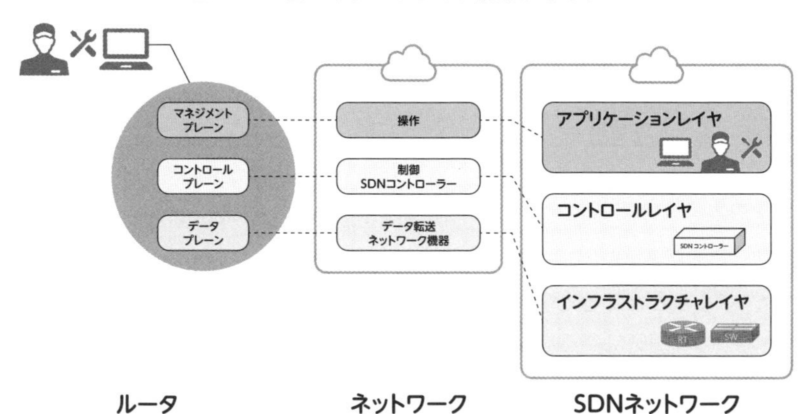

今まではルータ１台の中にマネジメントプレーン、コントロールプレーン、データプレーンが詰め込まれていたので、すべての機能が連携し合ってルータが動作していました。しかし、SDNではこれらの機能を分離し、ネットワーク上で別々に集約しているので、各機能同士が直接結びついていない状態になりました。

■SDNのネットワークでは各機能が結びついていない!?

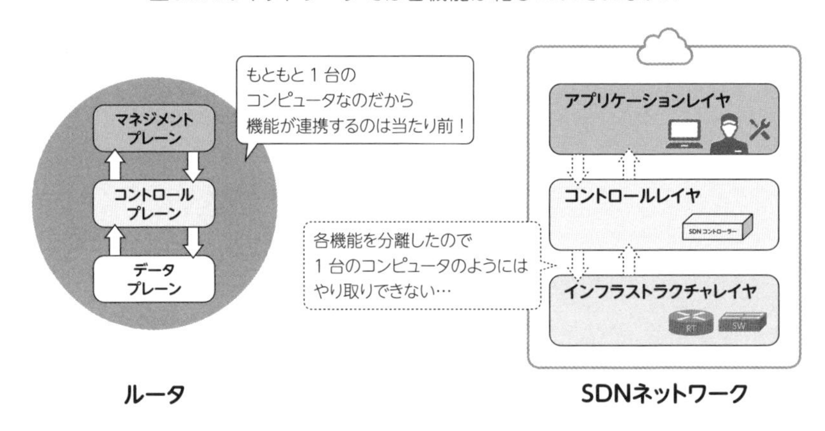

そこで、SDNではネットワーク上のアプリケーションレイヤ、コントロールレイヤ、インフラストラクチャレイヤが相互に連携できるように、**API（Application Programming Interface）**を使用しています。

2 APIとは

APIとは他のサービスやプログラムを利用するための仕様のことです。たとえば、GoogleはGoogleカレンダーのAPIを公開しています。皆さんが開発したプログラムで、このAPIのルール（仕様）に沿って通信をすると、Googleカレンダーを操作することができるのです。Googleカレンダーがどんなしくみで動いているかなどは一切気にする必要はありません。

■Googleカレンダーを操作するためのAPI

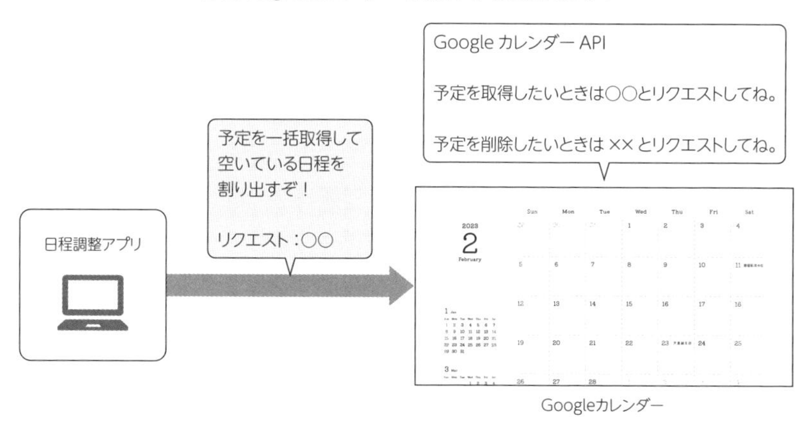

SDNの話に戻しましょう。アプリケーションレイヤとコントロールレイヤが連携するためのAPIを総称して**ノースバウンドAPI**または**ノースバウンドインターフェース（NBI）**といいます。標準化されたAPIやプロトコルはなく、SDNコントローラーを提供するベンダーがAPIを提供しています。コントロールレイヤから見て上側（北側）に見えるのでこのような名前になっています。

一方で、コントロールレイヤとインフラストラクチャレイヤが連携するためのAPIを総称して**サウスバウンドAPI**または**サウスバウンドインターフェース（SBI）**といいます。NBIと異なり**OpenFlow**や**NETCONF**という標準のプロトコルがあります。SDNに対応した製品であればSDNコントローラーからその機器のAPIを利用して操作することになります。

■NBIとSBI

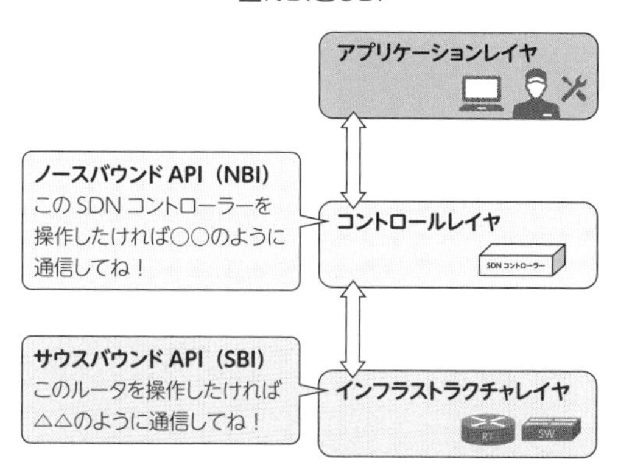

SDNは次世代のネットワーク管理技術として注目されていますが、どんなネットワーク機器でもSDN化できるわけではありません。

ネットワーク機器はSDNコントローラーと通信する必要があるので、専用の機能が基本的には必要になります。シスコ製品だとNexus9000シリーズやCatalyst9000シリーズなどのラインナップがあります。なお、従来のネットワーク機器のままネットワークをSDN化することができるサービスもありますが、自動化できることや制御できることに違いがあります。

3 SDN化を実現する技術やサービス

ネットワークをSDN化するための具体的な技術やサービスを紹介します。

■SDNを実現する技術やサービスの比較

	OpenFlow	Cisco ACI	Cisco SD-Access
アプリケーションレイヤ	各SDNアプリ	各SDNアプリ	DNA CenterのGUI 自作SDNアプリ
NBI	各ベンダーのAIP	各ベンダーのAIP	REST API
コントロールレイヤ	OpenFlow コントローラー	APIC	Cisco DNA Center
SBI	OpenFlow プロトコル	OpFlex	TELNET/SSH、NETCONF、 RESTCONF、SNMP　など
インフラストラクチャレイヤ	OpenFlow スイッチ	Nexus9000シリーズ など	既存のネットワーク機器 も可
		データセンター向け	企業向け

①OpenFlow

まず、代表的な技術の1つに**OpenFlow**があります。OpenFlowのコントロールレイヤでは**OpenFlowコントローラー（OFC）**を利用します。そして、サウスバウンドインターフェースでは**OpenFlowプロトコル**、インフラストラクチャレイヤではOpenFlowに対応したネットワーク機器である**OpenFlowスイッチ（OFS）**を利用します。OFSは「スイッチ」と呼ばれてはいるものの、通常のレイヤー2スイッチとは違い、ルータやファイアウォールなどの機能も持っています。OpenFlowではOFSを制御するためにOFCで**フローテーブル**というネットワークの設定情報を作成します。

OpenFlowでネットワークをSDN化することにより、柔軟な通信制御を実現することができますが、課題もあります。1つ目の課題は、フローテーブルの設定が難しく、ネットワークの構築に手間がかかる点です。またフローテーブルの維持、管理も難しくなっています。2つ目の課題は、ネットワークを構成するすべての機器がOpenFlowに対応している必要がある点です。OpenFlowに対応した機器は高価なので導入コストが高くなってしまいます。

②Cisco ACI

2つ目のSDNサービスは**Cisco ACI（Cisco Application Centric Infrastructure）**です。Cisco ACIは**データセンター向け**のSDNサービスです。コントロールレイヤでは**APIC（Application Policy Infrastructure Controller：エイピック）**というSDNコントローラーを利用します。そして、サウスバウンドインターフェースではシスコ独自の**OpFlex（オプフレックス）**プロトコル、インフラストラクチャレイヤではNexus9000シリーズなどを利用します。Nexus9000シリーズなどはハイエンドモデルで高価なため、一般的な企業や組織で導入しようとすると、導入コストが高くなってしまいます。

③Cisco SD-Access

3つ目のSDNサービスは**Cisco SD-Access（Cisco Software-Defined Access）**です。Cisco SD-Accessは**企業向け**のSDNサービスです。コントロールレイヤでは**Cisco DNA Center（Cisco Digital Network Architecture Center）**というSDNコントローラーを利用します。サウスバウンドインターフェースは複数のプロトコルに対応しており、TELNETやSSH、SNMPを利用すれば従来のネットワーク機器も管理することができるようになっています。

標準編

STEP 3-1

ネットワーク基礎 Ⅲ

この章では、出題割合の20%を占める重要項目であるネットワーク基礎分野について、その標準知識を学習していきます。

STEP2-1では、IPアドレスやMACアドレスの基礎的な内容を学習しました。10進数と2進数の相互変換や、ネットワークアドレスとブロードキャストの算出にはもう慣れてきていますか?

STEP3-1ではCCNA試験の学習で最も離脱率が高いサブネッティングの学習をします。本章では学習者がつまずきやすいポイントについて丁寧に説明していますので、今までにサブネッティングであきらめてしまった人も、もう一度ゆっくりと読み進めていってください。サブネッティングの計算練習に慣れればネットワーク基礎分野の学習はより完成に近づきます。CCNA試験ではサブネッティング以上の面倒な計算は出題されませんので安心してください。

章の後半では仮想化技術やクラウドサービスについて学習します。この内容はSTEP3-6を理解するうえで必須の知識ですので、納得できるまで繰り返し学習してください。

標準編
STEP
3-1.1

重要度 ∞

登録可能なホスト数の計算

数式の意味を必ず理解しよう！

ポイントはココ!!

- 登録（IPアドレスを設定）可能なホスト数を求める計算式

$$ホスト数 = 2^{ホスト部のビット数} - 2$$

- 計算式中の「－2」とはホストに登録できない「ネットワークアドレス」と「ブロードキャストアドレス」のこと。

●学習と試験対策のコツ

ここではネットワークに登録できるホストの台数を計算できるようになってもらいます。練習問題の最後ではクラスレスなアドレスでの問題を扱います。これができると、次項のサブネッティングの問題もきっと理解できるはずです。登録可能なホストの台数を計算させる問題は、試験でも頻出です。必ず計算できるようにしましょう。

復習問題1

・次の問題に答えてください。

1）192.168.5.23/24　を10進数のサブネットマスクで表してください。

2）192.168.238.175 255.255.255.252　をプレフィックス表記で表してください。

・次のIPアドレスが所属するネットワークの、ネットワークアドレスとブロードキャストアドレスを算出してください。

3）172.16.36.42/16

4）192.168.20.30/24

解答

1）192.168.5.23 255.255.255.0

2）192.168.238.175/30

3）ネットワークアドレス：172.16.0.0
　ブロードキャストアドレス：172.16.255.255

4）ネットワークアドレス：192.168.20.0
　ブロードキャストアドレス：192.168.20.255

考えてみよう

　オフィスで新しい部署（ネットワーク）を構築することになりました。その部署で利用する機器は200台です。ホストを200台登録する場合に適切なアドレスクラスは、クラスAからクラスCのうちどれでしょうか？

1　ホストを200台登録できるアドレスクラス

　答えはクラスCのアドレスです。

　さて、この問題を皆さんはどう考えたでしょうか。STEP2-1.2のIPアドレスのクラスの概念を読み返して、登録可能なホストの台数を確認したでしょうか。あるいは登録可能なホストの台数を覚えていましたか？　ここでは、登録可能なホストの台数を計算できるようにしてもらいます。「クラスは３つしかないんだから、丸暗記すればいいじゃないか！」と思っている人もいるかもしれませんね。丸暗記ではダメです！　計算できるようになってください！　この後学習するサブネッティングという項目でも、この計算が絡んできます。

2　クラスCアドレスではホストを何台登録できるのか？

　まずは192.168.10.0/24というクラスフルなアドレスで、登録できるホストの台数を考えてみましょう。このアドレスのホスト部は第４オクテット（２進数だと下位８ビット）ですね。第４オクテットだけでいくつの数を表現できるでしょうか？　表現できる範囲は10進数だと次のようになります。

192.168.10.0　～　192.168.10.255

さて、では0から255までに数は何個ありますか？　意外と間違える人が多いので気をつけてくださいね。答えは256個ですよ。255個ではありません！

一応丁寧に確認しておきます。今、出席番号３番から９番までの人がクラスに集まりました。クラスには何人いますか？　９－３＝６と計算すると、３番の人まで除外することになるので、＋１をして７人と計算してくださいね。

■3番さんから9番さんまで全部で7人いる！

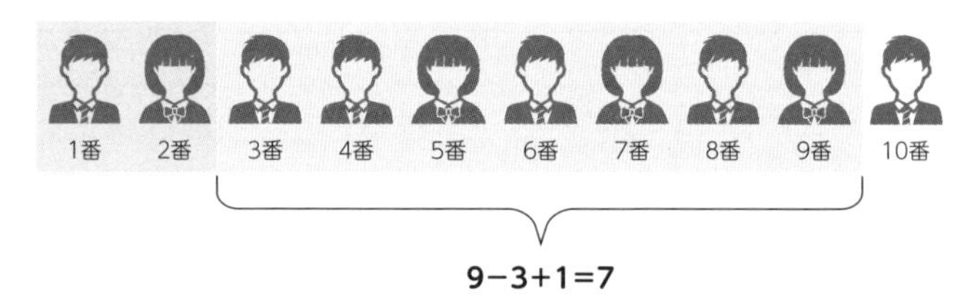

もう少し練習しましょう。今、IPアドレスが192.168.10.25から192.168.10.146まで余っているとします。最大であと何台登録できるでしょうか。

146－25＋１＝122

答えは122台です。146－25＝121とすると、192.168.10.25まで除外することになるので、+1をして122台と計算してくださいね。

さて、ネットワークアドレスとブロードキャストアドレスは機器に設定できませんので、割り当ての対象から除外しなければいけません。192.168.10.0/24のネットワークにおいて、ネットワークアドレスは192.168.10.0、ブロードキャストアドレスは192.168.10.255です。したがって、ホストに割り当てることができるIPアドレスの範囲と数は、192.168.10.1から192.168.10.254の254個です。

■1番さんから254番さんまで全部で254個ある！

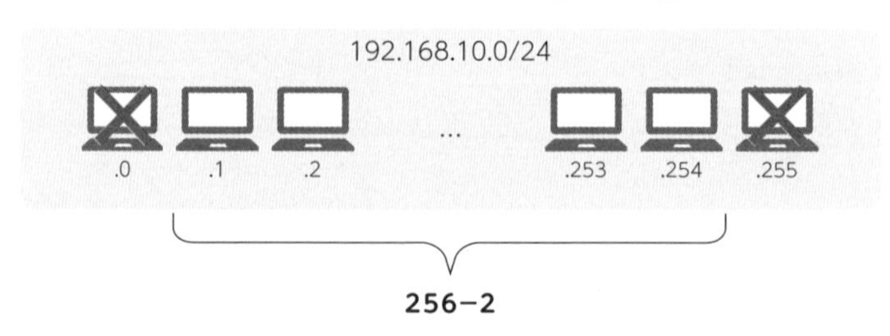

ここまでをまとめると、クラスCのアドレス範囲で割り当て可能なホストの台数は次のように計算して、254台と計算することができます。

・第4オクテットで表現できるアドレスの個数は、255－0＋1＝256個

・ネットワークアドレスとブロードキャストアドレスを除くので、
256－2＝254台

3　登録可能な台数を2進数から考えてみよう

ここまでは10進数で考えてきましたが、皆さんはビット列からも計算できるようになる必要があります。引き続き、192.168.10.0/24というクラスフルなアドレスを考えていきましょう。クラスCなので、第4オクテットは8ビットですね。ここで問題です。8ビットで表現できる数は全部で何個ありますか？　計算方法は次のようになります。

$2^8=256$

まず、3ビットで表現できる数を考えてみましょう。樹形図で表すと次のように考えることができます。

■3ビットで表現できる数は何個？

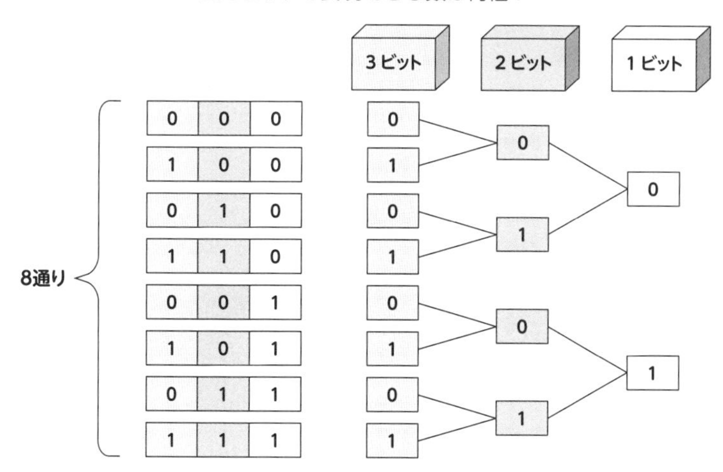

1ビット目の候補は0と1の2通り、その2通りに対して2ビット目の候補は0と1の2通り、その2通りに対して3ビット目の候補は0と1の2通りです。つまり、答えの8通りは次のように計算することができます。

■3ビットで表現できる数を指数計算で求める

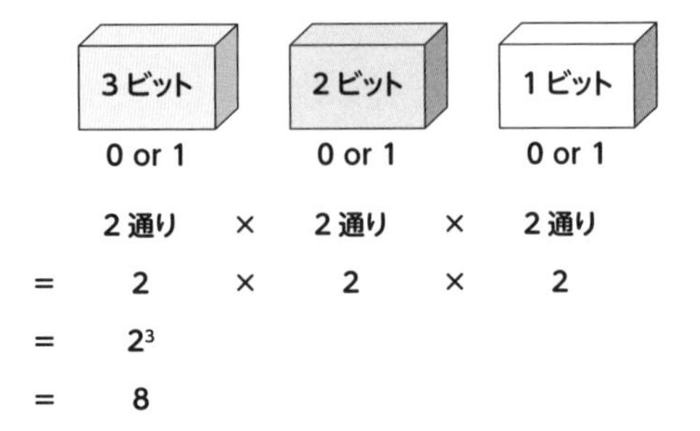

クラスCアドレスはこれと同じように考えればよいので、ホスト部の8ビットで表現できる数の個数は2^8＝256個となります。そして、ここからネットワークアドレスとブロードキャストアドレスを除外するので、256－2＝254台と計算できるのです。

多くの参考書ではこの計算方法を公式のように、次のように表現しています。

■登録可能なホスト数を求める計算式

$$\text{ホスト数} = 2^{\text{ホスト部のビット数}} - 2$$

そして多くの独学者が、訳もわからず指数計算を丸暗記し、理由もわからず2を引き算しています。皆さんは、もうこの計算の意味を理解しましたね？　では例題を解いてみましょう。

例題1

192.168.3.0/24のネットワークには最大で何台のホストを所属させることができますか。

解答

192.168.3.0/24のホスト部は8ビットなので、ホスト部だけで表現できる数字の数は2^8で256個です。この256個のうち、ネットワークアドレスとブロードキャストアドレスは、ホストのIPアドレスとしては利用できないので、256－2＝254。答えは254台です。

例題2

あるネットワークに192.168.30.27/24のIPアドレスを持ったホストが存在しています。このネットワークには他にも34台のホストが所属しています。このネットワークにはあと何台のホストを登録することができますか。

解答

192.168.30.27/24クラスCアドレスですので、登録できるホストの最大数は例題１の計算で求めた、254台です。ただし、問題文からすでに35台のホストが登録されていることがわかるので、この分を除外しなければいけません。254－35＝219。答えは219台です。

例題3

あるネットワークに192.168.24.178/28のIPアドレスを持ったホストが存在しています。次の質問に答えてください。

1）このホストが所属しているネットワークのネットワークアドレスと、ブロードキャストアドレスを答えてください。

2）このネットワークには、最大で何台のホストを登録することができますか？

解答

1）これはSTEP2-1.9の復習ですね。192.168.24.178の第4オクテットだけを２進数にして考えます。

192.168.24.10110010

今回は28ビット目までがネットワーク部ですので、ネットワーク部とホスト部の境界は次のようになります。

192.168.24.1011｜0010

ネットワークアドレスはホスト部がすべて０、ブロードキャストアドレスはホスト部がすべて１になるので、次のように表すことができます。

ネットワークアドレス　　：192.168.24.1011**0000**

ブロードキャストアドレス：192.168.24.1011**1111**

これを10進数に戻せば答えになります。答えは次のようになります。

ネットワークアドレス　　：192.168.24.176/28

ブロードキャストアドレス：192.168.24.191/28

2) 192.168.24.178/28はクラスレスアドレスなので、ホスト部のビット数がクラスフルアドレスのときと異なります。しかし計算方法は同じです。プレフィックス長/28から、ホスト部は32－28＝４ビットであることがわかります。４ビットで表現できる数の個数は2^4で16個です。

ただし、16個のアドレスのうち、ネットワークアドレスとブロードキャストアドレスを除外しないといけないので、16－２＝14となり、答えは14台となります。

なお、10進数で考えることもできます。1)でネットワークアドレスとブロードキャストアドレスを求めましたが、これらはネットワークの最初と最後のアドレスなので、ここから登録可能な台数を求めることもできます。

ネットワークアドレス　　：192.168.24.176/28

ブロードキャストアドレス：192.168.24.191/28

このネットワークで表現できるアドレスの個数は191－176＋１＝16で、16個だと計算できます。そして、ネットワークアドレスとブロードキャストアドレスを除外すると16－２＝14となります。

標準編
STEP
3-1.2

重要度 ∞

サブネッティング（サブネット化）

1つのネットワークをさらに小さなネットワークに分ける

ポイントはココ!!

- 1つのネットワークをさらに小さなネットワークに分けることを**サブネッティング**という。
- サブネッティングでは、ホスト部の一部をサブネット部として利用する。

●学習と試験対策のコツ

ここではCCNA試験の学習で最も離脱率が高いサブネッティングの学習をします。最初のうちはとにかく2進数に変換して、ネットワーク部、サブネット部、ホスト部を明確にしましょう。あとは慣れです。このサブネッティングの計算問題を突破すれば、これ以上面倒な計算問題は出てきませんよ！

復習問題1

・次の問題に答えてください。

1）192.168.5.23/24　を10進数のサブネットマスクで表してください。
2）192.168.238.175 255.255.255.252　をプレフィックス表記で表してください。

サブネットの表記方法はSTEP2-1.8で学習しましたよ。

解答

1）192.168.5.23 255.255.255.0
2）192.168.238.175/30

考えてみよう

1つのネットワーク（192.168.10.0/24）に営業部、情報部、経理部の人が扱う機器が混在していて、全部で150台のホストが所属しています。

このとき、同じ部署の機器だけ（営業部なら営業部のパソコンのみ）にブロードキャスト通信を行いたいとします。しかし、もともと１つのネットワークなので、情報部や経理部にもブロードキャスト通信のデータが届いてしまいます。営業部だけにブロードキャスト通信を送れるようにするにはどのようにすればいいでしょうか。

同じネットワーク内にいるすべてのノードに送る通信方法をブロードキャスト通信といいました。（STEP1-1.8）

■営業部のホストのみとブロードキャスト通信をするには

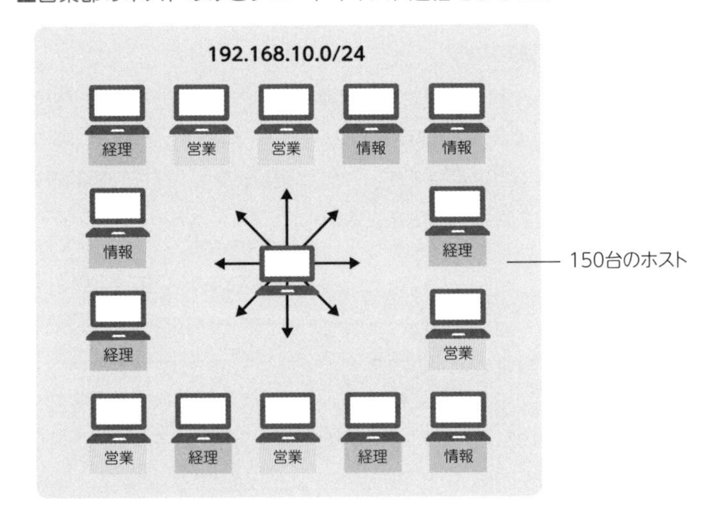

1 サブネッティングの概要

単純に考えるなら、営業部、情報部、経理部で通信を分けたいのであれば、次のようにネットワークを分けてしまえばいいですね。

この方法でも問題はないですが、これは無駄の多いIPアドレスの割り振りだと考えられます。なぜなら、営業部（192.168.10.0/24）では最大で254台（2^8-2）のホストを登録できるにもかかわらず、50台分のIPアドレスしか使用していないからです。残りの204個のIPアドレスを無駄にしています。これは情報部でも

■クラスフルなアドレッシングをすると、使用しない無駄なIPアドレスが多くなる

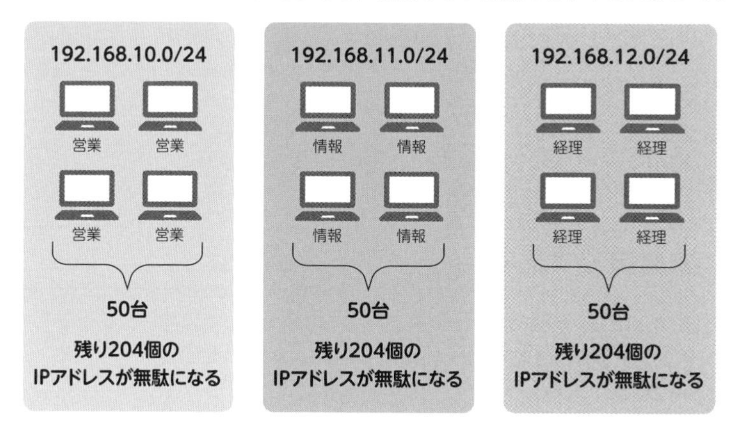

経理部でも同じです。

ネットワークの数は増やしたいが、IPアドレスを無駄にはしたくないという願いをかなえるのが**サブネッティング**です。サブネッティングとは１つのネットワークをさらに小さなネットワークに分けることです。

■サブネッティングのイメージ

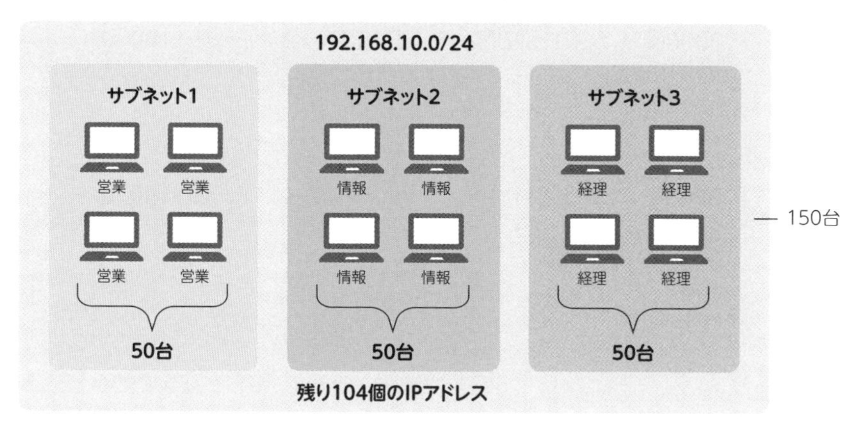

また、サブネッティングをすると通信の効率もよくなります。たとえば、クラスBのIPアドレス172.16.0.0/16を考えてみましょう。このネットワークは、ホスト部のビットが16ビットですので、2^{16}（約６万５千）のIPアドレスを用意できます。このままネットワークを分割せずに、ある機器からブロードキャスト通

信を行えば、約6万5千個のすべての機器にブロードキャスト通信のデータが送られてしまいます。ネットワークを分割せずにブロードキャストを行うことで、本来関係のない他部署の機器もデータを受信し、効率の悪い通信となります。そこで、サブネッティングを行ってネットワークをさらに小さく分けることで、効率のいい通信を実現できるのです。

2　2進数でサブネッティングを理解する

実は皆さんはこれまでの学習ですでにサブネッティングされたIPアドレスを見ています。それは192.168.10.178/27というようなクラスレスなIPアドレスのことです。このアドレスを例にサブネッティングを見ていきましょう。

ここまで学習を進めてきた皆さんであれば、192.168.10.178/27のネットワーク部が27ビットで、ホスト部が5ビットであることはわかりますね。これまでの説明ではこの27ビットがネットワーク部だと説明してきましたが、実はさらに細かく分かれます。

■ホスト部の一部をサブネット部として利用する

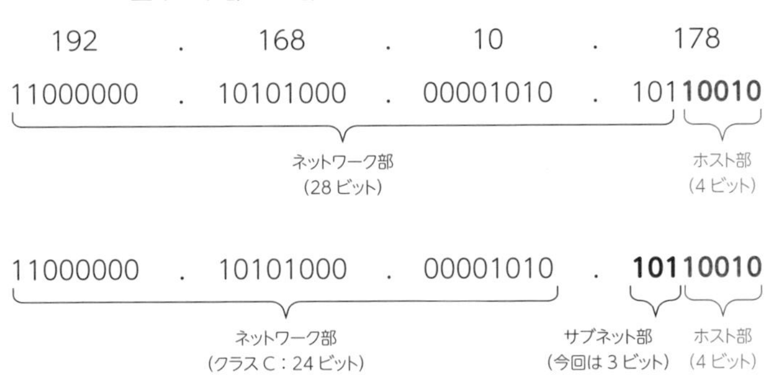

192.168.10.178のIPアドレスはそもそもクラスCのアドレスですので、もともとのネットワーク部は24ビット目までです。そして、25～27までの3ビットを**サブネット部**といいます。

このことから、サブネッティングをビットで説明すると、**ホスト部の一部のビットをサブネット部として利用すること**とも表現できます。

このネットワークの構造を詳しく見ていきましょう。まず、大元のネットワークとしてクラスフルな192.168.10.0/24があります。この1つのネットワークの中にサブネットが作られています。今回のサブネット部は3ビットなので、$000_{(2)}$から$111_{(2)}$までの8つのサブネットを表現できます。また、今回のホストのIPアドレスは192.168.10.178/27で、サブネット部は$101_{(2)}$なので、このホストは$101_{(2)}$番サブネットに所属していることがわかります。

■サブネット部の3ビットで表現できるサブネットの数は8個

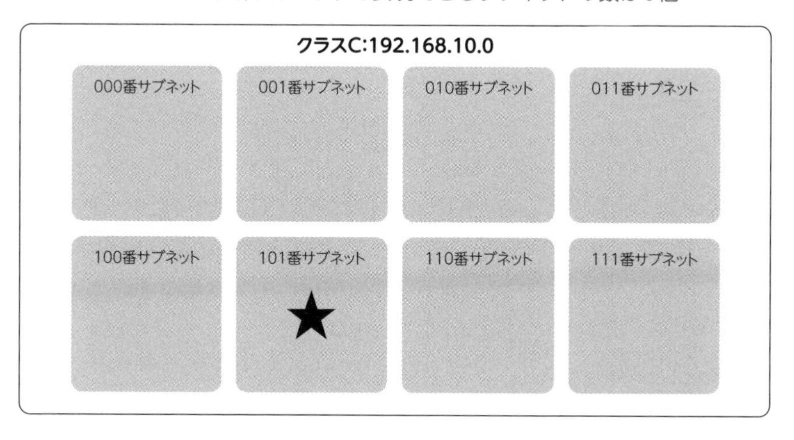

サブネット部を把握できたので、ホスト部を見ていきましょう。今回のホスト部は5ビットですので、$00000_{(2)}$から$11111_{(2)}$までの32個（2^5）の数を表現できます。図で表現すると次のようになります。

■ホスト部の5ビットで表現できるIPアドレスの数は32個

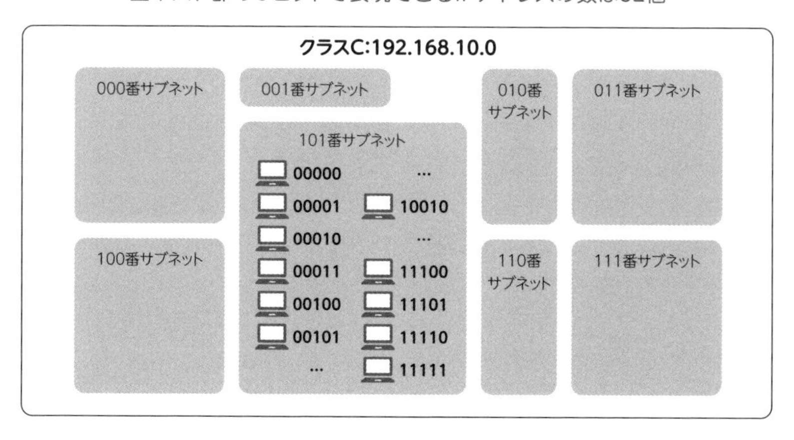

今回のホストは192.168.10.178/27なので、192.168.10番ネットワークの、

$101_{(2)}$番サブネットにいる、$10010_{(2)}$番ホストなので、次の図で示されているホストです。なお、ホスト部がすべて0のアドレスはネットワークアドレス、すべて1のアドレスはブロードキャストアドレスなので、今までのルールどおり、ホストに割り当てることはできません。

■ネットワークアドレスとブロードキャストアドレスは割り当て不可

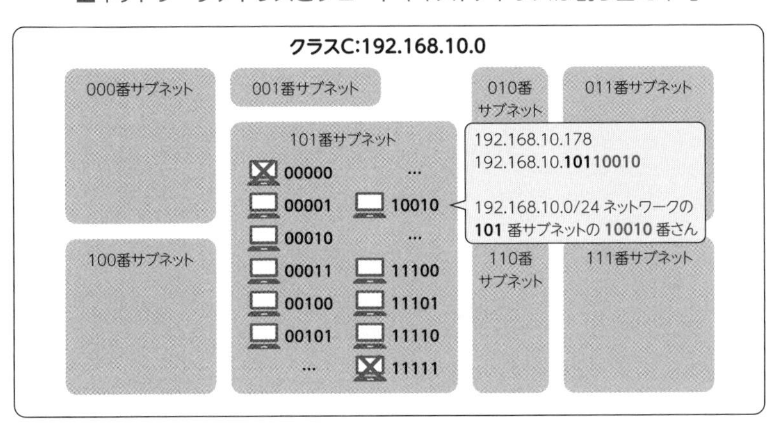

例題1

次の模式図で示されているホストのIPアドレスをCIDR表記で答えてください。

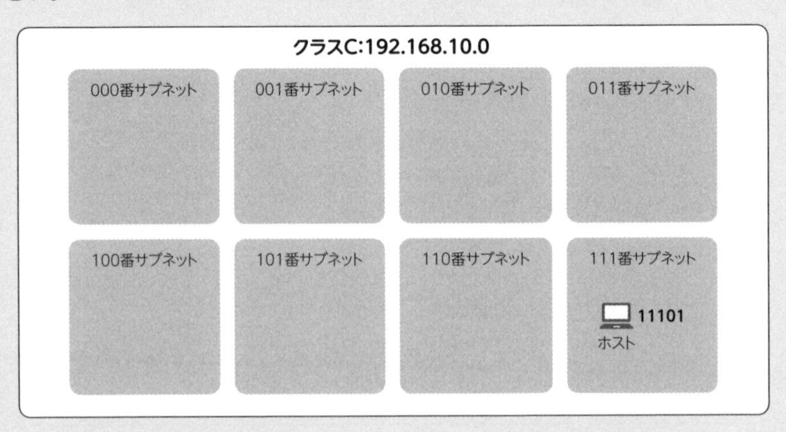

CIDR表記はSTEP2-1.8で学習しました。たとえば、IPアドレスの18ビット目までがネットワーク部の場合、「172.16.2.3/18」というように表現するのがCIDR表記でしたね。

解答

ネットワーク部は192.168.10、サブネット部は111、ホスト部は11101なので、IPアドレスで表現すると192.168.10.11111101（第4オクテットのみ2進数）となります。そして、第4オクテットを10進数に直すと、192.168.10.253/27となります。

例題2

クラスCのIPアドレスを/29でサブネッティングします。次の問いに答えてください。

1）サブネットは最大で何個作成できますか。

2）各サブネットでは、最大何台のホストを登録できますか。

解答

1）　クラスCのIPアドレスなので、クラスフルな状態であれば192.168.5.0/24というようなIPアドレスのことですね。ネットワーク部は24ビット目までなので、サブネット部は25～29ビットまでの5ビット、ホスト部は30～32ビットまでの3ビットになります。

■サブネット部は5ビット、ホスト部は3ビット

では、サブネット部の5ビットで表現できる数は何個でしょうか。計算方法はもう大丈夫ですね。2^5で32です。よって、サブネットは最大で32個用意することができます。

2）　1）でホスト部のビット数が3ビットだとわかったので、最大ホスト数はもう算出できますね。

$2^3-2=6$です。繰り返しますが、ネットワークアドレスとブロードキャストアドレスを除外するのを忘れないでください。各サブネットでは最大６台のホストを登録することができます。

例題3

192.168.30.170/28のIPアドレスが設定されているホストがあります。次の問いに答えてください。

1）このホストが所属しているネットワークのネットワークアドレスとブロードキャストアドレスを答えてください。

2）このネットワークに192.168.30.176というIPアドレスを設定することはできるでしょうか。

解答

1）　192.168.30.170/28の第４オクテットを２進数に変換すると、10101010になります。プレフィックスは28ビットなので、サブネット部は1010で、ホスト部は1010です。

ネットワークアドレスはホスト部のビットをすべて０にすればよいので、ネットワークアドレスの第４オクテットは10100000になります。これを10進数に戻すと160。したがってネットワークアドレスは192.168.30.160/28になります。

ブロードキャストアドレスはホスト部のビットをすべて１にすればよいので、ネットワークアドレスの第４オクテットは10101111になります。これを10進数に戻すと175。したがってブロードキャストアドレスは192.168.30.175/28になります。

2）　1）より、このサブネットのIPアドレスの範囲は192.168.30.160から192.168.30.175だとわかります。したがって、192.168.30.176/28というIPアドレスを設定することはできません。

さて、サブネッティングの計算方法は身につきましたか？
次からは本番の試験を想定した問題を解いていきますよ！

標準編
STEP
3-1.3

重要度 ★★★

サブネッティング練習

本番レベルの問題に挑戦しましょう

ポイントはココ!!

●とにかく、ネットワークの最初のアドレス（ネットワークアドレス）と最後のアドレス（ブロードキャストアドレス）を割り出すことで、ネットワークの範囲を把握する。

●学習と試験対策のコツ

本項では、特に例題２がかなり面倒です。面倒でも必ずネットワークの範囲を確認してください。慣れればプレフィックス長を見ただけで範囲をパッと計算できるようになります。また、本番の試験で解答にかける時間ですが、例題２のような問題であれば５～10分程度の時間をかけても問題ありません。CCNA試験では、計算問題はごく一部なので、暗記系の問題で時間を稼げば、十分に計算時間を取ることができます。

考えてみよう

前項ではサブネッティングされたIPアドレスを題材にして練習をしましたが、本項ではネットワークの設計要件に合わせてサブネッティングをしてみましょう。つまり、何ビット目で区切るべきなのかを皆さんが考えるのです。

次の条件を満たすように、最適なサブネッティングをしてください。

・この会社では、クラスBの172.16.0.0/16のネットワークを１つ使う。
・この会社には、最低でも部署が30個ある。
・部署単位でネットワークを作る。
・１つの部署には最大で1023台のパソコンが設置される。

1　サブネッティングをしない場合

では１つずつ確認していきましょう。まず、サブネッティングをしていない状態について確認しておきます。サブネッティングをしていない状態では、ネットワークは合計何個で、各ネットワークには最大何台のホストを登録できますか？

答えは、ネットワークは１つで、登録可能なホストの台数は$2^{16}-2=65,534$になります。ネットワークは１つしかありませんし、１つのネットワークにホストは６万台も必要ありません。

2 最低30個のサブネットを用意するには最低でも何ビット必要になるか

ここからが新しい考え方です。最低でも30個の数を表現するには何ビット必要になるでしょうか。2の累乗を計算して調べていきましょう。

$2^2=4$　　$2^3=8$　　$2^4=16$　　$2^5=32$

2^5で32個の数を表せることがわかりました。つまり、サブネット部には最低でも５ビット必要だとわかります。

今までの計算問題と逆のことをやっていることに気がつきましたか？

3 最大1023台のホストを用意するには何ビット必要になるか

1023台のホストを登録するために、必要なビット数も求めていきましょう。

$2^7=128$　　$2^8=256$　　$2^9=512$　　$2^{10}=1024$

2^{10}で1024個の数を表せることがわかりました。めでたしめでたし……ではないですよ！　今回は2^{10}が使えません。なぜこれではダメなのでしょう？

今までの計算問題に沿って確認してみましょう。ホスト部が10ビットあるときに、ホストに登録できるIPアドレスは最大で何個ですか？

$2^{10}-2=1022$

答えは、最大で1022台です。もうわかりましたか？　2^{10}は1024ですが、このうち最初と最後のIPアドレスは使用できません。したがってホストに設定できるIPアドレスは1022台分になるのです。今、必要なホスト数は1023台なので1台分足りません。ゆえに、ホスト部にはもう1ビット余分に必要になります。

$2^{11}=2048$

よって、ホスト部には最低でも11ビット必要だとわかりました。ここまでの計算結果を整理すると次の図のようになります。

■必要なサブネット部とホスト部のビット数

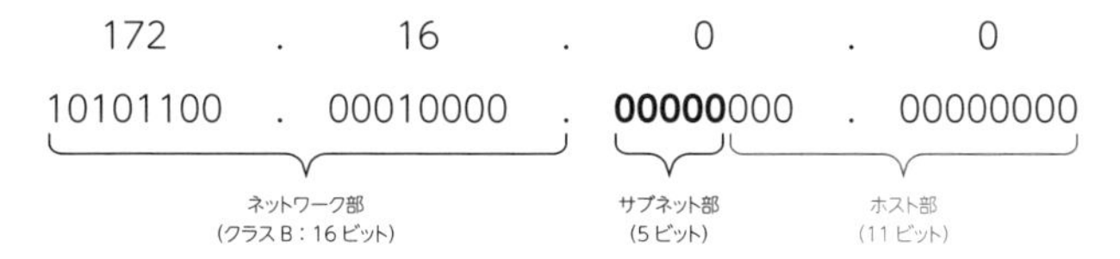

よって、プレフィックス長21ビットでサブネッティングをすればいいのです。サブネッティング後のアドレスは172.168.0.0/21などのようになります。

例題1

次の条件を満たすように、最適なサブネッティングをしてください。（答えは2パターンあります）

・クラスCの192.168.20.0/24のネットワークを1つ使う。
・この会社には、最低でも部署が7個ある。
・部署単位でネットワークを作る。
・1つの部署には最大で10台のパソコンが設置される。

解答

最低でもサブネットが7個必要なので次のように計算できます。

$2^n \geqq 7$

$n \geqq 3$

3ビットあれば2^3で8個の数を表現できます。次に、最大で10台のホストを用意するには

$2^n - 2 \geqq 10$

$2^n \geqq 12$

$n \geqq 4$

「2を何乗すれば必要な個数を実現できるか?」と考えるんですよ。

4ビットあれば2^4で16個の数を表現できます。繰り返しますが、ネットワークアドレスとブロードキャストアドレスの2つを考慮に入れてください。ここまでの計算結果をまとめると、次のようになります。

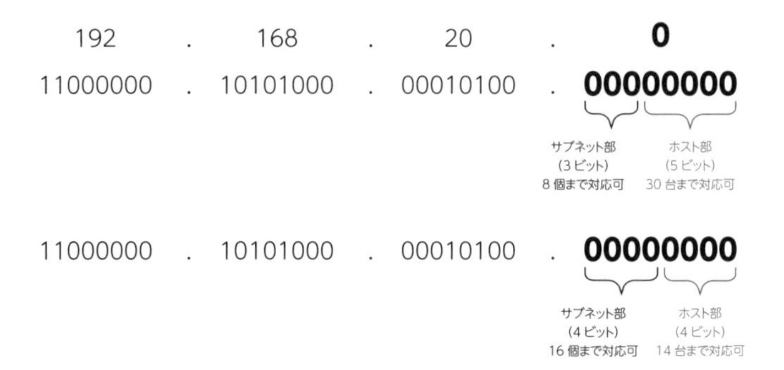

したがって、問題文の条件を満たすサブネッティングは2パターンあり、/27か/28です。

例題2

次のネットワーク図で、管理者は新たにRT1の右側にネットワークを増やそうとしています。このネットワークのホスト数は25台だと決まっています。選択肢のIPアドレスのうち設定可能なものを解答してください。

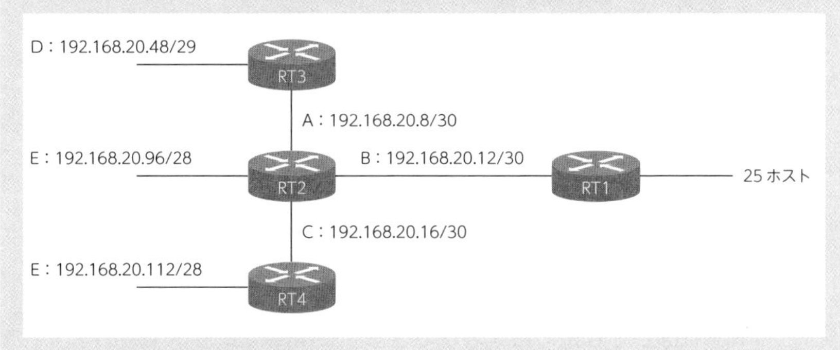

1）192.168.20.0/27
2）192.168.20.32/27
3）192.168.20.64/26
4）192.168.20.128/29
5）192.168.20.160/27
6）192.168.20.192/28

解説

まず、ホストを25台用意できるプレフィックス長を考えましょう。

$2^n - 2 \geqq 25$

$n \geqq 5$

この計算から、ホスト部に最低でも５ビット必要なことがわかるので、プレフィックス長は/24 ～ /27である必要があります。したがって次の選択肢はこの時点で除外されます。アドレス範囲としては利用可能なのですが、サブネッティングが不適切です。

4）192.168.20.128/29

6）192.168.20.192/28

次に、未使用のIPアドレスを割り出すために、まずはすでに設定されているIPアドレスを確認しましょう。なぜこの作業が必要かというと、たとえば次のIPアドレスを見てください。

D　192.168.20.48/29

E　192.168.20.96/28

パッと見ただけでは、Dのネットワーク範囲がわかりません。もしもDのネットワークの範囲が192.168.20.95まで存在しているならば、DとEの間に未使用のIPアドレスはないことになります。しかし、もしもDのネットワークが192.168.20.63などであれば、64～95までが未使用であると判断できます。

つまり、ネットワークアドレスとブロードキャストアドレスを割り出して、ネットワークの範囲を確認したほうがいいのです。大変ですが、最初のうちは地道に計算をしていきましょう。問題文の各ネットワークについて、ネットワークアドレスとブロードキャストアドレスは次のようになります。第４オクテットだけ２進数で補足しておきます。

A：192.168.20.**8**(00001000)/30　192.168.20.**11**(00001011)/30

B：192.168.20.**12**(00001100)/30　192.168.20.**15**(00001111)/30

C：192.168.20.**16**(00010000)/30　192.168.20.**19**(00010011)/30

D：192.168.20.**48**(00110000)/29　192.168.20.**55**(00110111)/29

E：192.168.20.**96**(01100000)/28　192.168.20.**111**(01101111)/28

F：192.168.20.**112**(01110000)/28　192.168.20.**127**(01111111)/28

各サブネットの範囲を上記のように整理すると、使われていないIPアドレスがよくわかりますね。使われていないIPアドレスはネットワークアドレスなども含めて次のとおりです。

ア　192.168.20.**0**〜192.168.20.**7**　　（8－2＝6台分）
イ　192.168.20.**20**〜192.168.20.**47**　（28－2＝26台分）
ウ　192.168.20.**56**〜192.168.20.**95**　（40－2＝38台分）
エ　192.168.20.**128**〜192.168.20.**255**（128－2＝126台分）

新たに25台分を追加するのであれば、選択肢はイウエのアドレス範囲になります。それでは4）と6）以外の選択肢を見ていきましょう。

1）192.168.20.0(00000000)/27

このネットワークのブロードキャストアドレスを出すと、192.168.20.**31**(00011111)/27となってしまい、既存のネットワークABCと重複してしまうため設定することができません。

2）192.168.20.32(00100000)/27

一見、イに当てはまるように見えますが、このネットワークのブロードキャストアドレスを出してみると、192.168.20.**63**(00111111)/27となってしまい、既存のネットワークDの範囲と重複してしまうため設定することができません。

3）192.168.20.64(01000000)/26

こちらも、ブロードキャストアドレスを出すと192.168.20.**127**(01111111)/26となり、既存のネットワークEFの範囲と重複してしまうため設定することができません。

5）192.168.20.160(10100000)/27

ブロードキャストアドレスを出すと192.168.20.**191**(10111111)/27となり、候補ネットワークのエの範囲に収まることがわかります。

以上のことから、答えは、5）192.168.20.160/27になります。

標準編 STEP 3-1.4

重要度 ★★★

IPv6の基本

340澗個のIPアドレスを用意できる

ポイントはココ!!

- IPv6アドレスは128ビットで構成される。
- IPv6アドレスは128ビットを16進数32ケタで「:（コロン）」で区切って表現する。
- 4ケタずつ「:（コロン）」で区切られているまとまりを**フィールド**という。
- IPv6アドレスでは、IPv4アドレスのネットワーク部に相当する部分を**プレフィックス**、ホスト部に相当する部分を**インターフェースID**という。
- IPv6アドレスには省略表記のルールがあるので、読み取れるようにならなければいけない。

●学習と試験対策のコツ

今回は、IPv6アドレスの基本について学習します。IPv4アドレスとの違いを理解することがとても大切です。試験対策として、IPv6アドレスの省略の方法をしっかりと覚えておきましょう。

考えてみよう

STEP2-1.3では、IPアドレスの一時的な枯渇対策としてプライベートIPアドレスとグローバルIPアドレスについて学びました。LAN内で使用するプライベートIPアドレスであれば、組織が違えば重複しても問題ありません。これによりIPアドレスを効率よく使用できるようになったように思えましたが、現実は違います。IPアドレスは全然足りておらず、実際に2017年にはアジア太平洋地域におけるIPアドレスの在庫がなくなっています。

では、現在ではどのようにしてIPアドレスの枯渇対策をしているのでしょうか？

1 IPv6アドレス

皆さんが今まで学習してきたIPアドレスは、厳密には**IPv4（アイピーブイフォー）**といって、IPアドレスのバージョン４のことをさしています。そして、現在では**IPv6（アイピーブイシックス）**も併せて利用されているのです。IPv6アドレスは**128ビットで構成されるIPアドレス**です。

■IPv6アドレスは128ビット

00100000000000000100000000011010011000000000000000000000000000000010101010110000000000000100011111111000100101111111100010010 1

IPv4アドレスが32ビットで約43億個のIPアドレスを用意できたのに対して、IPv6アドレスは**340澗（かん）個のIPアドレスを用意することができます**。想像もつかないような莫大な数のIPアドレスを用意することができます。これでIPアドレスの枯渇問題に対応できますね。

IPv6アドレスは、IPv4アドレスのときと同じくネットワーク部とホスト部から構成されています。IPv6アドレスでは、IPv4アドレスのネットワーク部に相当する部分を**プレフィックス**、ホスト部に相当する部分を**インターフェースID**といいます。名称は変わっていますが、役割は同じです。

■IPv6アドレスのプレフィックスとインターフェースID

← 32ビット →

ネットワーク部	ホスト部

← 128ビット →

プレフィックス	インターフェースID

2 IPv6アドレスの構造と省略表記

これからIPv6の概要を学習しますが、安心してください。IPv4のときのような複雑な計算問題は試験でも出てきません。まずはIPv6を読み取れるようになりましょう。IPv6は128ビットもあるので、そのまま記載していたら読み取りにくくて大変です。そこで人間でも読み取りやすいように省略表記のルールが用意されています。

IPv6アドレスは次のように**128ビットを16進数32ケタで「:(コロン)」で区切って表現します。**４ケタずつ「:(コロン)」で区切られているまとまりを**フィールド**といいます。８つのフィールドがあることがわかりますね。

2001 : 00D3 : 0000 : 0000 : 02AB : 0011 : FE25 : 8B5D

ただ、128ビットもないように見えますが、これは16進数で表現しているからです。16進数は、２進数４ビット分を１ケタで表現できるんでしたね。８つ目のフィールドの「8B5D」で確認してみましょう。２進数では「1000 101101011101」になります。１つのフィールドが16ビットで、それが８つあるので、全部で16×８＝128ビットになります。

■IPv6は16進数32ケタで表される

8	B	5	D
1000	1011	0101	1101

00100000000000010000000011010011000000000000000000000000000000000000001010101011000000000001000111111110001001011**000101101011101**

16進数で表現してもまだまだ長くて読みにくいですね。そこで、IPv6アドレスには次の省略のルールがあります。

①各フィールドごとのはじめの「0」の並びは省略可能

2001 : **00**D3 : **000**0 : **000**0 : **0**2AB : **00**11 : FE25 : 8B5D

↓

2001 : D3 : 0 : 0 : 2AB : 11 : FE25 : 8B5D

②０のフィールドが２回以上続く場合は、１か所だけ「::」と省略可能。

2001 : D3 : **0** : **0** : 2AB : 11 : FE25 : 8B5D

↓

2001 : D3 **: :** 2AB : 11 : FE25 : 8B5D

これで完成です。省略することで、さらにIPv6アドレスが見やすくなりましたね。注意したいのは、０のフィールドが２回以上続く部分を省略する際です。②については０のフィールドが２回以上続く部分を省略できるのは１か所のみです。また、他にも注意点があります。

STEP3 標準編

②-1　0フィールドが連続している箇所が複数ある場合、フィールドが長いほうを省略

2001 : **0** : **0** : D3 : **0** : **0** : **0** : 8B5D
↓
2001 : 0 : 0 : D3 : : 8B5D

②-2　0フィールドが連続している箇所が複数あり、長さが同じ場合は、最初を省略

2001 : D3 : **0** : **0** : 2AB : **0** : **0** : 8B5D
↓
2001 : D3 : : 2AB : 0 : 0 : 8B5D

省略できるのが1か所のみである理由は、どちらも省略してしまうと、どちらがどのくらいのフィールドを省略しているかが把握できなくなってしまうからです。そのため、もともとの原形が把握できなくなることを防ぐため、省略できるのは1か所のみとなります。

2001 : : D3 : : 8B5D
↓
2001 : 0 : 0 : D3 : 0 : 0 : 0 : 8B5D
2001 : 0 : 0 : 0 : D3 : 0 : 0 : 8B5D
} どちらが原形？

例題

1）2001:D3::2AB:11:FE25:8B5D　を省略前の原形（16進数32ビット）に直してください。
2）2001:0000:0000:00D3:0000:0000:0000:8B5D　をIPv6表記に直してください。
3）2001:00D3:0000:0000:02AB:0000:0000:8B5D　をIPv6表記に直してください。

解答

1）2001:00D3:0000:0000:02AB:0011:FE25:8B5D
2）2001:0:0:D3::8B5D
3）2001:D3::2AB:0:0:8B5D

標準編 STEP 3-1.5

重要度 ★★★

IPv6ルーティング

問題の考え方はIPv4ルーティングと同じ！

ポイントはココ!!

- IPv6のルーティング問題の解き方はIPv4と同じ考え方
- IPv6アドレスを読み取れるようにしておくこと。

●学習と試験対策のコツ

　今回は、IPv6アドレスのルーティング問題に取り組みます。IPv6のルーティング問題は試験では頻出です。最初は難しく感じるかもしれませんが、その理由はおそらくIPv6アドレスの読み取りに慣れていないだけだからです。考え方はIPv4のルーティング問題と同じなので、サクッと慣れてしまいましょう！

IPv4のルーティングを忘れている人はSTEP2-3全体を復習してください。

例題1

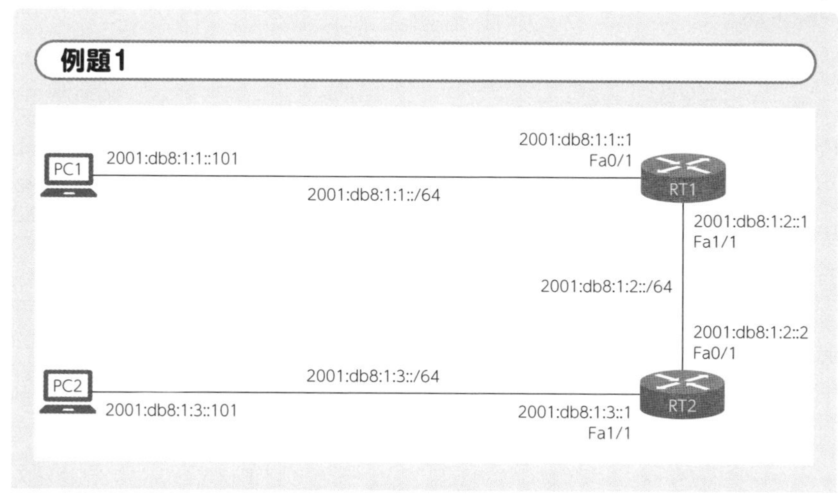

PC1からPC2へ通信を行うためにRT1にスタティックルートを設定します。宛先となるネットワークアドレスと、ネクストホップのアドレスを答えてください。

解説

IPv6アドレスで表記されると、文字数が多いので少し複雑に感じますよね。1つずつ見ていきましょう。

まず､図中にはネットワークが３つあります｡３つのネットワークのネットワークアドレスを答えてください。

2001:db8:1:**1**:: /64

2001:db8:1:**2**:: /64

2001:db8:1:**3**:: /64

パッと見ただけでは細かな数字の違いに気がつきにくいので注意してください。第４フィールドの数字が違っていますね。プレフィックス長は64ビットなので、128ビットの半分がネットワークの住所を表していることになります。あえて、IPv4で同じような感じのネットワークアドレスを表現すると、次のようになるでしょう。

172.**16**.0.0 /16

172.**17**.0.0 /16

172.**18**.0.0 /16

PC2がいるネットワークは2001:db8:1:3::/64ですので、RT1のスタティックルートで設定する宛先ネットワークも、2001:db8:1:3::/64になります。

次にネクストホップを考えましょう。今回の場合のネクストホップはRT2のFa0/1になります。考え方はIPv4のルーティングとまったく同じですよ。「宛先の○○にデータを転送したければ、すぐお隣の○○にパスをしろ」という意味合いで考えるんでしたね。RT2のFa0/1のアドレスは2001:db8:1:2::2なので、これがネクストホップになります。

各ノード（ホスト）のIPv6アドレスも違いがわかりにくいので確認しておきましょう。RT1のFa1/1とRT2のFa0/1を比較すると次のようになります。

RT1のFa1/1　　2001:db8:1:2::**1**

RT2のFa0/1　　2001:db8:1:2::**2**

１文字違うだけなので注意して見ないと違いがわかりませんね。このアドレスの意味合いとしては次のようになります。IPv4のときと同じ感じですね。

RT1のFa1/1　　「2001:db8:1:2」番ネットワークの「1」番さん
RT2のFa0/1　　「2001:db8:1:2」番ネットワークの「2」番さん

まとめると、宛先のネットワークアドレスは2001:db8:1:3::/64、ネクストホップは2001:db8:1:2::2となります。なお、IPv6アドレスのスタティックルート設定コマンドは次のようになります。

```
IPv6 route 2001:db8:1:3::/64 2001:db8:1:2::2
```

これがIPv6アドレスのルーティング問題の基本です。アドレスの文字数が多くて読み取りにくいだけで、考え方はIPv4とまったく同じですね。なお、今回の問題の図は次のように省略表記で表されることもあります。こちらもIPv4と同じような慣例なので覚えておきましょう。こちらのほうが読み取りやすいですよね。

■省略表記されたネットワーク図

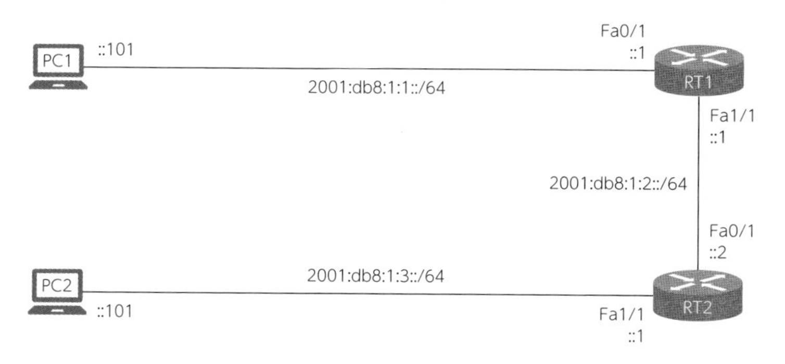

標準編
STEP
3-1.6

重要度 ★★

TCPとUDP

信頼性が必要ならTCP、速さが必要ならUDP

ポイントはココ!!

- TCPは**不足のない確実なデータを宛先に送り、信頼性を求める通信**に使用されるプロトコル。
- TCPでは**スリーウェイハンドシェイク**で、信頼性のある接続を確立する。
- TCPでは**順序制御**や**再送制御**で、信頼性のあるデータのやり取りをする。
- TCPでは**ウィンドウ制御**や**フロー制御**で、信頼性を保証しながらも素早く効率的な通信を実現している。
- UDPはTCPと比べて信頼性は高くないが、**速さやリアルタイム性を求める通信**に使用されるプロトコル。

●学習と試験対策のコツ

今回はトランスポート層のTCPとUDPについて学習します。トランスポート層では、上位層から渡されたデータが「信頼性を実現する必要があるのか」、または「効率性を実現する必要があるか」を判断します。TCPとUDPの役割をしっかりと理解しておきましょう。試験でもTCPとUDPの違いが問われることがあります。

考えてみよう

ここまでの学習では主にネットワーク層とデータリンク層のお話をしてきました。CCNA試験の全体像がだいぶ見えるようになり、余裕が出きてきたと思いますので、すこし細かいトピックを扱います。

たとえば、「こんにちは」というデータを宛先の機器に送ったとしましょう。しかし、通信途中に何らかの理由で「ち」と「は」のデータが喪失し、相手の機器に「こ」「ん」「に」しか届かなかったらどうでしょうか。相手はデータが不足しているので困ってしまいますよね？　では、相手に確実にデータを届けるためにはどのような工夫をすればいいでしょうか。

1 TCP

トランスポート層ではデータを送受信する際の信頼性の取り決めを行っています。そして、トランスポート層には**TCP（Transmission Control Protocol）**というプロトコルがあり、**不足のない確実なデータを宛先に送ることで、信頼性のある通信を実現しています。**

TCPでは主に「信頼性のある接続の確立」と「信頼性のあるデータのやり取り」という２つの観点から信頼性を保証しています。

トランスポート層だけでなく、OSI参照モデルのすべての階層名とその内容を覚えていますか？　忘れている人はSTEP1-1.12に戻りましょう！

動画講義あります！

2 信頼性のある接続の確立

TCPでは、相手の機器にデータを送る前に**スリーウェイハンドシェイク**と呼ばれるメッセージのやり取りを行います。皆さんも友達に電話をするときに、まずは「もしもし？」と相手と電話で話せるかどうか確認していますよね？　それと同じようなことを行います。

1）送信元から「あなたと安全な接続をしたいな～（SYN）」というメッセージをサーバに送ります。このときにデータに**SYN（Synchronize：同期する）フラグ**という目印をつけておきます。

2）サーバは「いいよ～（ACK）、私もあなたと安全な接続をしたいな～（SYN）」というメッセージを返します。このときにはデータに**ACK（Acknowledgement：了承）フラグ**とSYNフラグがついています。

3）送信元は最後に「いいよ～（ACK）、ありがとう！」のメッセージを返します。このときにはデータにACKフラグがついています。

このようにデータを送る前に３回のメッセージのやり取りを行って、確実にデータを送ることができるようにコネクション（接続）を確立します。このようにコネクションを確立してから通信を行うことを**コネクション型通信**といいます。

3 信頼性のあるデータのやり取り

信頼できる接続を確立しても、データが確実に届くわけではありません。通信の途中でデータの一部が欠けてしまうことはよくあります。TCPには確実にデータをやり取りするために、**順序制御**と**再送制御**というしくみがあります。

TCP/IPでは、一度に送信できるデータのサイズに上限があるため、データを分割して送信しなければいけません。なお、受信可能なセグメントサイズの最大値、つまりデータサイズの上限のことを**MSS（Maximum Segment Size）**といいます。

4 順序制御

データを分割して送信するのですが、その際に**シーケンス番号**という送信順を示す値が割り振られます。データの受信側はこのシーケンス番号に沿ってデータを組み立て直せばいいわけですね。このしくみのことを**順序制御**といいます。

「こんにちは」を「$こ_1$」「$ん_2$」「$に_3$」「$ち_4$」「$は_5$」にバラバラにして順序制御で送信するとしましょう。なお、実際には、こんな単純にデータを分割するわけではないですが、わかりやすさを重視するため単純化しています。その際に、もしも相手の機器に「$こ_1$」「$ん_2$」「$に_3$」しか届かなければ、送信元はTCPのルールに基づいてデータ再送します。しかし「どのデータが届かなかったのか」を、送信元はどのようにして確認するのでしょうか。

5 再送制御

TCPでは、受信側がデータを受信した際には必ず確認応答を返す決まりになっています。受信側の機器が「データを受信したよ～」と送信元に返す必要があるのです。この確認応答のメッセージのことを**ACK（Acknowledgement：了承）**といいます。

データが問題なく受信されたらACKが返ってくるはずなので、もしもACKが返ってこなければ、データは届かなかったと判断できます。受信側の機器

実はこのしくみを悪用したサイバー攻撃があります。詳しくはSTEP3-5で取り扱います。

から「ち$_4$」と「は$_5$」のデータに対応するACKメッセージが返ってこなければ、送信元はデータを再送します。このしくみのことを**再送制御**といいます。

6 TCPのその他のしくみ

順序制御と再送制御のしくみのおかげで信頼性のある通信ができるようになりましたが、実はデータを送信する都度ACKを待っていては、通信速度が遅くなってしまいます。信頼性を保証しながらも通信速度を速くし、効率のよい通信を実現するしくみとして、**ウィンドウ制御**と**フロー制御**があります。各制御方法の具体的な処理については細かい知識になりすぎるので、本書では割愛します。

7 UDP

コネクション型の通信は、正確なデータを確実に相手に届けることが重要ですので、確認応答やスリーウェイハンドシェイクなどの作業にひと手間もふた手間もかけています。一方で、信頼性重視のTCPに対して、速度・効率性重視の**UDP（User Datagram Protocol）**があります。UDPはTCPと比べて信頼性が高くはありませんが、**速さやリアルタイム性を求める通信に使用されるプロトコル**です。UDPでは効率性を重視しますのでTCPで行っていたことはほとんどしません。ゆえに**コネクションレス型**の通信といわれます。

8 セグメントとデータグラム

STEP1-1.14のカプセル化の項目で、トランスポート層では、TCPヘッダが付加されたデータをセグメント、UDPヘッダが付加されたデータをデータグラムと呼ぶと説明しました。ヘッダ内容の詳細を把握する必要はなく、**TCPヘッダはUDPヘッダに比べて情報が多い**ことがわかれば十分です。TCPではスリーウェイハンドシェイクや確認応答などを行うので、TCPヘッダの情報量はUDPヘッダに比べて多くなっているのですね。

ここでの「セグメント」は、ネットワークやリンクなどを表す「セグメント」とはまったく別の意味です。

標準編 STEP 3-1.7

ポート番号

コンピュータが通信に使用するプログラムを識別するための番号

ポイントはココ!!

- コンピュータが通信する際、使用するプログラムを識別するための番号を**ポート番号**という。
- リクエストを受け付ける各種サーバでは、使用するポート番号が決まっており、このポートのことを**ウェルノウンポート**という。

●学習と試験対策のコツ

主要なウェルノウンポートについては、番号とその内容を必ず覚えましょう。

考えてみよう

これまでの学習では、コンピュータが通信をする際には、ネット上の住所であるIPアドレスを使用すると学習しました。皆さんはYouTubeなどの動画を見ますか？　次の図を見てください。

■IPアドレスだけでは動画の内容が混ざってしまう!?

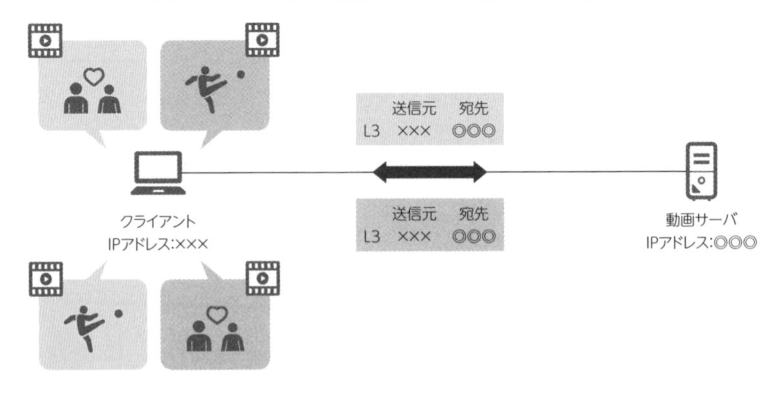

動画を視聴する際には、パソコンからインターネット上の動画サーバにリクエ

ストを送信しますが、このパケットには送信元IPアドレスとして「×××」が格納されています。では、動画を2つ同時に見ている場合はどうでしょうか。動画を見ているパソコンは同じですので、２つの動画のリクエスト通信は、それぞれ同じ送信元IPアドレスになるはずです。

パケットの内容が同じなのに、動画再生プログラムは、なぜ正しく動画を再生することができるのでしょうか？　恋愛ドラマを見ていたはずなのに、次のシーンでいきなりサッカーの試合が流れることはないのでしょうか？

1　ポート番号とは

同時に複数の動画を再生しても、正しく再生される理由は、**ポート番号**というトランスポート層のしくみがあるからです。CCNA試験では、L3のネットワーク層と、L2のデータリンク層が主に出題されるため、トランスポート層は影が薄い学習項目です。しかし、ポート番号はさまざまなところで登場するので学習しておく必要があります。

ポート番号とは、コンピュータが通信に使用するプログラムを識別するための番号です。IPアドレスが会社の住所、MACアドレスが会社名だとすると、ポート番号は部屋番号といえます。

ルータやスイッチの差込口（インターフェース、ポート）と必ず区別してくださいね。
「ポート」という言葉はSTEP1-1.2で初登場していますよ。

■ポート番号とは

住　所:東京都新宿区○○
会社名:株式会社UZUZ

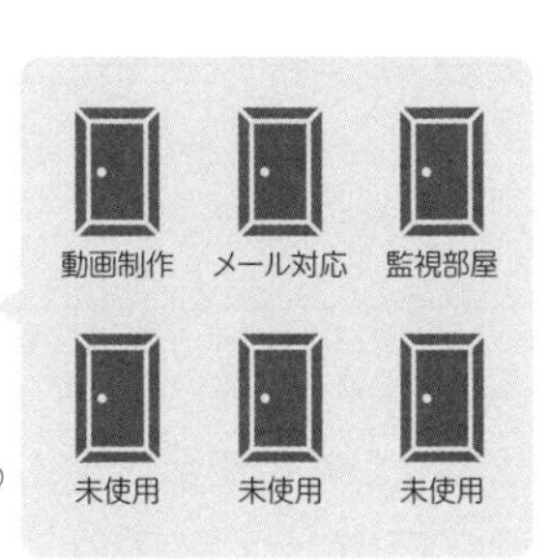

IP　:◎◎◎
MAC:◇◇◇

IP　:×××
MAC:△△△

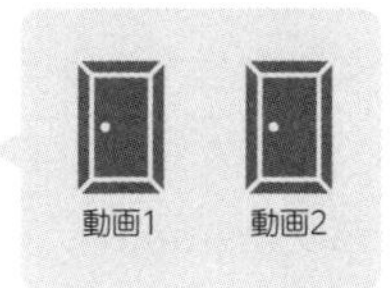

たとえば郵便物（データ）は、住所（IPアドレス）と会社名（MACアドレス）を参照して届けられたあと、その内容（今回は手紙とします）によって、メール対応部屋（ポート番号）に振り分けられます。そして部屋の中で作業が行われます。ポート番号は**0番～65535番**まであります。

IPアドレスがあれば、ネットワーク上のコンピュータをただ１つに識別できるように、ポート番号があれば、コンピュータ上のプログラムをただ１つに識別できます。ポート番号には以下の割り当てがあります。

ウェルノウンポート番号 （０番～1023番）	基本的なサービスなどで利用されており、Internet Assigned Numbers Authority（IANA）が管理し、使用目的が定められています。
登録ポート番号 （1024番～49151番）	IANAが登録を受け付け公開しています。
ダイナミック／プライベートポート番号 （49152番～65535番）	誰でも自由に使用できるポートです。

なお、ポート番号を学習するときは、サーバとクライアントを区別してください。それぞれでポート番号の使われ方に特徴があるからです。

2 サーバでのポート番号の使われ方

インターネット通信では、HTTPSというプロトコルを利用して、Webサーバと通信をします。Webサーバでは443番というウェルノウンポートでクライアントからのリクエストを受け付けています。たとえるなら、Webサーバに、全国の人から以下のような手紙が常に届いているようなものです。

【宛先】　住所：◎◎◎　会社：◇◇◇　担当部屋：443番　御中
【本文】　御社の商品カタログを見せてください！

なお、セキュリティの観点から使用していないポートは使えないように閉じておくことが推奨されています。たとえば、会社の使用していない部屋（ポート）に郵便物が届いて、その中に泥棒が隠れていたら大変ですね。使っていない部屋（ポート）は、そもそも入れないように閉じておきましょう。

3 クライアントでのポート番号の使われ方

クライアントがWebサーバにリクエストを送信するような場合、プログラムはポートの空き番号を利用するため、**ポート番号は毎回変わります。**また、同じ動画再生のプログラムであっても、リクエストごとで使用するポート番号は変わります。たとえるなら、Webサーバに宛てて、次のような手紙を送っているようなものです。

【宛　先】 住所：◎◎◎　会社：◇◇◇　担当部屋：443番　御中
【本　文】 恋愛ドラマの動画を見せてください！
【差出人】住所：×××　氏名：△△△　部屋：**49600番**

【宛　先】 住所：◎◎◎　会社：◇◇◇　担当部屋：443番　御中
【本　文】 ホラー映画の動画を見せてください！
【差出人】住所：×××　氏名：△△△　部屋：**49601番**

差出人の住所（IPアドレス）と氏名（MACアドレス）が同じで、部屋（ポート番号）が違う点に注目してください。

さて、恋愛ドラマとスポーツの試合が混ざらない理由はわかりましたか？　コンピュータが通信をするときは、IPアドレスでネットワーク上の住所を識別するだけでなく、ポート番号を利用することでプログラムも識別しているのです。

なお、主要なウェルノウンポート番号は覚える必要があります。次の覚え方を参考にして覚えてしまいましょう！

■主要なウェルノウンポート番号の覚え方

ポート番号	L4	プロトコル	覚え方
20	TCP	FTP	File Transfer Protocol（ファイル転送プロトコル） データ転送用に利用される。 **二重(ふたえ、FT、20)**の人(**P**erson)が運ぶファイル。
21	TCP	FTP	通信制御用に利用される。 **一重(ひとえ、1)**のPerson、**一途(1)**に制御 (20とセットで覚える)
22	TCP	SSH	ネットワークに接続された機器を遠隔操作する。 パスワード情報を含めてすべてのデータが暗号化される。 **22を反転させるとSS**
23	TCP	TELNET	ネットワークに接続された機器を遠隔操作する。 データは暗号化されない。 遠隔地の**兄さん(23)**と**TEL**する
25	TCP	SMTP	Simple Mail Transfer Protocol 電子メールを送信するためのプロトコル メールを出し**に行こう(25)**
53	UDP	DNS	Domain Name System、URLからIPアドレスを解決する 名前解決をして**Goサイン(53)**
67	UDP	DHCP	Dynamic Host Configuration Protocol DHCPサーバがIPアドレスを割り当てるときに利用する **無難(67)な**IPアドレスを割り当てとくか…
68	UDP	DHCP	Dynamic Host Configuration Protocol DHCPクライアントが IPアドレスをリクエストするときに利用する IPアドレス求**むヤ(68)**ツ

ポート番号	L4	プロトコル	覚え方
69	UDP	TFTP	Trivial File Transfer Protocol （ささいなファイル転送プロトコル） Trivial：ささいなのでUDPを利用 **ロク(69)**でもないファイルは**UDP**で転送すればよい
80	TCP	HTTP	Hyper Text Transfer Protocol、 インターネット通信で利用される データは暗号化されない **やれやれ(80)**暗号化されていないので**ほっと(HT)**けないね
110	TCP	POP3	Post Office Protocol 3 電子メールの送信に使われ、SMTPとセットで利用される。 ポストは手紙の**いい入れ(110)**物
123	UDP	NTP	Network Time Protocol、時刻同期プロトコル **1、2、3**で時刻合わせ
161	UDP	SNMP	Simple Network Management Protocol ネットワーク経由で機器を監視、制御する 監視役のSNMPマネージャーは161番ポートを利用する **いろいろ(161)**大変な監視役 色に(162)はトラップがあるから気をつけてね
162	UDP	SNMP	Simple Network Management Protocol ネットワーク経由で機器を監視、制御する 通知役のSNMPエージェントは162番からトラップを送信する 障害発生！通知を赤**色に(162)**
443	TCP	HTTPS	インターネット通信で利用される データは暗号化される 暗号化して敵なしの**獅子さ(443)**

標準編
STEP
3-1.8

重要度 ★★★

クラウドサービス

自分のパソコンの中身はもう空っぽでもよい!?

ポイントはココ!!

- クラウドサービスとは、今まで自身のコンピュータでやっていた仕事をクラウド事業者のコンピュータに任せることができるサービスのこと。
- 企業が自社専用のクラウド環境を作ることを**プライベートクラウド**という。
- クラウド事業者のクラウドサービスを利用することを**パブリッククラウド**という。
- クラウド上のアプリケーションを利用するサービスを**SaaS**という。
- クラウド上のプラットフォームを利用するサービスを**PaaS**という。
- クラウド上のインフラ環境を利用するサービスを**IaaS**という。

●学習と試験対策のコツ

今回は、クラウドサービスについて学習します。次の項目ではクラウドサービスの技術的根幹を担っている仮想化について学習します。3種類のクラウドサービスについては、その違いがよく問われますので、必ず整理しておきましょう。

考えてみよう

最近ようやくクラウドという言葉が広く知れわたってきましたね。皆さんはクラウドサービスを利用していますか？　クラウドサービスをよく知らない人にとっては、得体の知れないサービスに感じるかもしれませんが、実はすごく当たり前なことなんですよ。まず、身近な例で考えてみましょう。クイズです。自分の所有物だけど、自分では保管していないもの、皆さんにはありますか？

筆者はクラウドサービスがなければもう生きていけない状態になっています。

1 クラウドサービスとは

　皆さんは何を思い浮かべましたか？　身近な例でいうと、お金（預金）でしょうか。多くの人は、自分の所有物である現金を銀行で保管しています。銀行にお金を預けるという行為は、お金を管理する仕事を他人に任せているともいえます。他人に任せるという点では、家事代行サービスもそうですね。洗濯や掃除をするという仕事を、他人に任せています。

　クラウドサービスもやっていることは同じです。**クラウドサービス**とは、**今まで自身のコンピュータでやっていた仕事を、GoogleやMicrosoft、Appleなどの他のコンピュータに任せることができるサービス**のことです。

2 データの保管を任せる

　一番わかりやすいクラウドサービスは、データの保管関連のサービスでしょう。クラウドサービスを利用すると、皆さんの写真や動画、音楽などのデータは、クラウド事業者が持っているサーバに保存されます。銀行にお金を預けるのに似ていますね。

　ではクラウド事業者が持っているサーバにデータを保存することでどんなメリットがあるでしょうか？　たとえば、皆さんが自宅のパソコンでクラウド上の（クラウド事業者が持っているサーバにある）データを編集します。その後、自宅から会社に手ぶらで出社しても、会社のパソコンを開けば、先ほどの編集済みデータにアクセスすることができるのです。つまり、クラウドサービスを利用することで**機器や場所が変わってもデータをどこからでも操作できるようになります。**

■データの保存に関するクラウドサービス

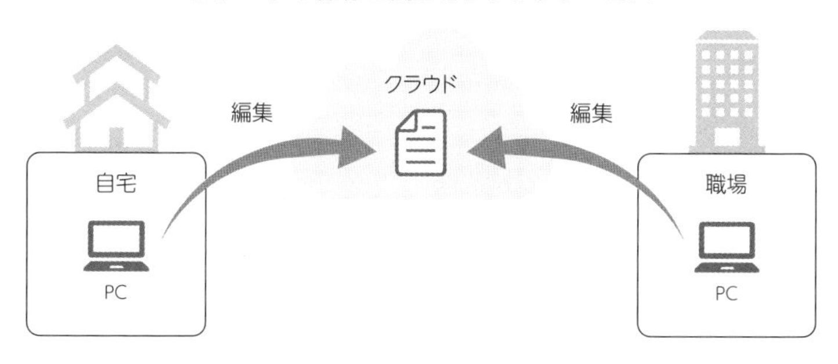

身近なところだと、最近では皆さんのスマートフォンで撮影した写真データなどを自身のスマートフォンに保存しつつ、クラウド上にも保存することも多くなりましたね。もしもスマートフォンを水没させてしまって端末に保存されたデータがすべて消えても、クラウド上にデータが保存されているので、すぐに復元することができます。

3 アプリの実行を任せる

画像編集や動画編集、プレゼンテーションのスライド作成など、これらの作業をしようと思ったら、以前までは高価なソフトを購入して、自身のパソコンにインストールする必要がありました。時間と労力をかけて自分で洗濯や掃除をしている状況に似ていますね。

しかし、クラウドサービスを利用すると、これらの作業もすべてクラウド上（クラウド事業者のサーバ上）で作業することができるのです。今では、画像編集も動画編集もスライド作成も、どこでも、どんなパソコンでも作業できるのです。もしも自宅にパソコンを忘れたとしても、出先のマンガ喫茶のパソコンで仕事ができます。高価なパソコンを購入しなくても、ネットにつながるパソコンがあれば、あとはクラウド上で仕事ができます。

■アプリの実行に関するクラウドサービス

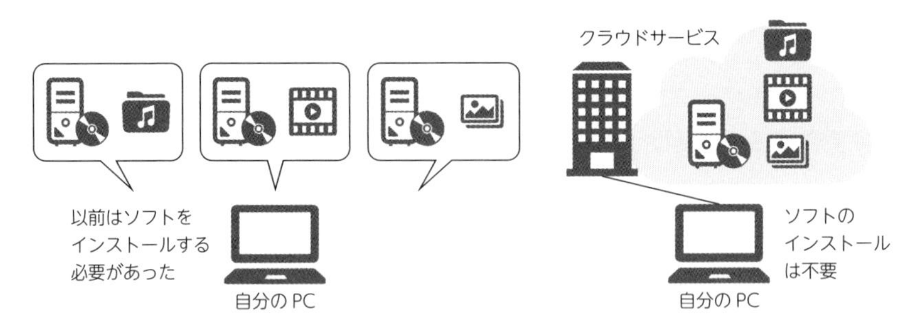

4 クラウドサービスの種類

ここまでクラウドサービスの概要を見てきました。冒頭にて、銀行預金で例えた通り、基本的には自分でやっていたことを、事業者に移管するというサービスです。どのレベルで何を移管するかによって、クラウドサービスは分類することができます。

5 オンプレミス

まずはクラウドサービスを使わない場合です。社内に物理サーバなどを構築して利用することを**オンプレミス**といいます。メリットは、機器（サーバ）の購入や設定などをすべて自分たちでできるので、柔軟なカスタマイズが可能な点です。デメリットはすべて自分たちでやらないといけない点です。サーバの購入、設定、保守、障害時の対応など、手間とコストがかかります。

このオンプレミスのデメリットを解決するのがクラウドサービスです。クラウドサービスでは、インターネットに接続できる環境があれば、クラウド事業者の環境にアクセスして、必要なときに必要な分だけサービスを利用できます。このような利用形態を**オンデマンド**といいます。クラウドサービスを利用すると次のようなメリットがあります。

- 物理サーバに障害が発生した場合は、クラウド事業者が復旧作業を行ってくれる。
- 繁忙期でアクセスが増えたときは、一時的に仮想サーバの台数を増やして、ユーザーの需要に応えることができる。
- 閑散期でアクセスが少ないときは、一時的に仮想サーバの台数を減らして、クラウドサービスの利用料金を節約できる。
- 利用ユーザーが増えてきたら、仮想サーバのリソースの性能をアップできる。

オンデマンドで利用できるので、企業はリスクが少ない状態で事業を始めることができますし、事業が拡大したら仮想サーバも柔軟に拡張することができるのです。オンプレミス環境では、物理サーバを動かすため、簡単にサーバを増やし

■オンデマンドとは

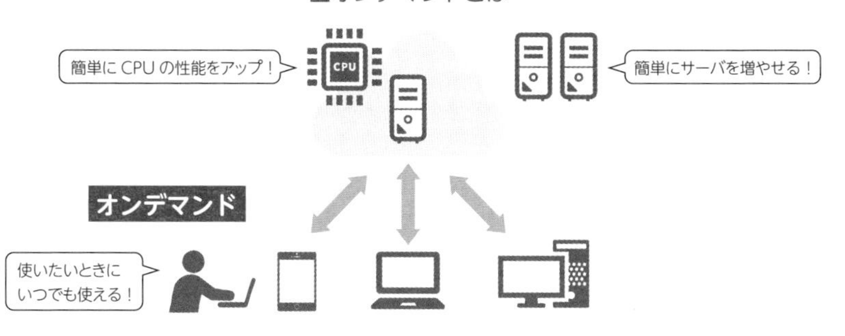

たり減らしたりすることは難しいのです。なお、仮想サーバについては、次項のSTEP3-1.9で説明します。

「それだったらクラウド事業者に任せるのではなく、企業内に自分たちでクラウド環境を作ればいいのでは？」と思われた方もいるかもしれません。自前でクラウド環境を作ることを**プライベートクラウド**といいます。しかし、自社専用のクラウド環境を構築することはコストが大幅にかかるため、大企業でしか実現できないのが現状です。そのため、一般的な企業は、クラウド事業者のサービスを利用することが多くなっています。このことを**パブリッククラウド**といいます。パブリッククラウドでは、クラウド事業者がユーザーにどこまでのサービスを提供するのかによって、３種類あります。

■プライベートクラウドとパブリッククラウド

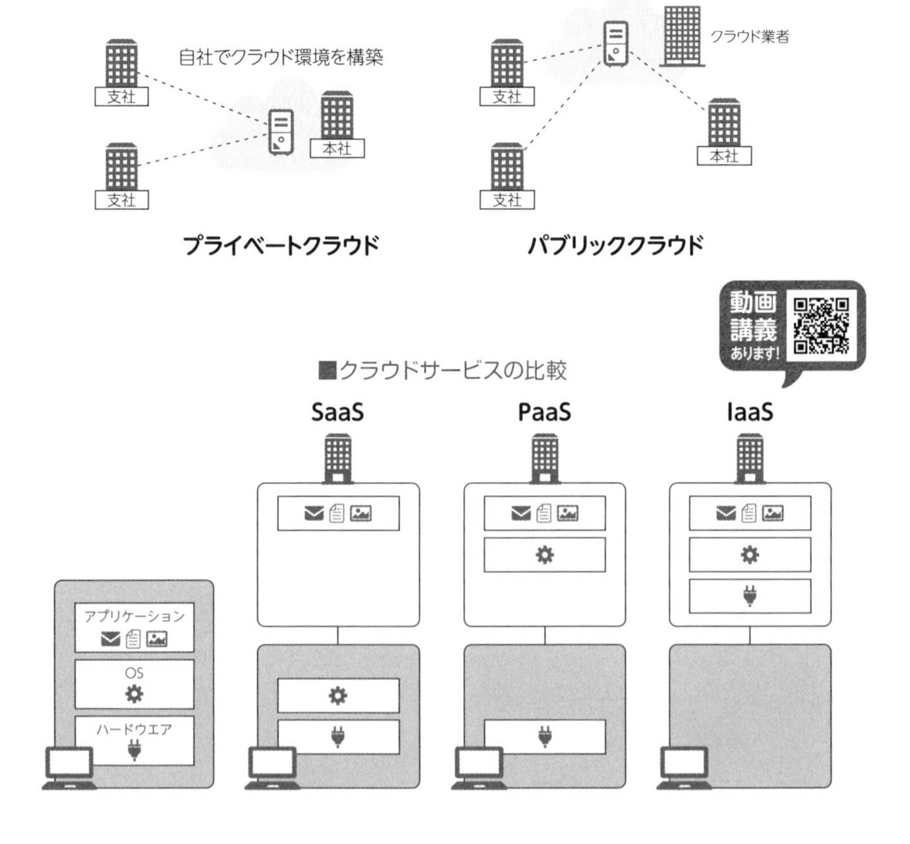

6 SaaS

SaaS（サース、Software as a Service）とは**クラウド上のソフトウェア（アプリケーション）を利用するサービスのこと**です。たとえば、今まではMicrosoft Ofiiceを自身のパソコンにインストールしてWordやExcelなどのデータを編集していましたが、現在ではOfiice365のようにクラウド上で編集・保存ができるようになりました。Google社のGmailなどもSaaSの1つですね。その他にもメモアプリなど、サービスは膨大にあります。「日常生活で便利なアプリケーションを利用したい」という個人利用であればSaaSのサービスで十分ですね。

筆者はSaaSに分類される「Google Spread Sheet」と「Google App Script」というサービスで日々の雑務を自動化しています。しかも利用料は基本的に無料です。

7 PaaS

PaaS（パース、Platform as a Service）とは**クラウド上のプラットフォームを利用できるサービスのこと**です。前述したOfiice365やGmailのようなSaaSは、すでに出来上がったアプリケーションをクラウド上で利用するものです。そうではなく、**クラウド上でアプリケーションそのものを開発したい場合にPaaSを利用します。**PaaSは、アプリケーションを開発するための土台をクラウド事業者が準備してくれるので、ユーザはアプリケーション開発のみに集中できます。

8 IaaS

IaaS（アイアース、イアース、Infrastructure as a Service）とは**クラウド上のインフラ環境を利用するサービス**です。OSや、CPU、メモリなどのスペックなどを自由に決めたい場合はIaaSを利用します。IaaSが提供するのは、物理機器（ハードウェア、ネットワーク、電源）の部分のみなので、IaaSを利用することでOSやCPU、メモリなどを柔軟に選択し活用することが可能です。

標準編 STEP 3-1.9

重要度 ∞

サーバの仮想化

1台の物理サーバ上で複数の仮想サーバを構築する

ポイントはココ!!

- 1台の物理サーバ上で、複数の**仮想サーバ**を構築して動かすことを**サーバの仮想化**という。
- 仮想化すると、1台の物理マシンのリソースを複数の仮想マシンで共有できるため、コンピュータリソースを効率よく利用できる。

●学習と試験対策のコツ

STEP3では全体を通して仮想化について理解を深めていく内容になっています。次の章のネットワークアクセスでも仮想化の項目を扱います。今までの知識が十分に定着していないと、仮想化を理解することが難しくなります。不安な人は復習をしましょう。

考えてみよう

最近では「仮想○○」という言葉をよく耳にするようになりましたね。ネットワーク技術でも仮想化は非常に重要な技術なのですが、初心者の人にとってはなかなかイメージしにくいものです。「仮想」という言葉に難しいイメージがあるからでしょうか。

皆さんは今までに仮想的な考え方をたくさんしてきているはずです。今までどんな仮想的なものに触れてきたか思い出してみてください。

1 仮想化とは

仮想とは、実際にはないものを仮にあるものとして想定することです。仮に想定するのです。仮想通貨などの難しいものでなくても、たとえば「ここからは味方の陣地で、そこから先は敵の陣地ね！」というように子供の頃遊んだことはありませんか？　これも立派な仮想化ですね。「ピンポン跳ね返しバーリア！」（これが伝わるのは一部の地方だけ？）と言って、無敵のバリアを作って遊んでいませんでしたか？　実際にはバリアなんてありません。あるいは、おままごとをしているときは、仮想的な家族で遊んでいたことでしょう。何が言いたいかというと、仮想化は別に難しい考え方ではないということです。

■仮想的にクラスを2つに分ける

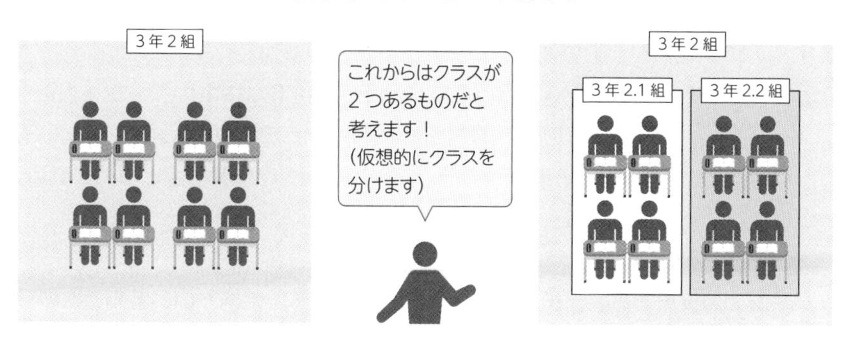

現在のITインフラはこの仮想化技術に支えられています。ITでは何を仮想化したのかというと「サーバ」です。サーバの仮想化とは**1台の物理サーバ上で、複数のサーバ（バーチャルマシン）を構築して動かすこと**です。このバーチャルマシンのことを**仮想マシン（仮想サーバ）**といいます。

■1台の物理サーバ上で複数の仮想マシンを用意する

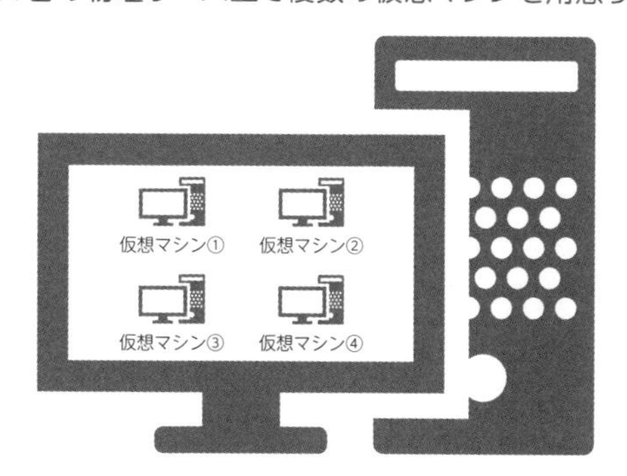

ゲームでたとえると、1つのゲーム機（物理マシン）の中で、Nintendo Switch用のゲームも、プレイステーション用のゲームも、パソコン用ゲームもできるような状態ですね。1台の物理マシンの中でNintendo Switchやプレステを再現

して、そこでソフトをプレイするイメージです。

2　仮想化のメリット

仮想化のメリットを理解するために、まずはコンピュータの主要な部品について確認しておきましょう。コンピュータはざっくりいうと次の部品からできています。

①**オペレーティング・システム（OS、Operating System）**

コンピュータそのものを管理するソフトウェア。WindowsやmacOS、Android、Linuxなどの種類がある。コンピュータを作業部屋としたときの、作業をする人にあたる。

②**CPU**

制御・演算をする。作業をする人の頭脳にあたる。性能がいいと高速に処理できる。

③**HDD、SSD**

データの記憶装置。作業部屋の棚にあたる。性能がいいとたくさんデータを保存できる。

④**メモリ**

一時的な記憶領域。作業部屋の机にあたる。性能がいいと一度にたくさんの作業をこなせる。

■コンピュータの主要な部品

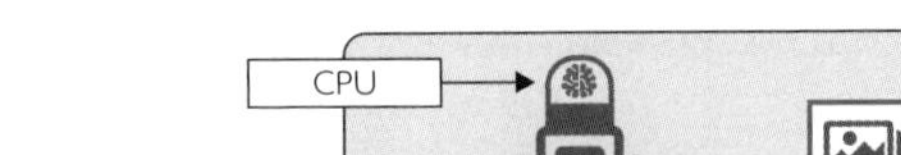

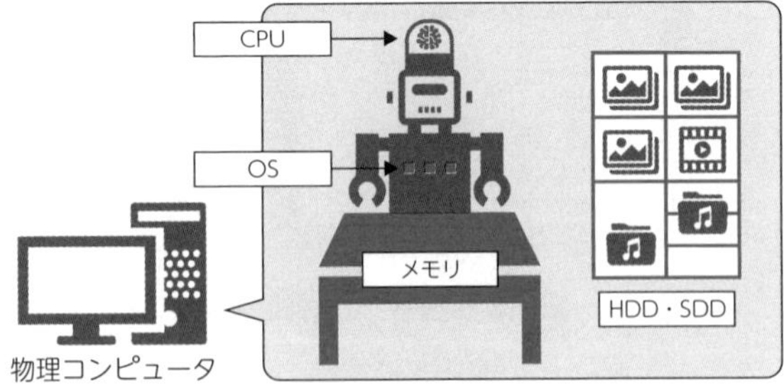

今までは、１台のコンピュータでは１つのOSしか動かすことができませんでした。しかし、仮想化によって複数の仮想マシンを作ってそれぞれ異なるOSを用意して動作させることができるようになったのです。

また、仮想化によってCPUやメモリなどのコンピュータリソースを効率よく利用できるようになりました。たとえば、リアルタイムで高速な処理をするサーバであれば、CPUはよく稼働しても、HDDやSSDはほとんど使わない場合があります。逆に、データのバックアップ用サーバの場合、HDDはよく利用しても、CPUなどはほとんど稼働しない場合もあります。このような状況だと、利用できるコンピュータリソースがあるにもかかわらず、ほとんど利用していないので無駄が発生してしまいます。

■よく稼働するリソースとほとんど稼働しないリソース

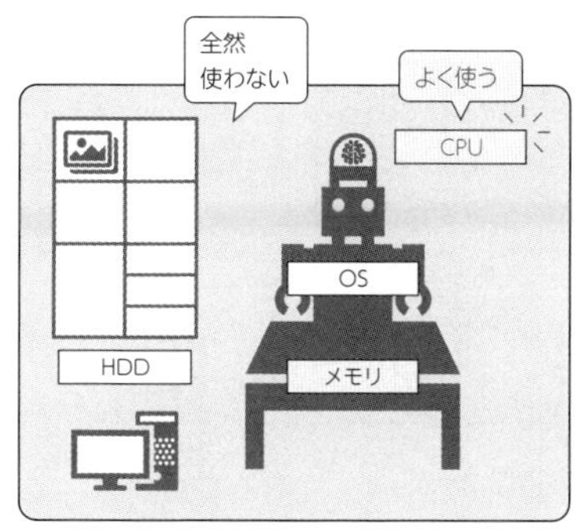

高速処理をしているサーバ

データのバックアップサーバ

しかし、１台のコンピュータの中に、複数の仮想マシンを用意できると、CPUやHDDなどの物理的なコンピュータリソースを共有できるので、仮想マシンに効率よく使わせることができるのです。

動画講義あります!

■複数の仮想マシンで、物理リソースを効率よく共有できる

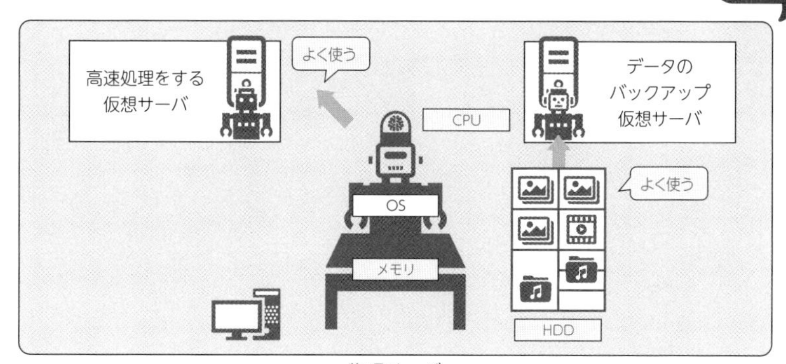

物理サーバ

前項ではクラウドサービスの利用者の視点から、一時的に仮想サーバの台数を増やしたり減らしたりできるクラウドサービスのメリットを紹介しました。次は、クラウド事業者の気持ちになってください。なぜこんなに柔軟にサーバの台数をコントロールできるのでしょうか。それは仮想サーバだからです。極端にいえば、ボタンをポチっと押せばサーバが立ち上がりますし、もう１回ポチっと押せばサーバはなくなるのです。

■クラウドサービスは仮想サーバに支えられている

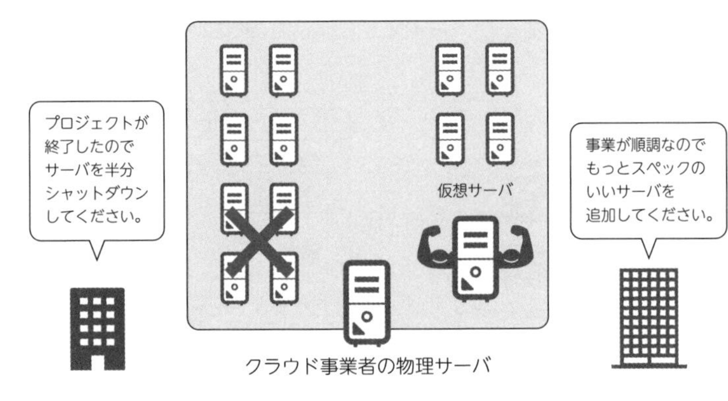

仮想化の話はSTEP3全体にかかわってきますが、特にSTEP3-6を理解するうえで必須になります。少しずつ理解していってください。

標準編

STEP 3-2

ネットワークアクセス（スイッチング）Ⅲ

この章では、出題割合の20%を占める重要項目であるネットワークアクセス分野について、その標準知識を学習していきます。

STEP3-2では、仮想化技術の1つであるVLANを学習します。多くの参考書では、前半でVLANを取り扱っていますが、本書ではあえてSTEP3で学習するように設計しました。なぜなら、ネットワークアクセス（スイッチング）の分野は、OSI参照モデルのデータリンク層（L2）に関連する技術を学ぶ分野ですが、VLANについてはネットワーク層（L3）の基礎知識も必要になるからです。また、VLANに関して本質的な理解をするにはSTEP3-1で学習した仮想化の知識も必要になります。

STEP3を読み進めるためには、これまでに学習したさまざまな知識が必要になります。本文には、復習ポイントなどのコメントも記載しているので、以前の学習項目に立ち返りながら学習を進めていってください。

標準編 STEP 3-2.1

重要度 ∞

VLAN

スイッチを使って仮想的なネットワークをつくる

ポイントはココ!!

- ネットワークを仮想的に分けることのできるスイッチの機能を**VLAN**という。
- VLANを利用することでブロードキャスト通信を行う範囲を小さくできるので、機器同士の通信効率を高めることができる。
- VLAN内で通信するには、同じVLANに所属しておりIPアドレスの設定も正しい必要がある。
- 異なるVLANに所属するホストと通信するにはルータが必要。

●学習と試験対策のコツ

VLANを理解するためには、ルーティングや仮想化の基本がわかっている必要があります。VLANは他のプロトコルにもかかわってくる技術で、試験でも頻出項目です。

考えてみよう

社内に20の部署があるので、社内ネットワークを20個のネットワークに分けたいとします。しかしルータによっては、ポートが少ないものだと２つしかありません。２つのポートしかなければ、分割できるネットワークは２つだけです。では、どのようにすればネットワークを20個に分けることができるでしょうか。

今学習しているのはデータリンク層（レイヤ2）のスイッチングのお話です。どの範囲の何を勉強しているか整理できていない人は、STEP1-2やSTEP2-2を見直しましょう!

1 VLANの概要

STEP3-1.9で仮想化の学習をしましたが、ここでも仮想化の考え方を利用します。ネットワークがないなら、あたかもネットワークがあるように仮想すればよいのです。ネットワークを仮想的に増やすには、ルータを新しく購入する必要はなく、スイッチの**VLAN（ブイラン、Virtual Local Area Network）**という機能を使います。

■仮想的にネットワークを分ける

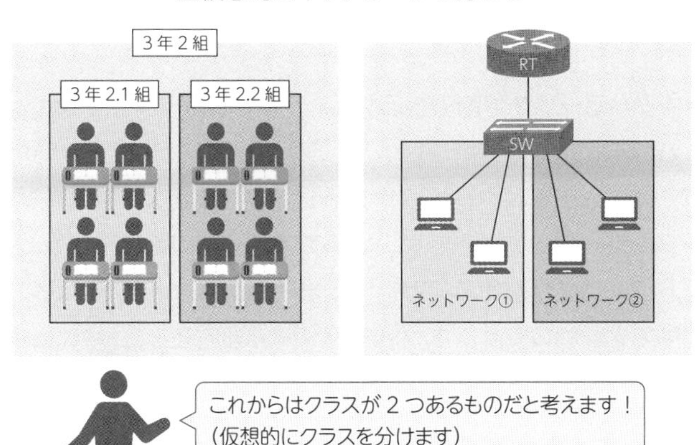

「いやいや、スイッチは集線機器で、ネットワークを分割することはできないのでは？」と思われた方もいるかもしれません。はい、その通りです。通常、スイッチはネットワークを分ける機器ではありません。しかし、そんなスイッチでも仮想的にネットワークを分割できるようにした技術がVLANです。**VLANとはネットワークを仮想的に分けることのできる機能**のことです。なお「仮想的」という言葉ではなく「論理的」と表現されることもありますが、意味は同じです。

VLANを利用することで柔軟にネットワークを構築することができます。また、ネットワークを仮想的に分割すると、ブロードキャスト通信を行う範囲を小さくすることになるので、ネットワーク内での通信効率を高めることもできます。

ブロードキャスト通信（STEP1-2.3）はARPなどで使用されていましたね！

STEP3 標準編

■ネットワークを分割するとブロードキャスト通信の範囲が小さくなる

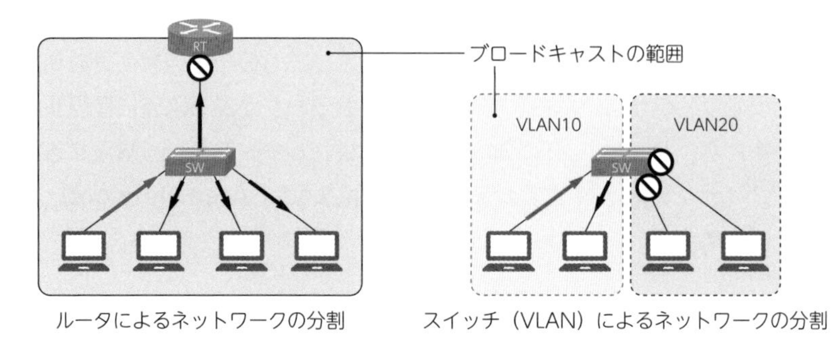

「VLANでネットワークを分割できるなら、そもそもルータは不要じゃないか！」と思われた方いませんか？　皆さんはルータが不要になると思いますか？

結論としては、今までどおりルータは必要です。なぜなら、スイッチは異なるネットワークにデータを転送できないからです。**VLANを利用すると、スイッチ単体でネットワークを分割することはできますが、ネットワーク間の通信を橋渡しすることはできないのです。**ネットワーク間で通信をしたければ、今までどおりルータを利用します。

2 VLANの設定例

実際にVLANやIPアドレスが設定されているネットワークを見てみましょう。VLANの設定はスイッチの各ポートで行います。各ポートにVLANの識別番号を割り当てるだけの単純な設定です。この識別番号のことを**VLAN ID**といいます。VLAN IDは多いもので１から4094までありますが、一般的には１から1001までがよく利用されます。

■スイッチの各ポートにVLANを割り当てる

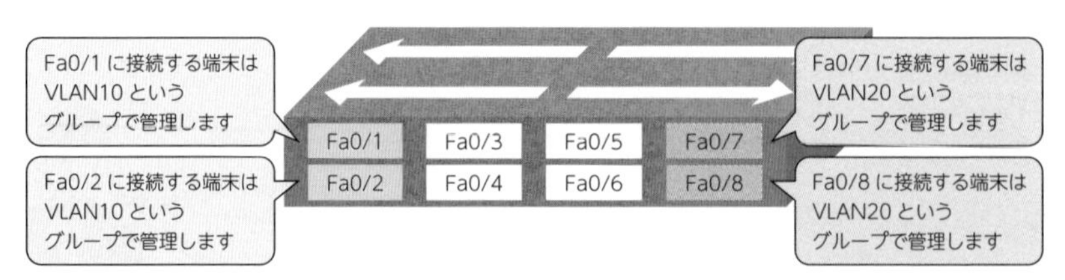

なお、各ポートはデフォルトでVLAN1に割り当てられています。実は知らないうちにはじめからVLANを使用していたのですね。図中のFa0/3からFa0/6はVLAN1というグループに属していることになります。

また、VLANであってもネットワークを分割することには変わりないので、IPアドレスも次の図のように使い分けます。もちろんネットワーク部の長さ（プレフィックス長）にも注意してくださいね。

■VLANごとにIPアドレスを使い分ける必要がある

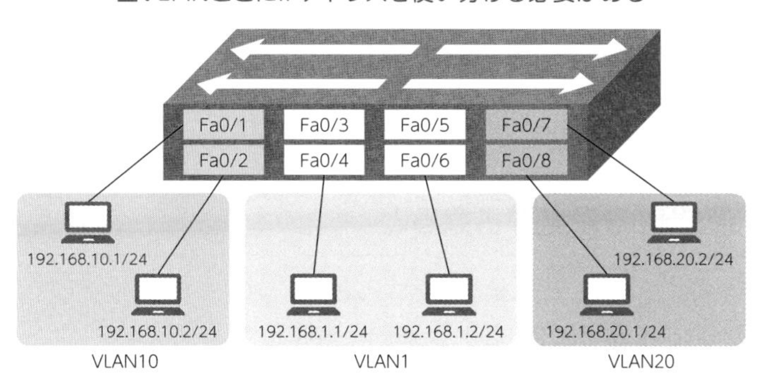

このように設定すると、各VLANに所属しているホスト間のみで通信をすることができます。繰り返しになりますが、VLAN間で通信をしたい場合にはルータが必要になりますよ。また、初心者にありがちなミスとして、次の図のような設定をしてしまったりします。問題点はどこでしょうか？

■VLANの設定で間違えやすいポイント

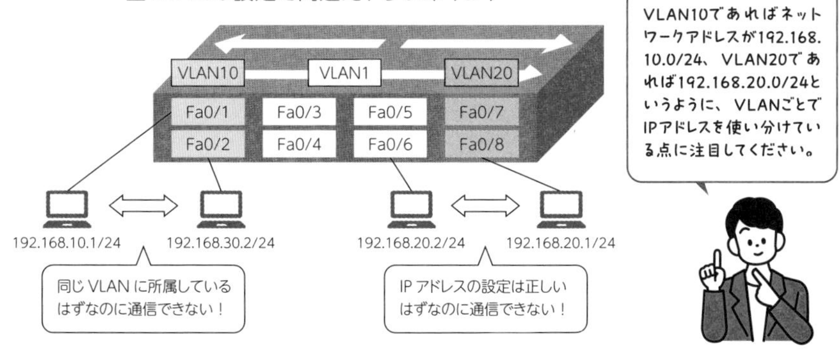

同じVLANに属していても、IPアドレスのネットワークが同じでなければパケット通信はできません。図中左側のVLAN10のホスト間で通信ができない理由

は、IPアドレスの設定が間違っているからです。192.168.10.1/24と192.168.30.1/24とでは、IPアドレス的に違うネットワークに属していることになるので、同じVLAN10に割り当てたとしても、パケット通信することはできません。

また図中右側について、IPアドレスのネットワーク部を同じにしたとしても、VLANが違えば通信をすることはできません。192.168.20.1/24と192.168.20.2/24とでは、IPアドレス的には同じネットワークに属していても、所属するVLANが違うので、通信することはできません。

VLANを利用する際は、IPアドレス的に同じネットワークに属しており、所属するVLANも同じである必要があります。設定が少し面倒に感じるかもしれませんが、それゆえにVLANを利用するとセキュリティ対策にもなるといえます。

3 仮想化の観点から見ると

仮想化の観点からVLAN技術をとらえると、1つの物理スイッチの中に、複数の仮想スイッチを構成しているようなイメージになります。

■物理スイッチの中に、複数の仮想スイッチがあるイメージ

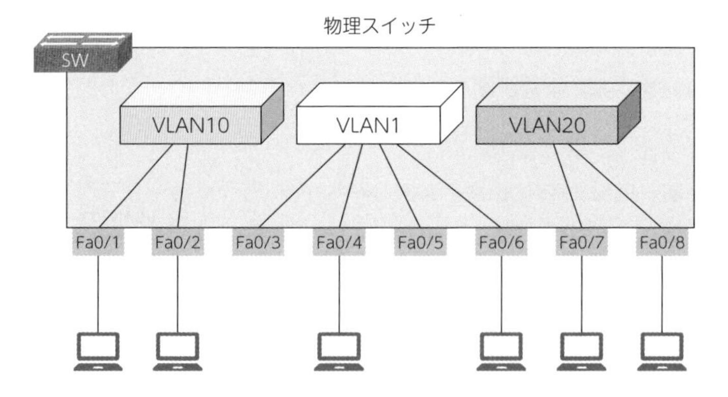

仮想サーバ（STEP3-1.9）と同じようなイメージでとらえられるといいですね！

標準編
STEP
3-2.2

重要度 ★★★

VLANを識別するしくみ

スイッチはどうやってVLANの通信を識別しているのか？

ポイントはココ!!

- １つのVLANに所属するポートを**アクセスポート**という。
- アクセスポートにつながっているリンクを**アクセスリンク**という。
- 複数のVLANに所属しているポートを**トランクポート**という。
- トランクポートにつながっているリンクを**トランクリンク**という。
- トランクリンクではデータに**タグ**をつけて通信を行い、VLANを識別する。
- タグ付けの方法は**トランキングプロトコル**で決まっており、プロトコルの種類には**IEEE802.1Q**（標準）と**ISL**（シスコ独自）がある。
- IEEE802.1Qでは、１つのVLANだけであればタグをつけずに通信できる**ネイティブVLAN**という設定ができる。
- スイッチが互いにネゴシエーション（交渉）して、自動的にポートの役割を決める、シスコ独自のプロトコルを**DTP**という。

●学習と試験対策のコツ

ここではDTPというプロトコルを学習しますが、他にもVTPというプロトコルもあります。細かい知識になるので本書ではVTPは扱いませんが、簡単にいうと、VTPを使うとネットワーク上のスイッチのVLAN情報を簡単に管理することができるようになります。DTPとVTPがごちゃごちゃになる学習者が多発しています。まずはDTPの内容を確実に理解していきましょう。

考えてみよう

１台のスイッチがフレームを転送するだけであれば、VLANを識別するのは簡単そうです。VLAN10に属するポートで受信したフレームはVLAN10に属するポートから送信すればいいだけですね。では図のようにSW1からSW2にフレームを転送した場合はどうなるのでしょうか？　SW1はVLAN10のフレームを送信したつもりなのに、SW2はVLAN20のフレームを受信したと勘違いしないのでしょうか。

■スイッチはどうやってVLANの通信を識別しているのか？

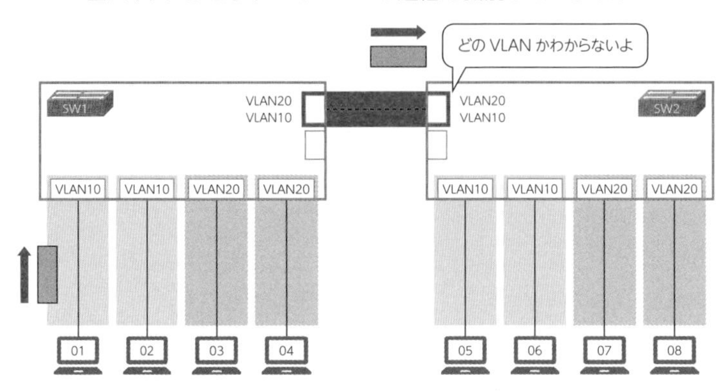

1 VLANにおけるポートの役割

前項で、VLANの設定はスイッチの各ポートに行うと説明しましたが、実はVLAN IDだけでなく、その他の設定も必要になります。その１つがポートの役割です。ポートの役割は**アクセスポート**と**トランクポート**に分かれます。

①アクセスポート

アクセスポートとは**１つのVLANに所属するポートのこと**です。アクセスポートに設定されたポートでは１つのVLAN IDのデータだけがやり取りされます。したがって、コンピュータなどを接続するようなポートはアクセスポートに設定します。また、アクセスポートにつながっているリンクのことを**アクセスリンク**と

■アクセスポートとアクセスリンク

いいます。

②トランクポート

トランクポートとは**複数のVLANに所属しているポートのこと**です。スイッチ間のポートをトランクポートにすることで、複数のVLANのフレームをやり取りすることができるようになります。また、トランクポートにつながっているリンクのことを**トランクリンク**といいます。トランクリンクでは１本のケーブルで複数のVLANのフレームのやり取りができます。

■トランクポートとトランクリンク

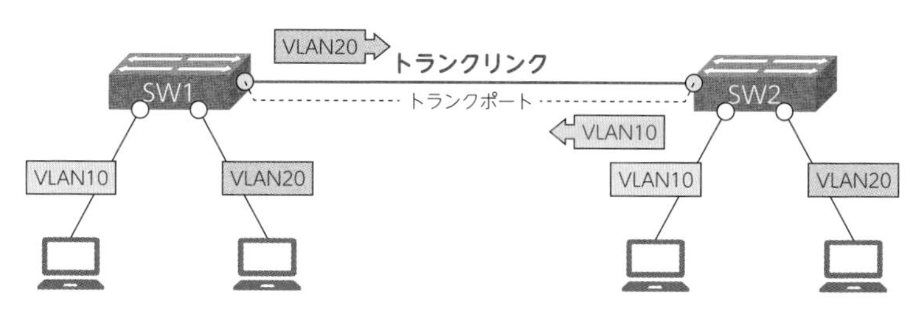

2　スイッチはどうやってVLANの通信を識別しているのか？

トランクリンクには複数のVLANのフレームが通ります。SW1からSW2にフレームが送られた際に、SW2はどのVLANのフレームなのか判別できません。では、SW2はどのようにして受信したフレームのVLANを識別するのでしょうか。

たとえば、SW1はVLAN10のフレームをSW2に送る際にVLAN10の***タグ***をつけてフレームを送り出します。タグはVLAN番号の目印だとイメージするといいです。

SW1は、VLAN10に所属する機器からフレームを受け取ると、VLAN10のタグ（目印）をつけてSW2に送ります。VLAN10のタグつきのフレームを受け取ったSW2は、VLAN10のフレームだとわかると、そのタグを外してVLAN10に所属する機器へフレームを送ります。このようにタグをつけることで、対象のVLAN ID（今回はVLAN10）のネットワークの機器へフレームを送ることができるようになっています。

■スイッチはフレームにタグをつけて転送している

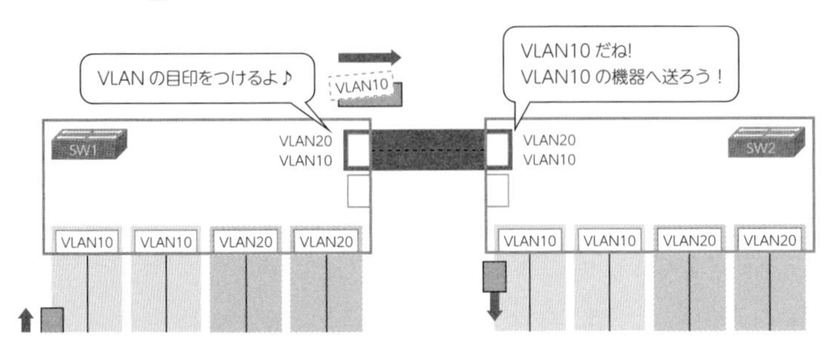

3 トランキングプロトコル

トランクポートでタグを制御するプロトコルを**トランキングプロトコル**といい、具体的には2種類のプロトコルがあります。**トランクリンクを構成する際には、両方のスイッチでトランキングプロトコルを統一しておく必要があります。**

①IEEE802.1Q(標準)

標準化されているトランキングプロトコルに、**IEEE802.1Q**(アイトリプルイー　ハチマルニテンイチキュー)があります。フレームの内部にタグ情報を挿入します。タグの中に、TCIと呼ばれるタグの制御情報があり、その中にVLAN番号が含まれています。

IEEE802.1Qには、**ネイティブVLAN**というしくみがあります。ネイティブVLANとは、VLAN IDのうち**タグをつけないように設定されているVLAN**です。

■ネイティブVLANでは「タグがない」ということが目印になる

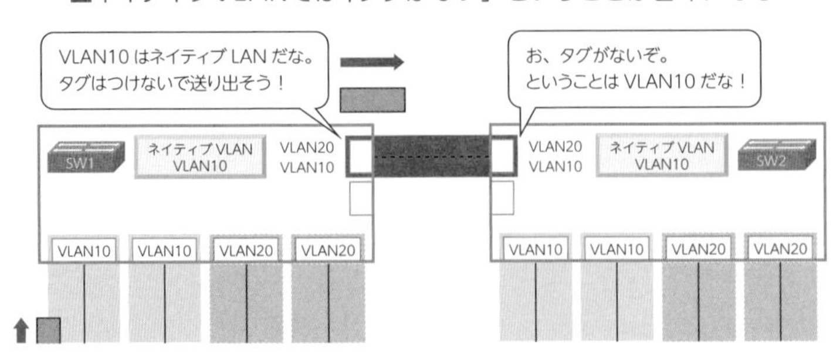

スイッチがトランクポートで各VLANを識別できるのは、タグを確認しているからと説明しましたが、ネイティブVLANでは「タグがない」ということが目印になるのです。デフォルトでは、VLAN1がネイティブVLANです。変更も可能ですが、複数あるVLAN IDからネイティブVLANは１つしか設定できません。したがって、ネイティブVLANを変更する際は、VLAN IDをスイッチ間で合わせておく必要があります。

②ISL

シスコ独自のトランキングプロトコルに**ISL（Inter Switch Link）**があります。フレームの最初と最後に新しいヘッダを追加します。フレームの最初のヘッダのことを**ISLヘッダ**といいます。ISLヘッダの中に、VLAN番号などの情報が含まれます。最後のヘッダには新たにFCS（ISL FCS）を追加します。FCSはエラー検出のための情報です。

4　DTP

トランキングプロトコルを学習したので、追加で**シスコ独自のDTP（Dynamic Trunking Protocol）**も紹介しておきます。アクセスポートやトランクポートの役割は、前述したように管理者が手動で設定することができますが、DTPを利用するとスイッチ間で自動調整させることができます。**スイッチ同士がネゴシエーション（交渉）して、自動でポートの役割を決めるプロトコルがDTP**です。

ちなみに、学習をしていると「Dynamic」という言葉がいろんな場面で出てきますが、総じて「自動で」という意味でとらえておいて問題ありません。今回であれば「自動の・トランキング・プロトコル」という意味になります。

スイッチに設定できるモードは次の図のとおりです。先ほど、アクセスポートとトランクポートを紹介しましたが、たとえば、ポートのモードをaccessに設定すると、アクセスポートになるわけですね。accessとtrunk以外にも２つのモードがある点に注目してください。

■DTPの4つのモード

モード	動作イメージ
trunk	このポートはトランクポートにするけど、いいよね？（交渉あり）
access	このポートはアクセスポートにします！（交渉なし）
dynamic desirable	できればトランクポートにしたいのですが、どうでしょうか？（交渉あり）
dynamic auto	ネゴシエーションされたらトランクポートになります。 何も交渉がなければアクセスポートになります。（交渉なし）

このモードの組合せから、自動設定されるリンクは次のようになります。

■DTPで決定されるポートの役割のパターン

	trunk	access	dynamic desirable	dynamic auto
trunk	**トランク**	×	**トランク**	**トランク**
access	×	アクセス	アクセス	アクセス
dynamic desirable	**トランク**	アクセス	**トランク**	**トランク**
dynamic auto	**トランク**	アクセス	**トランク**	アクセス

試験ではモードの組合せによって、どんなリンクが形成されるかが問われることがあるので、丸暗記はやめましょう。モードの動作イメージだけを押さえて、あとは実際に交渉場面を想像しながら答えを考えるようにしてください。なお、表の中で×になっているところは、ミスマッチで不安定なリンクになってしまうので注意してください。

ネゴシエーション例1　アクセスポートになるパターン

dynamic desirable「できればトランクポートにしたいのですが、どうでしょうか？」

access「このポートはアクセスポートにします！(交渉なし)」

dynamic desirable「何も言ってこないな。ダメか、ではアクセスポートにしましょう。」

ネゴシエーション例2　トランクポートになるパターン

dynamic desirable「できればトランクポートにしたいのですが、どうでしょうか？」

dynamic auto「交渉されたから、トランクポートにしましょうか」

標準編
STEP
3-2.3

重要度 ★★★

VLAN間ルーティング

ルータのインターフェースも仮想的に分割できる！

ポイントはココ!!

- 異なるVLAN同士の通信を**VALN間ルーティング**という。
- VLAN間ルーティングでは、１つの物理インターフェースを仮想的に分割し、**サブインタフェース**を作成する。
- ルータとスイッチの間を１本のリンクで接続するVLAN間ルーティングのことを**Router on a Stick**という。

●学習と試験対策のコツ

試験においても実務においてもVLANは重要なトピックです。VLAN間ルーティングまでしっかり理解しておきましょう。

考えてみよう

VLANを利用することによって、柔軟なネットワークを構築できるようになりましたが、異なるVLAN同士での通信はできません。スイッチでVLANの設定をすると、ネットワークを分割することはできますが、そもそもスイッチはネットワーク間の通信の橋渡しができないからですね。ネットワークを相互に接続するには、今まで学んできたとおりルータが必要になります。

VLANを使用すると次ページの図のようなネットワーク構成になりますが、今まで考えてきたような「ネットワークをまたぐ」という構図には見えません。いったいどのようにしてVLAN間での通信を実現しているのでしょうか。

■VLANをまたいで通信をするには

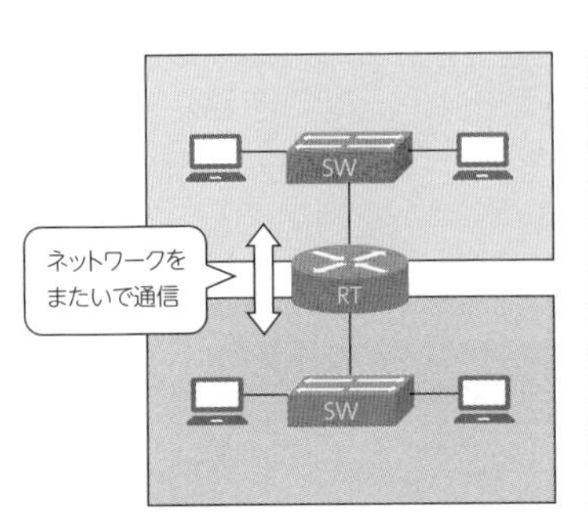

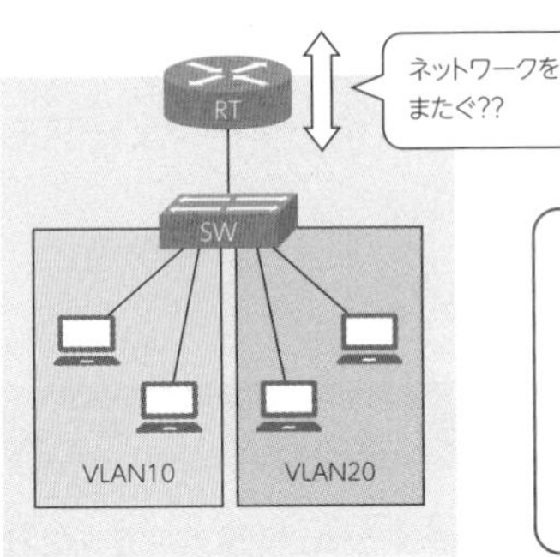

1 VLAN間ルーティング

異なるVLANの間で通信をすることを**VLAN間ルーティング**といいます。VLAN間ルーティングで大事なポイントは、ルータのポート（インターフェース）の役割です。

図の左側は通常のルーティングを表しており、右側はVLAN間ルーティングを表しています。異なるVLANと通信する際は、192.168.5.0/24ネットワーク（VLAN10）の場合も192.168.8.0/24ネットワーク（VLAN20）の場合も、ルータのFa0/0を経由します。しかし、異なる２つのネットワークからのデータを、１つの物理インターフェースで受信することはできないのです。

■1つの物理インターフェースに2つのネットワークからデータがやってくる

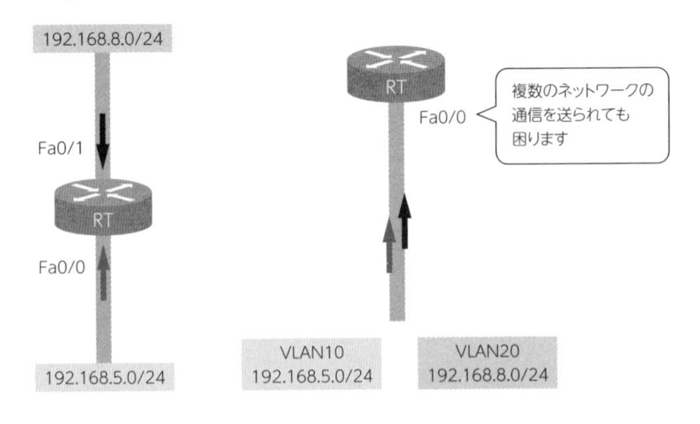

そこで､Fa0/0を論理的（仮想的）に分割します。論理的に作成されたインター

フェースのことを**サブインターフェイス**といいます。たとえば、「Fa0/0.1」や「Fa0/0.2」のように設定して、それぞれにVLAN番号とIPアドレスを割り当てます。

■1つの物理インターフェースの中に仮想的に複数のインターフェースを作成する

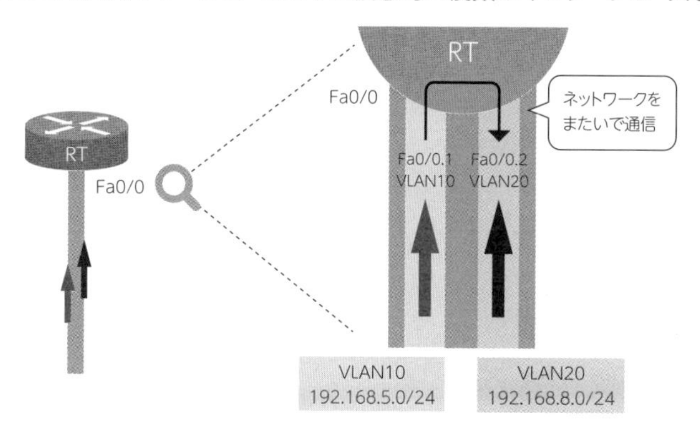

このようにルータでサブインターフェースを作成することで、VLANをまたいだ通信が可能になります。なお、**ルータとスイッチの間は複数のVLANのフレームが通ることになるのでトランクリンクにしなければいけません**。また、この図のようにルータとスイッチの間を１本の物理ケーブルで接続するVLAN間ルーティング形式のことを**Router on a Stick（ルーター・オン・ア・スティック）**といいます。

標準編 STEP 3-2.4

重要度 ★★

PVST+

VLANごとにスパニングツリーを分ける

ポイントはココ!!

- VLANごとにSTP構成を構築できる技術に**PVST+**がある。
- PVST+を利用すると、VLANごとに効率のいい転送経路をつくることができる。
- PVST+を利用すると、ネットワークのトラフィックを分散させることができる。

●学習と試験対策のコツ

STEP2-2で学習したSTPとVLANが組み合わさります。同じスイッチの同じポートでも、処理するVLANによっては、ブロッキングポートになったりするので、少し混乱するかもしれません。STPの復習をしながら着実に読み進めてください。

考えてみよう

図のネットワークに関して、効率のいい転送経路という視点で評価すると、どんな問題点があるでしょうか？

■STPとVLANが設定されているネットワーク

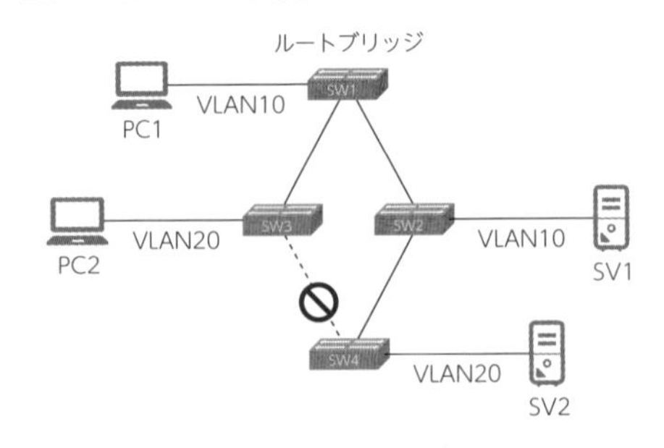

1　PVST+とは

STPとVLANが設定されているネットワークでは、VLANによっては効率の悪い経路でフレームを転送をすることになります。「考えてみよう」の図であれば、VLAN20に属しているPC2とSV2が通信をする際に、フレームはSW1とSW2を経由して遠回りをすることになります。VLANは非常によく使われる技術ですので、VLAN ID（つまり仮想的なネットワーク）の数も多くなりがちです。そのような環境で、効率の悪い転送経路を使い続けることは避けたいですね。

また、今回のVLAN20の通信のように、迂回させなくてもよいフレームを迂回させているので、特定のリンクにトラフィックが集中してしまうというデメリットもあります。

■VLAN20のフレームは遠回りをすることになる

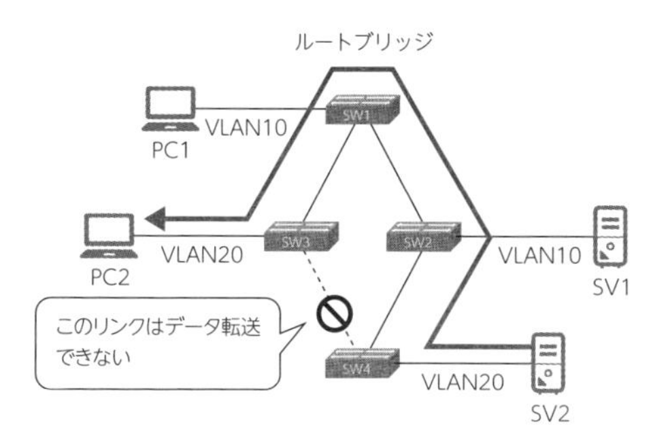

このような状況を避けるために、**PVST+**（Per VLAN Spanning Tree Plus）というシスコ独自の技術を利用することができます。PVST+では、英語のとおりの意味で、VLANごとにSTPを設定できます。VLANごとに、任意のスイッチのポートをブロック状態にすることができるので、各VLANに適した転送経路で通信をすることができます。シスコ製品のCatalystスイッチではデフォルトでPVST+が動作します。

STPでは、環状経路にある特定のスイッチの特定のポートをブロックして、通信できないようにしました。これによりネットワークが論理的なTree（木）構造になるんでしたね。（STEP2-2.2）

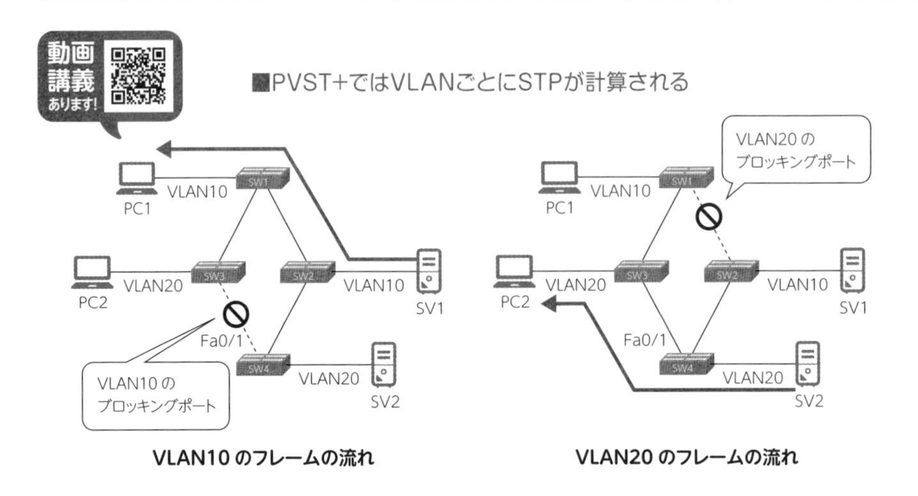

たとえば、SW4のFa0/1であれば、VLAN10におけるブロッキングポートなので、VLAN10のタグがついているデータは転送しません。一方でVLAN20のタグがついているデータは転送します。

3 PVST+のデメリット

PVST＋ではVLANごとにSTP計算が行われるため、各VLANにとって最も効率的な転送経路で通信をすることができるメリットがありますが、デメリットもあります。各VLANごとでSTP計算をするということは、それだけスイッチのメモリへの負担が大きくなります。また、各VLANごとの管理情報がスイッチ間でやり取りされるので、トラフィックが増え、ネットワークへの負荷も大きくなります。

標準編

STEP 3-3

IPコネクティビティ（ルーティング）Ⅲ

この章では、出題割合の25%を占める最重要項目であるIPコネクティビティ（ルーティング）分野について、その標準知識を学習していきます。これまでIPコネクティビティの分野は次のような話の流れで進めてきました。

STEP1-3
・そもそもルーティングって何だろう。

STEP2-3
・ルータは実際にはこんな感じで転送処理を行っているんだよ。
・管理者はこんな感じでルータにルーティングの設定をするんだよ。
・ルーティングの設定ってかなり面倒だよね。
・実はルーティングの設定もプロトコルを利用して自動でできるんだよ。

この流れを受けて、STEP3-3ではOSPFやEIGRPなどのルーティングプロトコルを中心に学習します。特にOSPFはCCNA試験で頻出であり、学習者が勘違いしやすいポイントも多くある項目ですので注意して読み進めてください。STEP3-3を読み終えるころにはIPコネクティビティ分野の学習はほぼ完成です。もちろん、受験するうえでは追加でさらに細かな項目を暗記しなければいけませんが、ここまでの知識を土台にして残りの学習を進められるようになっているはずです。

標準編
STEP
3-3.1

重要度 ★★★

フローティングスタティックルート

ダイナミックルーティングプロトコルが作動しなくなったとき用のバックアップルート

ポイントはココ!!

- バックアップルートとして使用するためにAD値を調整したスタティックルートのことを**フローティングスタティックルート**という。
- フローティングスタティックルートの設定では、プライマリールートに使用しているプロトコルのAD値よりも大きな値を指定する。
- フローティングスタティックルートはルーティングテーブルに表示されない。

●学習と試験対策のコツ

本項は、STEP2-3.7で学習したAD値を活用する学習項目です。フローティングスタティックルートのように、AD値はいろいろな学習項目に絡んで登場しますので、必ずプロトコル名とAD値の組合せを暗記してください。

復習問題1

```
RT1# show ip route
C    192.168.1.0/24    is directly connected, FastEthernet0/0
C    192.168.2.0/24    is directly connected, FastEthernet0/1
C    192.168.3.0/24    is directly connected, FastEthernet0/2
O    192.168.4.0/24    [110/1] via 192.168.3.254
O    192.168.5.0/24    [110/10] via 192.168.2.254
S    192.168.6.0/24    [1/0] via 192.168.2.254
```

.254 RT1 .253 .254 RT2
.10 192.168.1.0/24 192.168.2.0/24
.253 .253
192.168.3.0/24 192.168.5.0/24
.254 .254
192.168.4.0/24 192.168.6.0/24 .10
RT3 .253 .254 RT4 .254

1）RT1は、直接接続されていないネットワークへの経路をどのプロトコルで学習していますか。
2）宛先IPアドレスが192.168.6.35のパケットを受信したとき、RT1が送信するネクストホップのIPアドレスを答えてください。

解答

1）192.168.4.0/24と192.168.5.0/24への経路 → OSPF
　192.168.6.0/24への経路 → スタティックルート
2）192.168.2.254

考えてみよう

ダイナミックルーティングプロトコルでは、ネットワークに障害が発生して現在の経路が使用できなくなっても、再計算して別の経路を自動でアクティブにしてくれます。しかし、そもそも経路学習さえできない状態になってしまったら、ルーティングは停止してしまいます。この場合にはどうすればよいのでしょうか？

1　バックアップ用の転送経路を用意する方法

ダイナミックルーティングプロトコルで経路学習ができなくなったときのために、管理者は手動でバックアップルートを用意しておくことができます。このときに使うのがスタティックルートです。

「え、スタティックルートを設定したら、AD値が１だからスタティックルートがルーティングテーブルに反映されてしまうのでは？」と思った方、鋭いですね。そのとおりです。今まで学習したとおりにスタティックルートを設定すると、AD値が1なので、この経路がルーティングテーブルに反映されてしまい、バックアップルートになりません。

実は、スタティックルートを設定するときに、AD値を指定することができるのです。通常時にOSPF（AD値：110）で運用しているのであれば、スタティックルートを設定する際にAD値を111以上にしておけば、OSPF

が優先されます。そして、OSPFで計算ができなくなった際には、次の優先度であるスタティックルートに切り替わるのです。

2 フローティングスタティックルート

バックアップルートとして使用するためにAD値を調整したスタティックルートのことを**フローティングスタティックルート**といいます。なお、通常運用しているメインのルートのことを**プライマリールート**といいます。

■フローティングスタティックルート

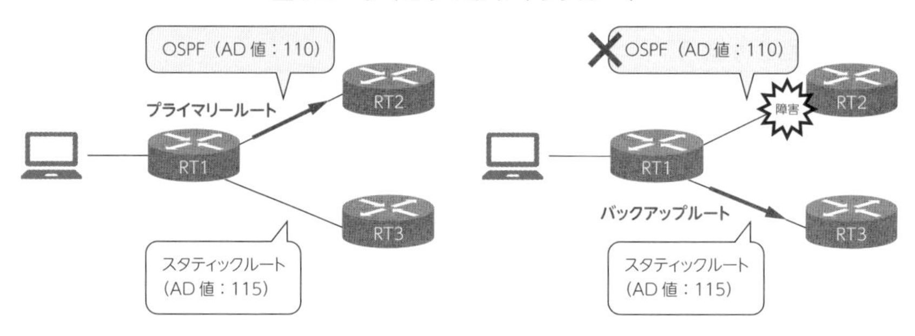

3 ルーティングテーブルの確認

次の図はAD値115でフローティングスタティックルートを設定する際の、コマンドとルーティングテーブルです。基本的な内容はSTEP2-3.4で学習したとおりですが、フローティングスタティックルートを設定した場合、その内容はルーティングテーブルには表示されないことに注意してください。

■フローティングスタティックルートはルーティングテーブルに表示されない

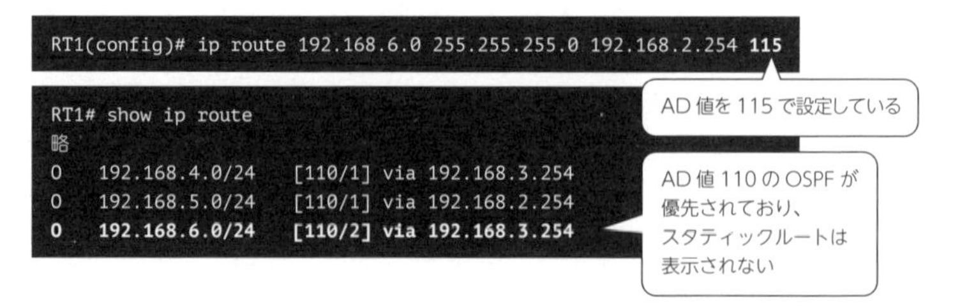

標準編
STEP
3-3.2

重要度 ★★★

ダイナミックルーティングプロトコルの種類と特徴

プロトコルの名称とAD値、あとは計算方法（アルゴリズム）を覚えよう

ポイントはココ!!

- ルーティングプロトコルは、使用する場面で**EGP**と**IGP**の大きく２種類に分かれる。
- AS間で経路情報をやり取りするプロトコルがEGPで、AS内で経路情報をやり取りするプロトコルがIGP。
- IGPは経路の計算方法によって、**ディスタンスベクタ型**、**リンクステート型**、**拡張ディスタンスベクタ型**に分かれる。
- ディスタンスベクタ型では、メトリックは**ホップ数**で計算される。
- リンクステート型では、メトリックは帯域幅から換算されるコストで計算される。
- 拡張ディスタンスベクタ型は、ディスタンスベクタ型とリンクステート型の利点を兼ね備えている。

●学習と試験対策のコツ

ルーティングプロトコルの名称とAD値、アルゴリズムの組合せは必ず覚えてください。STEP2-3.7で記載した語呂合わせではアルゴリズムも覚えられるようになっていますので、まだ覚え切っていない人は今すぐすべて覚えましょう！

ダイナミックルーティングプロトコルでは、特にOSPFが大切です。リンクステート型の特徴や宛先ネットワークまでの最適経路の考え方などをしっかりと理解しておきましょう。

考えてみよう

STEP2-3.6では、ダイナミックルーティングプロトコルはルータ同士で宛先情報を交換してルーティングテーブルに最適経路を登録することを学習しました。最適経路といっても、何をもって最適とするのかによって、結果が変わってきま

STEP3
標準編

す。たとえば次の図のネットワークにおいて、PC1からPC2までの最適経路を考えましょう。最適な経路の基準を「距離」とするならば、PC1→RT1→RT2→PC2という経路になりそうです。一方で最適な経路の基準を「速さ」とするならRT3やRT4を迂回するような経路になりそうです。皆さんは最適な経路とはどの経路だと考えますか？

■最適な経路の基準とは？

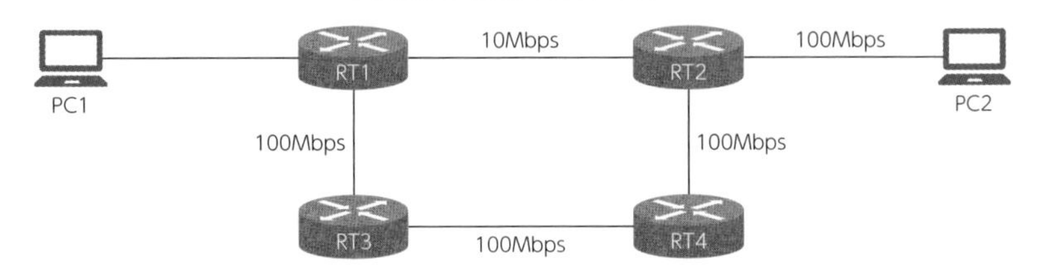

1 ダイナミックルーティングプロトコルの分類

最適な経路の基準はダイナミックルーティングプロトコルによって違います。ダイナミックルーティングプロトコルの分類を確認しながら、各プロトコルの特徴や最適経路の計算方法を見ていきましょう。

ダイナミックルーティングプロトコルの分類方法は大きく２つあります。１つ目は使用する場面、２つ目は経路計算の方法（アルゴリズム）で分類します。

■ダイナミックルーティングプロトコルの分類

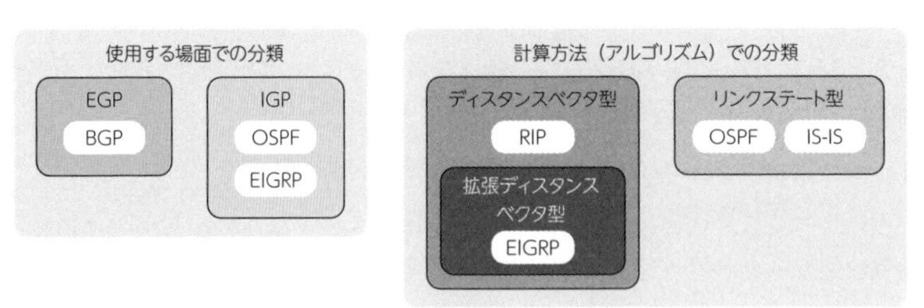

①使用する場面での分類

インターネットを介して世界中と通信することを想像してください。世界中のルータが、世界中のルータとどのように接続されているのかを把握するのは無理です。皆さんの身近にあるルータとアメリカにいる友達のボブのルータはつながっていませんよね？　そこで、国や州のような大きなネットワークは、

AS（Autonomous System、自律システム） という大きなまとまりで管理されています。ASを管理しているのは**インターネットサービスプロバイダ（ISP、Internet Service Provider）** などで、インターネットはAS同士を接続して成立しているのです。

■EGPとIGP

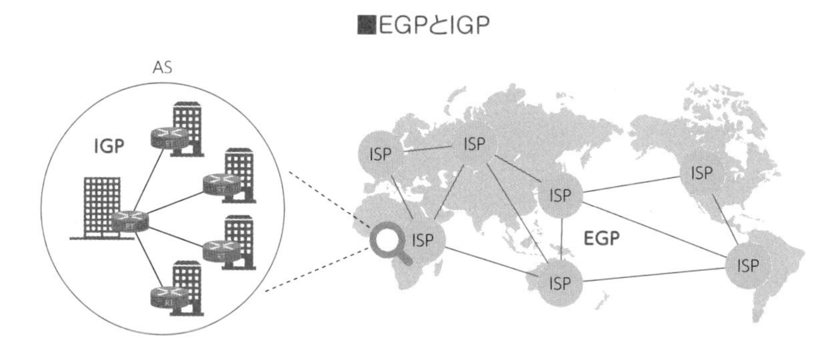

AS間で経路情報をやり取りするプロトコルが**EGP（Exterior Gateway Protocol）** です。ダイナミックルーティングプロトコルの１つであるBGPはEGPに分類されます。

AS内部のルーティングで使われるプロトコルが**IGP（Interior Gateway Protocol）** です。AS同士をつなぐEGPに対してIGPはAS内での経路情報の交換で使用されるプロトコルです。ダイナミックルーティングプロトコルのOSPFやEIGRPはIGPに分類されます。皆さんがCCNAで学習するダイナミックルーティングプロトコルは分類的にはIGPです。

②計算方法（アルゴリズム）での分類

IGPに分類されるプロトコルは、計算方法の違いで**ディスタンスベクタ型**、**リンクステート型**、**拡張ディスタンスベクタ型**の３つに分類されます。それでは詳

■ダイナミックルーティングプロトコルの計算方法での分類

STEP3 標準編

しく見ていきましょう。

2 ディスタンスベクタ型

RIPのような**ディスタンスベクタ型**のプロトコルは距離（ディスタンス）とベクタ（方向）で最適な経路を判断します。次の図を見てください。RT1にPC1から192.168.6.0/24ネットワーク宛てのパケットを受信したとします。RT1は、RT3とRT2のどちらのルータにパケットを転送するのが望ましいでしょうか。

■ディスタンスベクタ型の計算

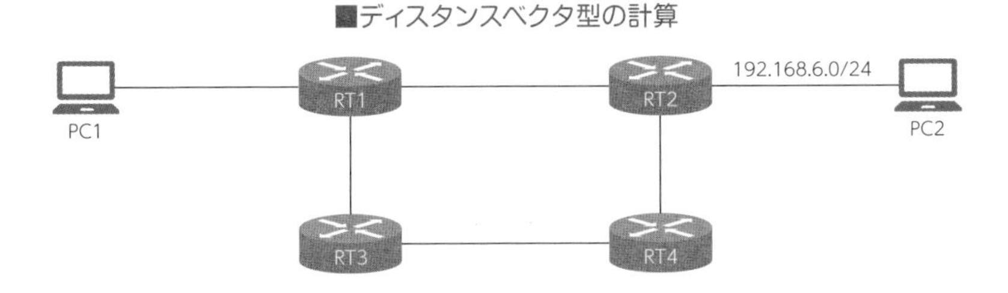

なんとなく図を見れば想像がつきますね。この場合は、RT3を経由すると遠回りになりますので、RT2に転送するのが望ましいですね。

ディスタンスベクタ型の最適経路の計算方法

ディスタンスベクタ型のプロトコルは具体的にどのようにしてRT2に転送するのが望ましいと判断しているのでしょうか。このネットワーク構成では、RT1から192.168.6.0/24までには、RT2または、RT3を経由する２経路があります。RT1から見て、RT2経由ではルータをまたぐ数は１です。ルータをまたぐ数のことを**ホップ数**といいます。また、各プロトコルに共通して、宛先ネットワークまでの距離のことを**メトリック**といいます。「ディスタンスベクタ型のプロトコルのメトリックはホップ数で計算する」というような言い回しになります。

一方、RT3を経由するとホップ数は３になります。**ディスタンスベクタ型のプロトコルが最適経路と判断するのは、宛先ネットワークまでのホップ数が少ない（ルータをまたぐ数が少ない）経路です。**つまり、RT1は、192.168.6.0/24宛てのパケットを受信すると、ホップ数の少ないRT2に転送すれば最適な経路で通信することができると判断するわけです。

■ディスタンスベクタ型の最適経路の計算方法

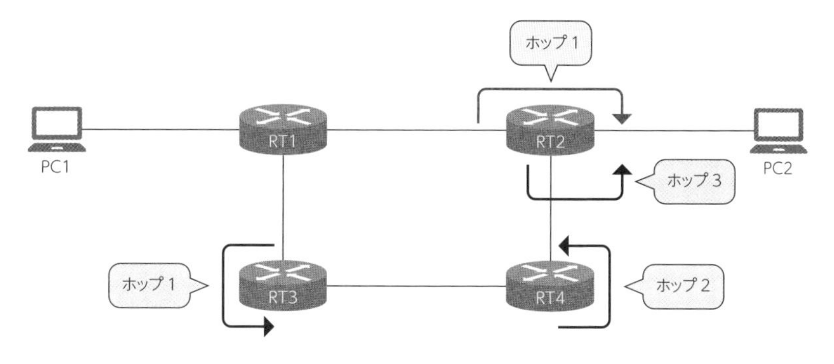

最適経路が決まると、その情報をルーティングテーブルに登録します。

■RIPで計算した経路が載っているルーティングテーブル

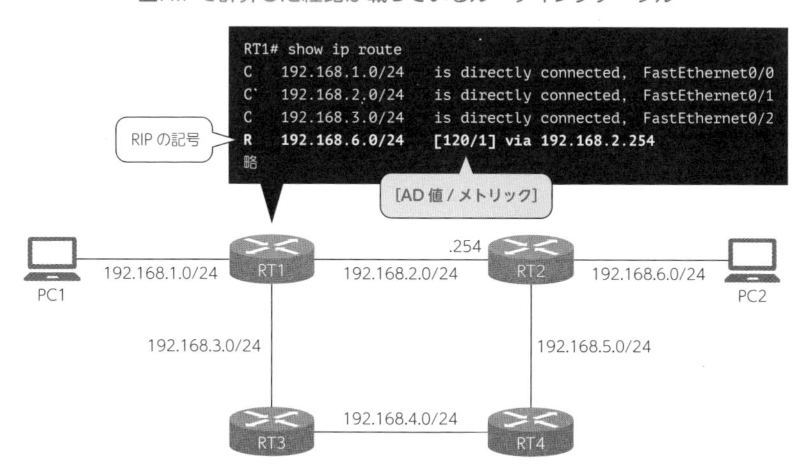

このようにRT1は、宛先（192.168.6.0/24）までの最適な距離（ホップ数：1）でRT2の方向へ転送するのが望ましいと判断して最適な経路を決定します。この計算方法を理解できると、距離（ディスタンス）とベクタ（方向）で最適な経路を判断するというディスタンスベクタ型のプロトコルの意味もわかるかと思います。

なお、**ディスタンスベクタ型の代表的なプロトコルにRIPがありますが、RIPは現在ではほとんど使われなくなっています。** CCNAの試験では一部RIPのこと（AD値やディスタンスベクタ型）が出題される可能性がありますが、RIPの設定などそのものについては出題されることはないでしょう。

RIPが動作すると、ルータ間でルーティングテーブルの情報を自動で交換します。そして、自身のルーティングテーブルに経路情報がなければルーティングテーブルに登録します。とてもシンプルなしくみなので、ルータのCPUやメモリへの負荷が少ないのが特徴です。一方で、他のルータから受信した宛先情報を素直にルーティングテーブルに反映させてしまうため、場合によってはループが発生するデメリットなどがあります。

動画講義あります!

3 リンクステート型

OSPFなどの**リンクステート型**のプロトコルは、**各ルータがリンクの情報を交換します。**リンクの情報とは、たとえば、RT1であれば、「RT2と100Mbpsで接続している」や「IPアドレスは192.168.1.1/24が設定されている」などといった情報です。

ディスタンスベクタ型のプロトコルは動作するとルーティングテーブルを交換していましたが、リンクステート型は文字どおり**接続(リンク)の状態(ステート)**を交換します。各ルータは、他のルータからリンクステートを集めて、ネットワークの全体構成を把握します。その後、SPFアルゴリズム(ダイクストラのアルゴリズム)という方法で最適な経路を計算します。

リンクステート型のプロトコルでは、各ルータが全ルータのリンクの情報を持ち、ネットワーク全体を把握していますので、ループが起きにくく、ルーティングテーブルの完成(コンバージェンス)までのスピードも速いという特徴があります。

リンクステート型の最適経路の計算方法

ディスタンスベクタ型のプロトコルは、ホップ数で最適経路を計算しています。リンクステート型のプロトコルの場合はどうでしょうか。

リンクステート型のプロトコルは、ホップ数ではなく**帯域幅から求められるコスト**で最適経路を計算しています。言い換えると、**リンクステート型のプロトコルのメトリックはコストで計算しています。**計算した結果、宛先までのコストが少ない経路をルーティングテーブルに登録するのです。帯域幅とはざっくりいうとケーブルの通信速度のことです。つまり、リンクステート型のプロトコルでは

宛先までの通信速度が速いほうを最適経路と判断しているのです。

次の図を見てください。PC1からPC2にパケットを転送する場合を考えます。帯域幅はRT1からRT2方向に10Mbps、RT3方向に100Mbpsです。この構成では、RT1はRT2かRT3のどちらにパケットを転送するのでしょうか。

■リンクステート型の最適経路の計算方法

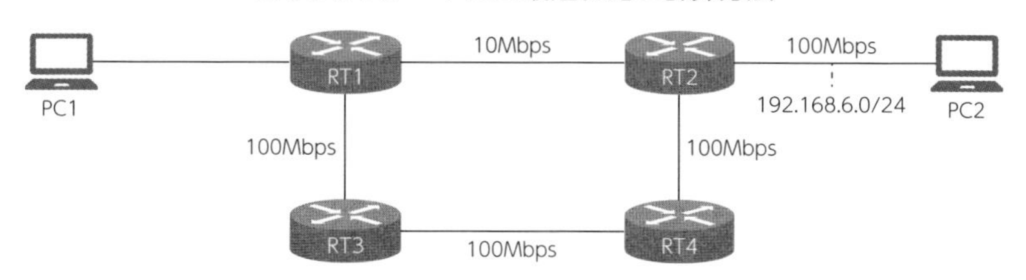

正解は、RT3方向の経路です。ディスタンスベクタ型のプロトコルではホップ数が少ない経路が最適だと判断されますが、リンクステート型のプロトコルでは速度が１番速い経路が最適だと判断されます。

たとえば、リンクステート型のプロトコルの１つである、OSPFではデフォルトで次のように帯域幅をコストに換算しています。

Ethernet（10Mbps）	：コスト10
FastEthernet（100Mbps）	：コスト１
GigabitEthernet（1000Mbps）	：コスト１

また、**コストはパケットを送出するインターフェースで加算されます**。ディスタンスベクタ型のプロトコルとカウントの考え方が違うので注意してください。

■コストの加算はパケットを送出するインターフェースで行われる

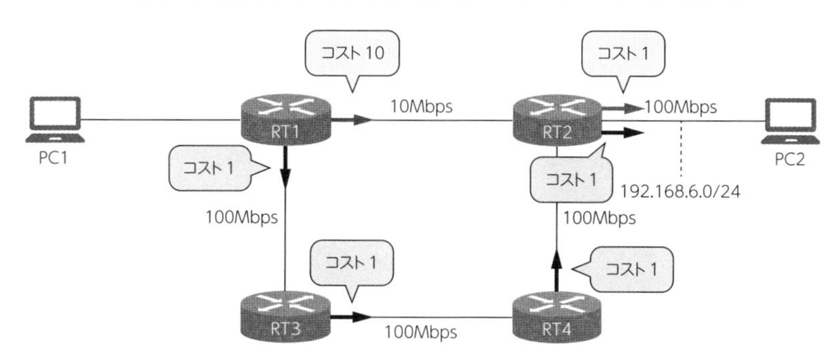

今回は、RT2を経由する経路はコストが11、RT3を経由する経路はコストが4になります。これにより、192.168.6.0/24ネットワークへは、RT3経由の経路が最適経路と判断されます。

最適経路が決まると、その情報をルーティングテーブルに登録します。

■OSPFで計算した経路が載っているルーティングテーブル

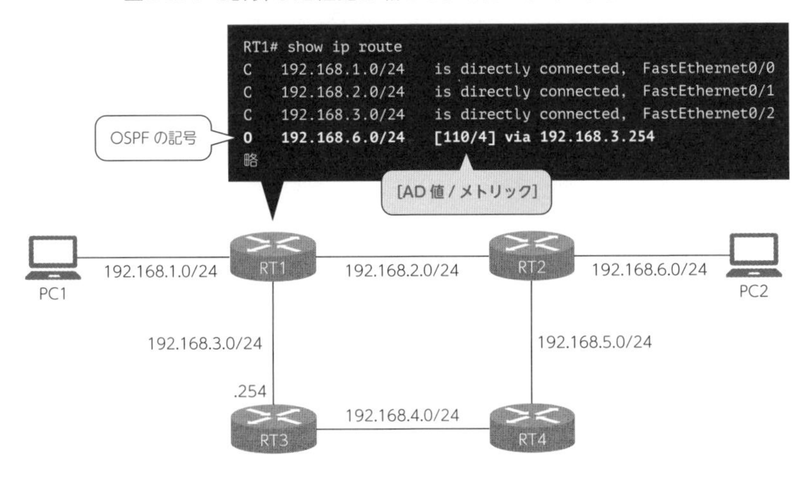

4 拡張ディスタンスベクタ型

シスコ独自のルーティングプロトコルにEIGRPというプロトコルがあります。EIGRPは、ディスタンスベクタ型とリンクステート型の両方の利点を備えており、**拡張ディスタンスベクタ型**またはハイブリッド型ルーティングプロトコルと呼ばれています。シスコ製品だけでネットワークを構築する場合はEIGRPが最適とされています。AD値も90になっており他のプロトコルよりも優先されていますね。

5 その他

本書では取り扱いませんが、EGPに分類されるBGPというプロトコルでは、**パスベクタ型**という経路計算が行われています。

どのプロトコルがどの分類（アルゴリズム）に属しているのかも覚えましょう！STEP2-3.7に記載している語呂合わせには分類の覚え方も含まれていますよ。

標準編 STEP 3-3.3

重要度 ★★★

OSPFの概要

OSPFは機能が多い分、動作が複雑で管理トラフィックも多くなりがち

ポイントはココ!!

- OSPFは**リンクステート型**のダイナミックルーティングプロトコルである。
- 2-Way状態にあるルータとの関係を**ネイバー関係**という。
- Full状態にあるルータとの関係を**アジャセンシー関係**という。
- Full状態では**LSA**をやり取りして経路計算を行う。
- OSPFを有効にしたルータでは、LSAを**LSDB**に保管する。
- マルチアクセスネットワークでは**DR**と**BDR**を選出して、ネットワークのトラフィックを軽減する。
- DRとBDRは各セグメントごとに選出される。

1 ダイナミックルーティングの分類とOSPFの立ち位置

■ルーティングプロトコルの分類

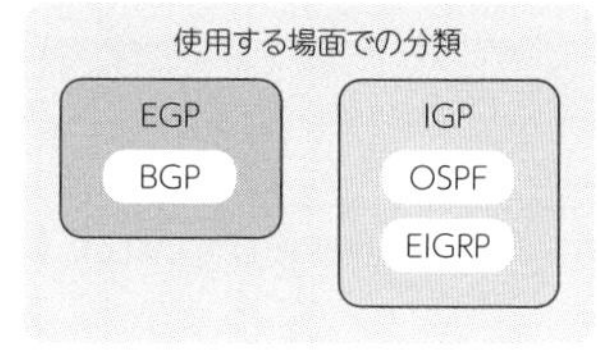

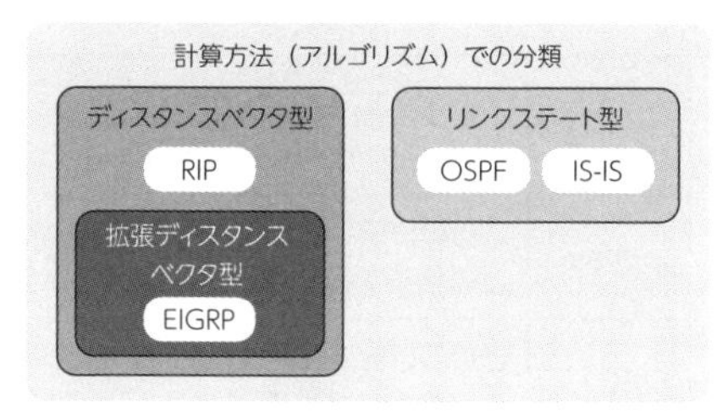

OSPF（Open Shortest Path First）は**ダイナミックルーティングプロトコル**の1つで、**リンクステート型**の計算を行うプロトコルです。この辺の学習内容があいまいな人は、前項の「ダイナミックルーティングプロトコルの種類と特徴」に戻って復習をしましょう。CCNA試験で主に出題されるダイナミックルーティ

ングプロトコルはOSPFとEIGRPです。OSPFは標準仕様が規定されており、さまざまなメーカーの機器が混在したネットワークでも使用できます。

2 OSPFでは経路計算を開始する前に隣接関係を確立する

ネットワークでOSPFを有効にすると、OSPFを有効にしたルータ間でお互いのネットワークの情報をやり取りして、ルーティングテーブルに経路情報を自動で登録してくれます。ただし、ネットワークの情報をやり取りするためには、ルータ同士が隣接関係を確立しなければいけません。OSPFの隣接関係がなければ、経路を計算することができないのです。OSPFを有効にしたルータ同士が隣接関係を確立し、経路計算ができる状態になることを**コンバージェンス**といいます。

OSPFを有効にしたルータでは、隣接関係を確立したり、ネットワーク情報を収集するために、さまざまなパケットをやり取りしています。主要なパケットは以下です。

パケット	内容
Hello	ネイバーの発見とネイバーが正常に稼働しているかを確認する。
LSA	Link State Advertisement、周囲のルータの接続状態（リンクステート）が記録されたパケット。

OSPFでは完全な隣接関係（Full状態）にあるルータとLSAを交換し、ネットワークの最新情報を取得します。収集したLSAは**LSDB**（**Link State Database**）というトポロジーテーブルに保管しておきます。また、OSPFを有効にしたルータは、処理内容によっていくつかの状態を遷移します。主要な状態は以下です。

状態	内容
Down	このOSPFルータとのやり取りがない。
2-Way	このOSPFルータと相互に認識し合っているが、LSAは交換していない。 この状態を特に**ネイバー関係**という。
Full	このOSPFルータと完全な隣接関係にあり、LSAを交換している。 この状態を特に**アジャセンシー関係**という。

たとえば、RT1の設定情報を確認すると「RT2とは2-Way、RT3とはFull」というような情報を取得できます。この場合、RT1はRT2に対して「このOSPFルータと相互に認識し合っているが、LSAは交換していない」状態だという意味になります。

3　すべてのOSPFルータとFull状態になると、管理用のトラフィックが増えてしまう

OSPFを有効にしたルータ同士は、基本的にはFull状態になってアジャセンシー関係になります。次のように、１つのスイッチに複数のルータが接続されているマルチアクセスの環境において、アジャセンシー関係はいくつできているでしょうか？

■マルチアクセスでのアジャセンシー関係の数とDR・BDRの選出

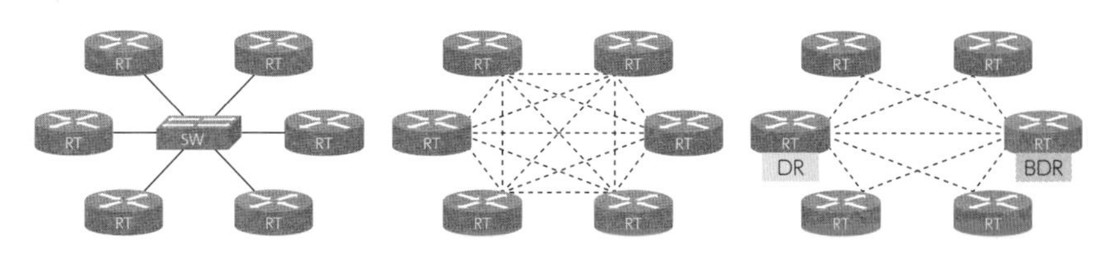

真ん中の図の点線の数を数えると15本もあります。このマルチアクセスの環境では15のアジャセンシー関係でLSAが交換されます。このままではネットワーク上を流れる管理用のトラフィックが増え、負荷が大きくなってしまいます。この問題を解消するために、OSPFでは右の図のように**代表ルータ**（**DR**：Designated Router）と**バックアップ代表ルータ**（**BDR**：Backup Designated Router）、そしてそれ以外のルータ（**DROther**）に役割を分けてネットワークを管理します。

DRとBDRだけが各ルータとアジャセンシー関係（Full状態）になります。DR Other同士はネイバー関係（2-Way）状態になります。右の図ではアジャセンシー関係が15から９に減少していますね。また、各ルータ（DROther）はDRまたはBDRとだけLSAを交換するので、トラフィックを軽減することができています。LSAのやり取りはシンプルで、DRが各ルータからLSAを回収し、それらの情報をまとめてDRが各ルータへ配布します。

4　DRとBDRを選出する範囲

OSPFでは**セグメント（１つのネットワークごと）にDRとBDRを選出します。**次の図では３つのセグメントでそれぞれDRとBDRが選出されます。また、選出結果として、RT1はセグメント１のDRでありながら、セグメント２のBDRでも

■DRとBDRを選出する範囲

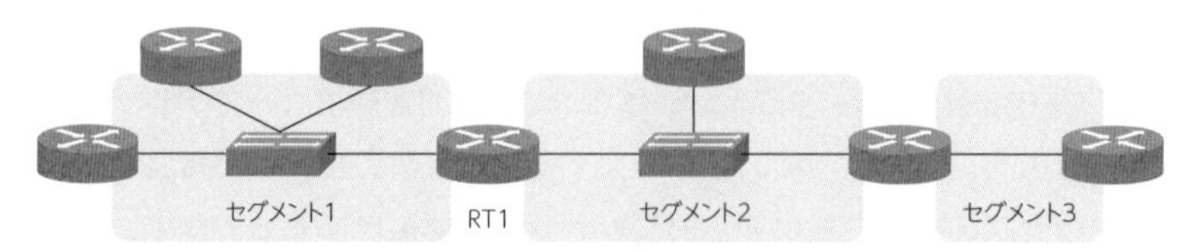

あるという状況にもなり得ます。次項で各セグメントでどのようにDRとBDRが選出されるのかを見ていきましょう。

なお、セグメント３のようにルータが２台しかないセグメントでも、基本的にはDRと**BDR**は選出されます。DRと**BDR**を選出しない（計算しない）ようにすることも可能です。

5 OSPF等コストロードバランシング

OSPFでは、コストが最短であるルートが複数ある場合、デフォルトで４つまでルーティングテーブルに登録され、トラフィックは各経路に分散して送られます。次の図では192.168.7.0/24ネットワークへの経路が３つあり、どの経路もコストが３です。この場合、ルーティングテーブルには３つの経路情報が登録され、トラフィックは分散して送られます。

■OSPF等コストロードバランシング

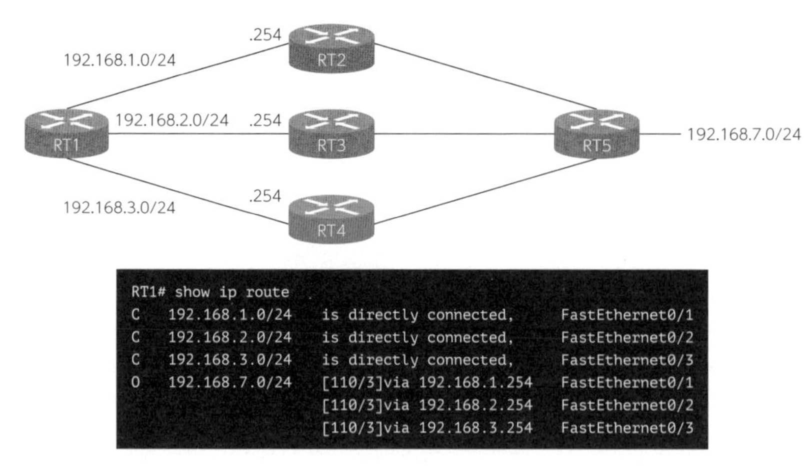


```
RT1# show ip route
C    192.168.1.0/24    is directly connected,      FastEthernet0/1
C    192.168.2.0/24    is directly connected,      FastEthernet0/2
C    192.168.3.0/24    is directly connected,      FastEthernet0/3
O    192.168.7.0/24    [110/3]via 192.168.1.254    FastEthernet0/1
                       [110/3]via 192.168.2.254    FastEthernet0/2
                       [110/3]via 192.168.3.254    FastEthernet0/3
```

重要度 ★★★

DRとBDRの選出方法

DR・BDRの選出と、ルータIDの決定を区別して考えよう！

ポイントはココ!!

各セグメントでのDRとBDRの決定方法

①ルータプライオリティを比較する

ルータプライオリティが１番大きいものがDR、２番目がBDRに選出される

②①で決まらない場合はルータIDを比較する

ルータIDが１番大きいものがDR、２番目がBDRに選出される

ルータIDの決定方法は次のとおり

a. ルータIDが設定されていればルータIDを使用する

b. aで決まらなければ、有効なループバックインターフェースのうち最大のIPアドレス

c. bで決まらなければ、有効な物理インターフェースのうち最大のIPアドレス

●学習と試験対策のコツ

DRとBDRを選出する問題は頻出です。そして、ここは学習者がよく誤解する項目ですので、慎重に読み進めてください。

1 DRとBDRはどう選出するのか

各セグメントでのDRとBDRの選出方法は下記のとおりです。

①ルータプライオリティを比較する

ルータプライオリティはルータの各インターフェースに設定することができる、０から255までの数値です。ルータプライオリティが1番大きいものがDR、

２番目がBDRに選出されます。なお、デフォルトは１で、０を指定するとDRおよびBDRには選出されなくなります。

■ルータプライオリティの比較

セグメント１を確認してみましょう。セグメント１に属するインターフェースのルータプライオリティを比較します。するとRT4のプライオリティ 150が一番大きいので、セグメント１ではRT4がDRに選出されます。そして、その次にプライオリティが大きいRT3がBDRに選出されます。RT1とRT2はデフォルトの1から変更されていないことがわかります。

次にセグメント２です。RT5はプライオリティが０に設定されているので、DRにもBDRにも選出されません。セグメント２ではRT6がDR、RT4がBDRに選出されます。

最後にセグメント３です。各プライオリティはデフォルトのままの１ですので、大小を決定することができません。このままではDRとBDRを選出できないので、ルータIDを比較する手順に進みます。

②ルータIDを比較する

■ルータIDの比較

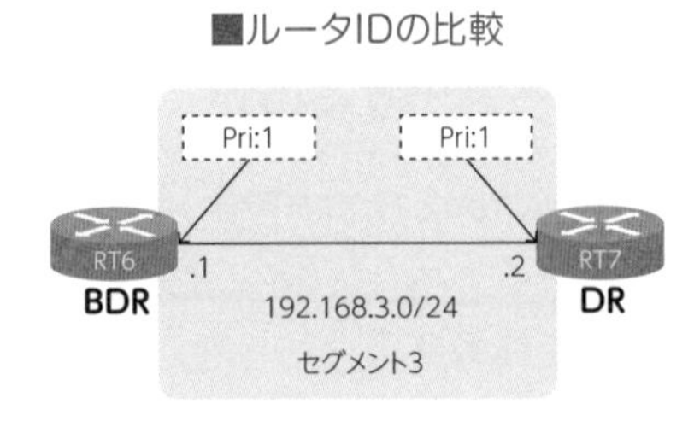

ルータプライオリティで決まらなかったセグメント３について考えてみましょ

う。この場合は各ルータのルータIDを比較します。ルータIDとはOSPFが動作している各ルータの識別番号のことです。**ルータIDは1つのルータに1つで、他のOSPFルータと重複してはいけません。**ルータプライオリティがルータの各インターフェースに設定されていることと区別してください。

結論からいうと、セグメント3ではRT7がDR、RT6がBDRに選出されます。これはなぜでしょうか。セグメント3のようにプライオリティ値が同じで決められない場合、以下のルータIDの優先順位によって決定されるからです。

2 ルータIDの決定方法

ルータIDの決定方法を確認しましょう。

a.ルータIDを手動で設定する

OSPFのルータIDはrouter-idコマンドで次のように手動で設定することができます。ルータIDが手動で設定されている場合はこの値がルータIDとして利用されます。

```
RT1(config-router)# router-id 1.1.1.1
```

b.有効なループバックインターフェースのうち最大のIPアドレス

ルータIDが手動で設定されていない場合は、有効なループバックインターフェースのうち最大のIPアドレスをルータIDとして利用します。**ループバックインターフェース**とは管理者が任意で作成する仮想的なインターフェースのことです。外部のどこともつながっておらず、特定の用途で利用されます。ループバックインターフェースに割り当てられるIPアドレスを**ループバックアドレス**（loopback address）といいます。「Lo」などのように省略して表記されることもあります。シャットダウンされていない（有効な）ループバックインターフェースのループバックアドレスがルータIDとして利用されます。

c.有効な物理インターフェースのうち最大のIPアドレス

ループバックアドレスも設定されていない場合は、有効な物理インターフェースのうち最大のIPアドレスがルータIDとして利用されます。

RT6とRT7には手動で設定されたルータIDもループバックアドレスもないので、IPアドレスを利用します。その結果、RT7がDR、RT6がBDRに選出されます。

3 ルータIDによるDRとBDRの選出は町内会長を選ぶようなもの

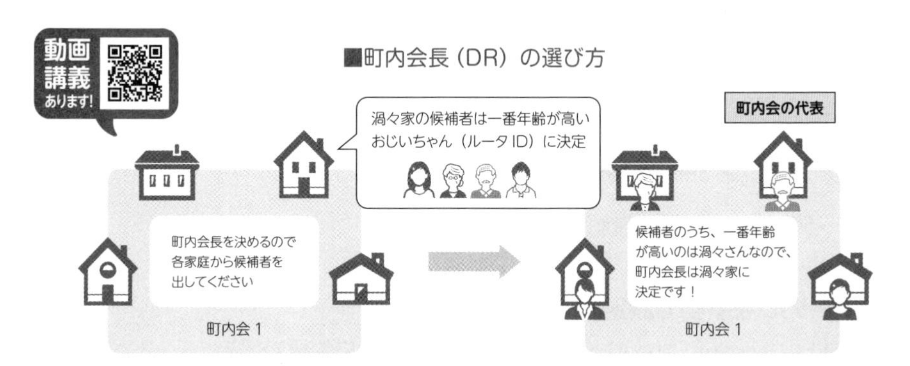

■町内会長（DR）の選び方

なぜわざわざたとえ話で説明するかというと、学習者がよく誤解する項目だからです。上の図では、まず各家庭で代表者が決められます。渦々家では一番年齢の高いおじいちゃんが渦々家の代表に決まりました。他の家庭でも同じように代表者が決められます。これがルータIDのことです。

各家庭で代表者が決まったら、代表者が集まり町内会長を決めます。今回は渦々家のおじいちゃんが一番年齢が高かったので、渦々家が町内会長に決まりました。これがDRのことです。

■ルータIDの決定方法

RT2 RT3 RT1 RT4
セグメント2
Fa0/2
IP:192.168.2.1
セグメント3
Fa0/1
IP:192.168.1.1
Fa0/3
IP:192.168.3.1
RT4のルータID
セグメント1 192.168.1.0/24

次に実際に町内会ではなくセグメント１で考えてみましょう。各ルータのルータIDがどう決まるかを確認します。RT4に注目してください。ルータIDは手動設定されていませんので、ループバックインターフェースを確認します。今回はループバックアドレスもありませんので、物理インターフェースのIPアドレスを確認します。RT4で一番大きなIPアドレスは192.168.3.1なのでこれがRT4のルータIDとして利用されます。

注意点は、セグメント１（192.168.1.0/24）でDRとBDRを決める際に、RT4のルータIDとして192.168.3.1が使われることです。192.168.1.1ではありません。学習者からはよく「セグメント１なのだから、RT4のルータIDは192.168.1.1になるのでは？」という質問が来ます。ここまでの説明を注意深く読み進めた方は何が間違っているのかわかるはずです。ルータにおいてルータIDを決定することと、セグメントにおいてDR・BDRを選出することを、はっきりと区別してください。ちゃんと整理できていないと上記のような誤解につながります。

例題

各セグメントのDRとBDRはどのルータになるか解答してください。

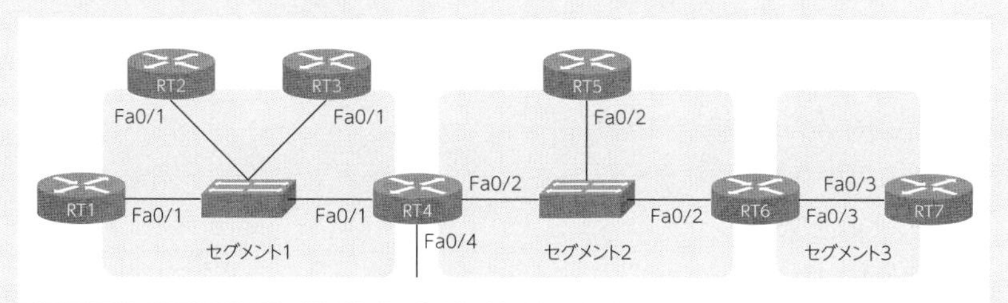

RT1	RT2	RT3	RT4	RT5	RT6	RT7
Priority Fa0/1:1	Priority Fa0/1:1	Priority Fa0/1:1	Priority Fa0/1:1 Fa0/2:90 Fa0/4:1	Priority Fa0/2:80	Priority Fa0/2:100 Fa0/3:1	Priority Fa0/3:1
Router ID 10.10.1.1	Router ID	Router ID 10.10.1.3	Router ID	Router ID	Router ID	Router ID
Lo:20.1.10.1	Lo:20.1.20.1 Lo:20.1.21.1	Lo:	Lo:	Lo:20.2.50.1	Lo:20.3.60.1	Lo:
Fa0/1 192.168.1.1	Fa0/1 192.168.1.2	Fa0/1 192.168.1.3	Fa0/1 192.168.1.4 Fa0/2 192.168.2.1 Fa0/4 192.168.4.1	Fa0/2 192.168.2.2	Fa0/2 192.168.2.3 Fa0/3 192.168.3.1	Fa0/3 192.168.3.2

STEP3 標準編

解答：セグメント1

セグメント１に属する各ルータのインターフェースにおいて、ルータプライオリティはすべて１なのでDR・BDRを決定することはできません。次にルータIDを比較するために、各ルータのルータIDを割り出します。

RT1にはルータIDが設定されています。RT1のルータIDは10.10.1.1に決まります。

RT2にはルータIDが手動で設定されていません。次の基準であるループバックアドレスを確認します。２つあるループバックアドレスのうち､値が大きい20.1.21.1がRT2のルータIDに決まります。

RT3にはルータIDが設定されています。RT3のルータIDは10.10.1.3に決まります。

RT4にはルータIDが手動で設定されていません。ループバックアドレスも設定されていません。そこで物理インターフェースのIPアドレスを比較します。一番値が大きいアドレスはFa0/4なので、RT4のルータIDは192.168.4.1に決まります。

各ルータのルータIDが決まったので、ルータIDを比較しましょう。セグメント１では、ルータIDが最も大きいRT4がDRになります。そして２番目にルータIDが大きいRT2がBDRになります。

RT1：10.10.1.1
RT2：20.1.21.1
RT3：10.10.1.3
RT4：192.168.4.1

解答：セグメント2

セグメント２に属する各ルータのインターフェースにおいて、ルータプライオリティを比較します。ルータプライオリティが最も大きいRT6がDRになります。そして２番目に大きいRT4がBDRになります。

RT4のFa0/2：90
RT5のFa0/2：80
RT6のFa0/2：100

解答：セグメント3

セグメント3に属する各ルータのインターフェースにおいて、ルータプライオリティはすべて1なのでDR・BDRを決定することはできません。次にルータIDを比較するために、各ルータのルータIDを割り出します。

RT6にはルータIDが手動で設定されていません。今回はループバックアドレスが設定されているので、20.3.60.1がRT6のルータIDに決まります。

RT7にはルータIDが手動で設定されていません。ループバックアドレスも設定されていません。物理インターフェースFa0/4の192.168.3.2がRT7のルータIDに決まります。

各ルータのルータIDが決まったので、ルータIDを比較しましょう。セグメント3では、ルータIDが最も大きいRT7がDRになります。そして2番目に大きいRT6がBDRになります。

RT6：20.3.60.1
RT7：192.168.3.2

注意！よくある間違い

次に挙げる間違った考え方は、「DR・BDRの選出」と「ルータIDの決定」を混同していることが原因です。とてもよくある間違いなので十分に気をつけてください。

間違い例）セグメント1

ルータプライオリティは全部同じだから、ルータIDを比較しよう。
ルータIDはRT1とRT3に設定されているな。
大きいほうのRT3がDRで、次に大きいRT1がBDRだ。

間違い例）セグメント3

ルータプライオリティは全部同じだから、ルータIDを比較しよう。
ルータIDは設定されていないから、ループバックアドレスを比較しよう。
唯一RT6にはループバックアドレスがあるから、RT6がDRだ。

この間違いは本当に多いです……特に注意してください！

標準編
STEP
3-3.5

EIGRPの概要

EIGRPはシスコ独自のプロトコルでOSPFよりもバランスがとれている

ポイントはココ!!

- EIGRPは**拡張ディスタンスベクタ型**のダイナミックルーティングプロトコルである。
- シスコ独自のプロトコルである。
- ディスタンスベクタ型よりもネットワークへの負荷が小さくなる。
- リンクステート型よりもルータの処理負荷が小さくなる。
- 宛先ネットワークまでのメトリックをフィージブルディスタンス（FD）と呼び、隣接ルータから宛先ネットワークまでのメトリックをアドバタイズドディスタンス（AD）と呼ぶ。
- 最適経路のことを**サクセサ**といい、予備のルートを**フィージブルサクセサ**という。
- EIGRPは等コストロードバランシングに加え、**不等コストロードバランシング**に対応している。

1 ダイナミックルーティングの分類とEIGRPの立ち位置

■ダイナミックルーティングプロトコルの分類

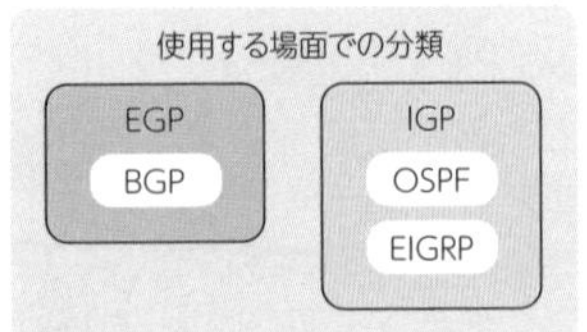

EIGRP（Enhanced Interior Gateway Routing Protocol）は**ディスタンスベクタ型**と**リンクステート型**の両方の利点を取り入れている**拡張ディスタンスベクタ型**（**ハイブリッド型**）のルーティングプロトコルです。

CCNA試験で主に出題されるダイナミックルーティングプロトコルはOSPFとEIGRPです。OSPFは標準仕様が規定されており、さまざまなメーカーの機器が混在したネットワークでも使用できます。しかしEIGRPは**シスコ独自のプロトコル**なので、ネットワーク機器がすべてシスコ製品である必要があり、**他社製のルータが混在する状況では使用できません**。シスコ製品だけでネットワークを構築する場合はEIGRPが最適とされています。EIGRPのAD値も90になっており他のプロトコルよりも優先度が高いことがわかります。

動画講義あります！

2　EIGRPの計算の特徴

EIGRPを利用するメリットを、経路計算の観点から紹介します。

EIGRPを利用すると、**ネットワークに流れる制御用トラフィックの量を軽減させることができます**。つまりネットワークへの負荷が小さくなります。たとえば、ディスタンスベクタ型に分類されるRIPでは、ルーティングテーブルの情報を定期的にルータ間でやり取りするので、ネットワークを流れるRIPのトラフィック量が多くなってしまいます。しかし、EIGRPでは**ルーティングテーブルの更新情報**（**Updateパケット**）**だけをやり取りする**ので、EIGRPによるトラフィック量は少なくて済みます。各ルータの接続（リンク）の状態（ステート）を交換するリンクステート型と似ていますね。

次に、EIGRPを利用すると、OSPFに比べてルータの処理負荷を軽減させることができます。たとえば、リンクステート型に分類されるOSPFでは、LSAを交換して各ルータの接続状況を回収しますが、その後、LSAをもとにネットワークの全体構成を計算してルーティングテーブルを作成する必要があるので、ルータの処理負荷が大きくなってしまいます。しかし、EIGRPでは各ルータがすでにルーティングテーブルを保持しているので、その情報から距離（ディスタンス）と方向（ベクタ）をもとに最適な経路の計算処理をすればいい分、ルータの処理負荷は小さくなります。

3 EIGRPのルート選択

ディスタンスベクタ型のプロトコルのメトリックはホップ数で計算していますが、EIGRPでは**帯域幅と遅延でメトリックを計算します。**なお、この他にも信頼性、負荷、MTUを計算に加えることもできます。MTUとはMaximum Transmission Unitのことで、ネットワークで一回に送信できる最大のデータサイズのことです。

また、EIGRPでは宛先ネットワークへの最適経路のメトリックのことを**フィージブルディスタンス（FD）**と呼び、隣接ルータから宛先ネットワークまでのメトリックを**アドバタイズドディスタンス(AD)**と呼びます。なおADはレポーテッドディスタンス（RD）と呼ばれることもあります。

■FDとAD

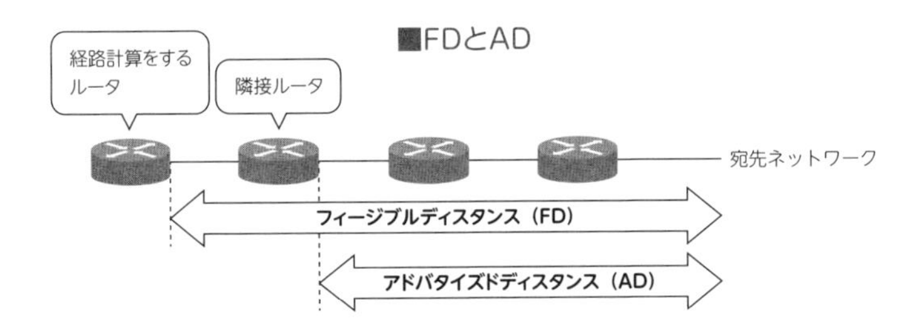

EIGRPではFD値やAD値をもとに最適ルートが決定されます。宛先ルートまでの最適経路のことを**サクセサ**（**サクセサルート**）と呼び、サクセサがダウンした際に利用する予備のルートを**フィージブルサクセサ**と呼びます。

4 ロードバランシング

EIGRPではOSPFと同様に、**等コストロードバランシング**に対応しています。サクセサが複数ある場合、デフォルトで４つまでルーティングテーブルに登録され、トラフィックは各経路に分散して送られます。

さらに、EIGRPには**不等コストロードバランシング**という機能もあります。不等コストロードバランシングを利用すると、サクセサ以外のルートもルーティングテーブルに追加することができ、トラフィックを分散させることができます。

サクセサに比べてコストが劣っている経路でも転送経路として使用できるので、管理者はより細かなネットワーク設定をすることができますね。

標準編 STEP 3-3.6

重要度 ★★★

経路の決定方法（ロンゲストマッチ）

宛先のネットワークアドレスのビットに最も長く一致するほど優先度の高いルート

ポイントはココ!!

- 宛先のネットワークアドレスのビットに最も長く一致するルートを選ぶというルールを**ロンゲストマッチ**という。
- ロンゲストマッチで判断する際には、宛先IPアドレスがルート情報のネットワークに属している必要がある。
- ルーティングでは、ロンゲストマッチが経路決定の方法として最優先される。

考えてみよう

まずはSTEP2-3.7で学習した経路決定の方法を確認しましょう。

次の図でRT1に宛先IPアドレスが192.168.6.1のパケットが届いたら、RT1は次にどのルータにパケットを転送しますか？

■ネクストホップのルータはどれか？

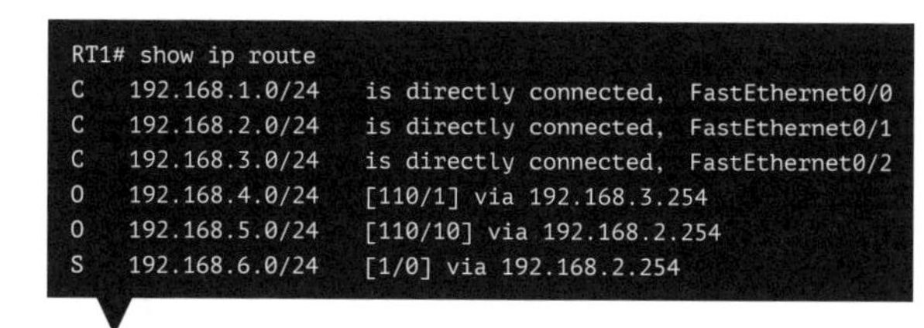

```
RT1# show ip route
C    192.168.1.0/24    is directly connected,  FastEthernet0/0
C    192.168.2.0/24    is directly connected,  FastEthernet0/1
C    192.168.3.0/24    is directly connected,  FastEthernet0/2
O    192.168.4.0/24    [110/1] via 192.168.3.254
O    192.168.5.0/24    [110/10] via 192.168.2.254
S    192.168.6.0/24    [1/0] via 192.168.2.254
```

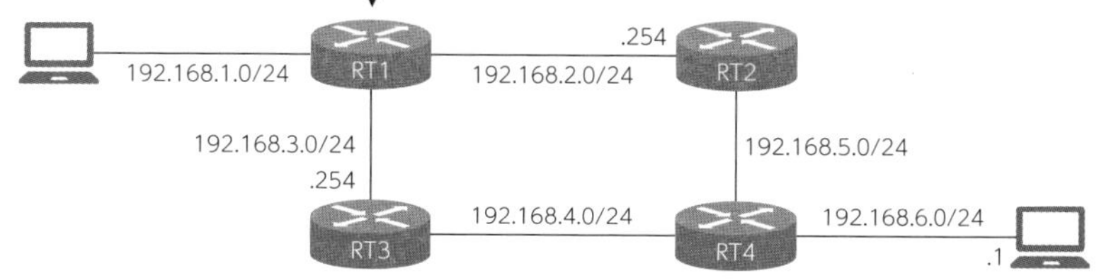

答えはRT2ですね。RT1は、ルーティングテーブルで192.168.6.1が所属している可能性のあるネットワークを検索します。今回は１番下の192.168.6.0/24のネットワークが該当します。このエントリを確認すると、ネクストホップが192.168.2.254となっているので、ネットワーク図を参照して、RT1が次にパケットを転送する先がRT2だとわかります。

では、次のネットワーク図で、宛先IPアドレスが192.168.4.251のパケットが届いたら、RT1は次にどのルータにパケットを転送するでしょうか？

■サブネット化されている場合の宛先ネットワーク

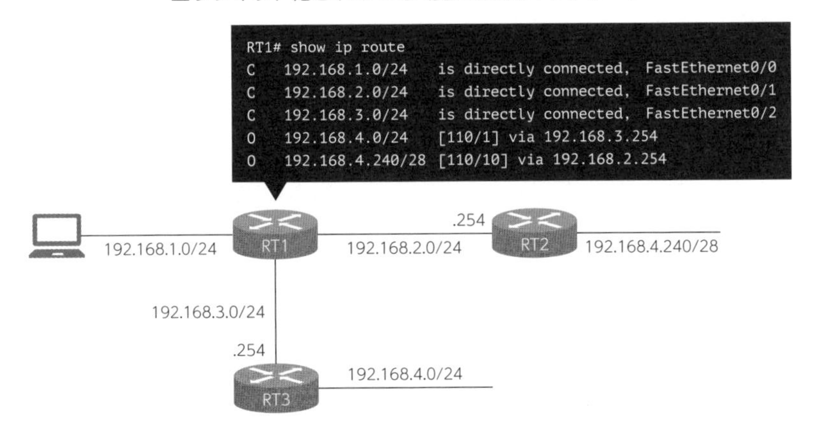

1　今何が問題になっているのか

この例では、そもそも何が問題になっているのでしょうか。ルーティングテーブルで192.168.4.251が所属している可能性のあるネットワークを検索するのですが、候補となるネットワークが２つあるのです。192.168.4.0/24と192.168.4.240/28です。この2つのネットワークのアドレス範囲を確認してみましょう。

192.168.4.0/24のネットワークは192.168.4.0〜192.168.4.255

192.168.4.240/28のネットワークは192.168.4.240〜192.168.4.255

つまり、パケットの宛先IPアドレス192.168.4.251は、どちらのネットワークにも所属しうるのです。ただし、実際にどちらのネットワークに属しているのかは、この段階ではわかりません。

ちなみに、「そもそもIPアドレスが重複する可能性があるようなアドレスの設定はできないのでは？」と思われるかもしれませんが、アドレス範囲の重複で警告が出るのはルータに直接接続しているようなネットワークでの状況です。ただし、サブネッティングされているネットワークでホストにIPアドレスを設定する場合は、IPアドレスの重複に気をつけてくださいね。

■IPアドレスの範囲重複が原因でエラーが出る場合

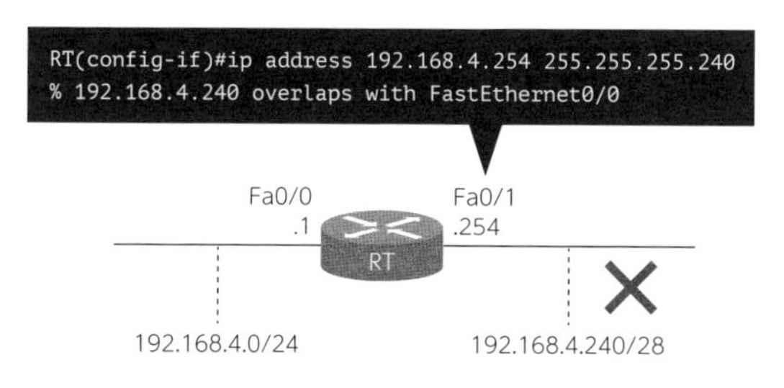

2 ロンゲストマッチ

今回のネットワーク図のように、パケットの宛先IPアドレスに該当するルートがルーティングテーブルに複数ある場合、ルータは**ロンゲストマッチ（最長一致）**という基準で経路を決定します。ロンゲストマッチとは、**宛先IPアドレスがルート情報のネットワークに属しているうえで、宛先のネットワークアドレスのビットに最も長く一致するルートを選ぶというルール**です。ルーティングでは、複数の宛先ルートがルーティングテーブルにある場合、**ロンゲストマッチが経路決定の方法として最優先されます。**今回の問題を例に確認してみましょう。

192.168.4.251	1 1 0 0 0 0 0 0	1 0 1 0 1 0 0 0	0 0 0 0 0 1 0 0	1 1 1 1 1 0 1 1
192.168.4.0/24	1 1 0 0 0 0 0 0	1 0 1 0 1 0 0 0	0 0 0 0 0 1 0 0	0 0 0 0 0 0 0 0
192.168.4.240/28	1 1 0 0 0 0 0 0	1 0 1 0 1 0 0 0	0 0 0 0 0 1 0 0	1 1 1 1 0 0 0 0

最初に、宛先IPアドレス192.168.4.251がそもそも２つのネットワーク（192.168.4.0/24と192.168.4.240/28）に属しているかを確認します。すると、今回は２つのネットワークともネットワーク部は一致していることがわかります。

そのうえで、宛先のネットワークアドレスのビットに最も長く一致するルートを選びます。今回は28ビットが一致している192.168.4.240/28へのルートが選ばれます。したがって、問題の図からネクストホップが192.168.2.254だとわかるので、パケットはRT2に転送されるとわかります。

間違いが発生しやすいパターンを確認

この問題でもう少し練習してみましょう。今度は宛先IPアドレスが192.168.4.130のパケットが届いたらルータはどのネットワークに転送するでしょうか？ビットが一致している部分に色をつけています。

192.168.4.130	1 1 0 0 0 0 0 0	1 0 1 0 1 0 0 0	0 0 0 0 0 1 0 0	1 0 0 0 0 0 1 0
192.168.4.0/24	1 1 0 0 0 0 0 0	1 0 1 0 1 0 0 0	0 0 0 0 0 1 0 0	0 0 0 0 0 0 0 0
192.168.4.240/28	1 1 0 0 0 0 0 0	1 0 1 0 1 0 0 0	0 0 0 0 0 1 0 0	1 1 1 1 0 0 0 0

非常に間違いが多い考え方はこうです。

> 192.168.4.0/24のネットワークは24ビット一致している。
> 192.168.4.240/28のネットワークは25ビット一致している。
> ゆえに192.168.4.240/28へのルートが選ばれる。

先のロンゲストマッチの説明では**「宛先IPアドレスがルート情報のネットワークに属しているうえで」**と記載しました。IPアドレス192.168.4.130は、192.168.4.240/28に属してはいません。したがって、今回の場合は、192.168.4.240/28のネットワークをロンゲストマッチの比較対象にすること自体がおかしいのです。ルーティングテーブルの検索では、192.168.4.0/24のルートだけが引っかかります。

ロンゲストマッチの前提として、対象のIPアドレスが宛先ネットワークに属していること。
この点を見落とす学習者が非常に多いので、皆さんも気をつけてくださいね！

例題

ルータが宛先IPアドレス192.168.10.16のパケットを受信すると、どのルートを採用しますか？　下のルーティングテーブルを参考にして考えてください。なお、表中のDはEIGRP、RはRIP、OはOSPFのダイナミックルーティングプロトコルを表しています。

```
Router# show ip route
D  192.168.10.0/24 [90/2679326] via 192.168.1.1
R  192.168.10.0/27 [120/3] via 192.168.1.2
O  192.168.10.0/28 [110/2] via 192.168.1.3
```

解答

第4オクテットを2進数にして考えてみましょう。ネットワーク部に色をつけています。

192.168.10.16	192	168	10	0	0	0	1	0	0	0	0
①192.168.10.0/24	192	168	10	0	0	0	0	0	0	0	0
②192.168.10.0/27	192	168	10	0	0	0	0	0	0	0	0
③192.168.10.0/28	192	168	10	0	0	0	0	0	0	0	0

まず、宛先IPアドレス192.168.10.16が、ルート情報のネットワークに属しているかどうかを確認するのでしたね。③のネットワークには属していないことがわかります。次に①と②を比べると、②のほうがより長くビットが一致しているので、今回は②のルートが採用されます。

繰り返しますが、必ず宛先IPアドレスがルート情報のネットワークに属していることを確認してからビットの一致を調べてください。

標準編
STEP
3-3.7

重要度 ★★

HSRPの概要

デフォルトゲートウェイを冗長化する

ポイントはココ!!

- **HSRP**はデフォルトゲートウェイの冗長性を持たせるプロトコル。
- HSRPでは**スタンバイグループ**を**仮想ルータ**として運用する。
- 仮想ルータには**仮想IPアドレス**と**仮想MACアドレス**が設定され、クライアントからは1台のルータのように見える。
- 実際にパケットの転送を行うルータを**アクティブルータ**、アクティブルータが障害でダウンした際にアクティブルータに変わってパケットを転送するルータを**スタンバイルータ**という。
- プライオリティ値のデフォルトは**100**で、**プライオリティ値が大きいほう**がアクティブルータになる。
- アクティブルータからのHelloパケットを10秒間受信しないと、スタンバイルータはアクティブルータに切り替わる。
- プライオリティ値が一番大きいルータが常にアクティブルータになる設定をプリエンプトという。
- HSRP、GLBP、VRRPなどの冗長化するプロトコルをまとめて、**FHRP**という。

●学習と試験対策のコツ

HSRPに関する基本知識に加えて、アクティブルータやスタンバイルータの選出の基準や、デフォルトのプライオリティ値などもしっかりと覚えておきましょう。

考えてみよう

次の図のネットワーク構成だと、ルータが故障するとインターネット通信ができなくなってしまいます。個人でネットサーフィンをする程度であれば問題ないかもしれませんが、企業のサーバ運用などの場面では絶対に避けたい状況ですね。

どのようにすればこの問題が解決できるでしょうか。

■RTで障害が発生すると大問題

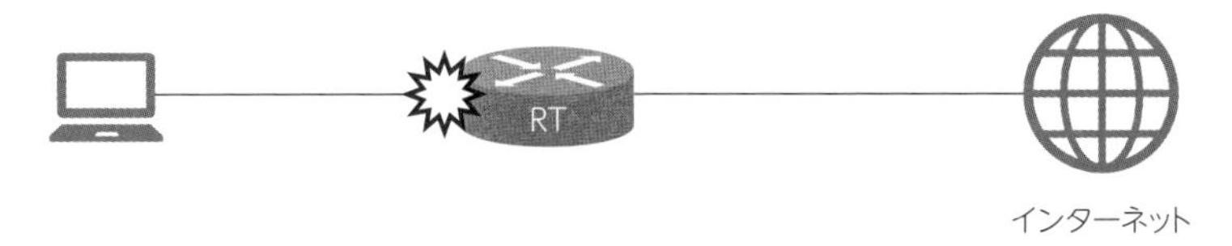

1　HSRPとは

ここまで学習してきた皆さんだと、なんとなく想像できているでしょう。そう、STEP2-2のSTPで学習したように、冗長性を持たせればよいですね。

先ほどの例では、ルータが1台しかないので、ルータが故障すると途端にインターネット通信ができなくなります。そこで**1台のルータが故障しても別のバックアップルータで通信ができるようにしよう**と考え出されたプロトコルが**シスコ独自のHSRP（Hot Standby Router Protocol）**です。普段からバックアップ用のルータを用意しておくことで**デフォルトゲートウェイの冗長性を持たせる**のがHSRPです。

■HSRPはデフォルトゲートウェイを冗長化する

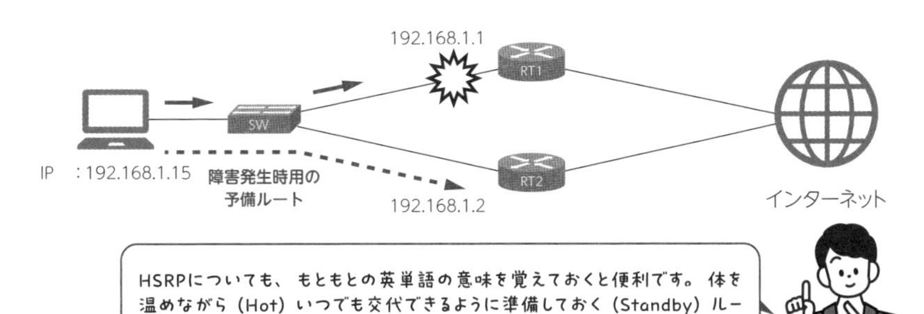

HSRPについても、もともとの英単語の意味を覚えておくと便利です。体を温めながら（Hot）いつでも交代できるように準備しておく（Standby）ルータ（Router）のプロトコル（Protocol）です。

2　HSRPのしくみ

HSRPを詳しく見ていきましょう。**HSRPは複数のルータをあたかも1台のルータのようにグルーピングして仮想ルータを形成します。**このグループのことを**HSRPスタンバイグループ**といいます。パソコンからは1台のルータがあるようにしか見えません。複数のルータをあたかも１台のルータのように扱うルータのことを**仮想ルータ**といいます。

■ユーザからは1台のルータのように見える

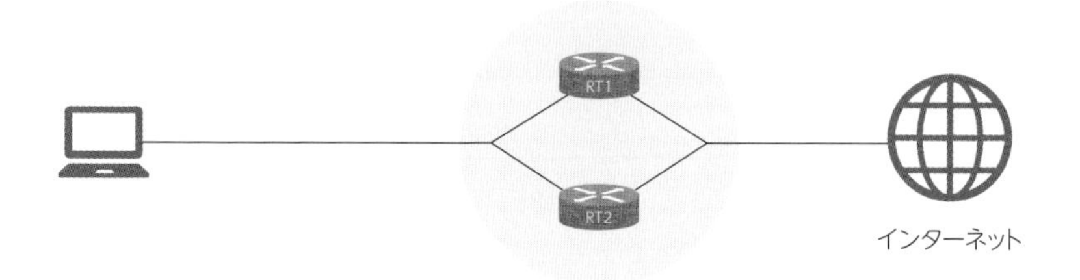

パソコンには、２台の物理的なルーターが１台のルータに見えています。では、なぜわざわざ仮想化をして１台に見せかける必要があるのでしょうか。

２台のルータを仮想ルータとしない場合で考えてみましょう。次の図を見てください。パソコンにはデフォルトゲートウェイとして192.168.1.1が設定されています。したがってインターネットと通信する際にはRT1を経由することになります。

■HSRPを使わずに2台のルータで運用している場合

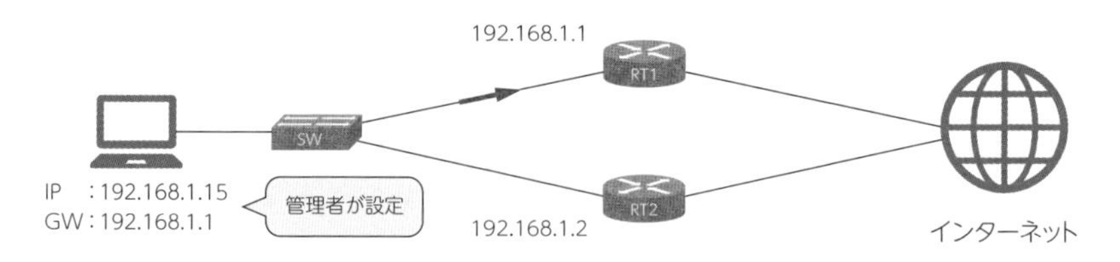

しかしこの状況でRT1で障害が発生したらどうなるでしょうか。RT1からインターネット側への通信は届かなくなっているのに、パソコンはRT1にパケットを送り続けてしまいます。なぜなら、パソコンのデフォルトゲートウェイのアドレスは192.168.1.1のままだからです。

「では、パソコンのデフォルトゲートウェイをRT2の912.168.1.2に変更すればいいじゃないか」と思われるかもしれませんね。障害が発生した瞬間に、管理者が数百台のパソコンのデフォルトゲートウェイを変更できるのであれば、その方法でも対応できますね。……でも無理ですよね。障害が発生するたびに管理者がそれぞれのパソコンの設定を変更するのは効率的ではありません。

■障害発生時にすべてのパソコンのデフォルトゲートウェイを変更するのは困難

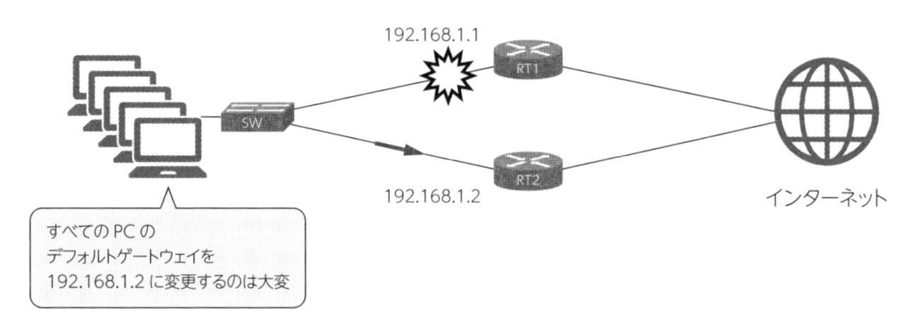

3　仮想IPアドレス

そこで、RT1とRT2を１つのグループとして仮想ルータにし、複数のルータで共有するIPアドレスを設定します。このアドレスのことを仮想IPアドレスといい、障害発生の有無にかかわらずパソコンは常にこの**仮想IPアドレス**にパケットを送ります。

次の図を見てください。今回は、仮想IPアドレスを192.168.1.3としています。そのため、各パソコンに設定するデフォルトゲートウェイのIPアドレスは192.168.1.3になります。

■仮想ルータの仮想IPアドレス

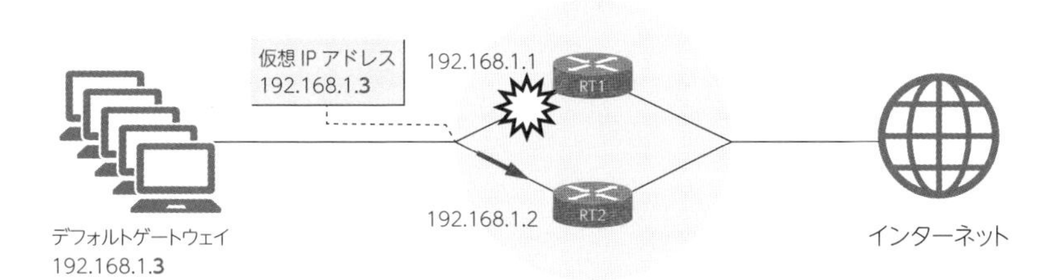

仮想IPアドレスを設定すると、RT1やRT2で障害が発生した場合、仮想ルータが内部で物理ルータを切り替えてくれます。パソコン側から見ると、ルータの障害の有無を気にすることなく仮想IPアドレスに向けてパケットを送ればよいことになります。

また、管理者にとっては、仮想ルータを用意することで、ルータに障害が発生しても、管理者が各PCのデフォルトゲートウェイの設定を変更する手間がなくなります。

4 仮想MACアドレス

　また、パソコンが通信する際は仮想ルータのMACアドレスも必要です。このMACアドレスのことを**仮想MACアドレス**といいます。HSRPではたとえば00-00-0C-07-AC-0Bのように仮想ルータのMACアドレスが決まります。仮想MACアドレスの「00-00-0C-07-AC-」の部分は自動で決定され、残りの部分（今回であれば「0B」）には、仮想ルータのグループ番号が入ります。

　仮想ルータのグループ番号とは、仮想ルータを作る際に決めるグループ番号のことです。グループ番号は、0～255で設定できます。パソコンは、仮想MACアドレスをヘッダに格納して通信を行います。

　ちなみに、皆さん$0B_{(16)}$をちゃんと10進数に変換できますか？　$0B_{(16)}$は11ですよ。今回はグループ番号11の仮想ルータを作成したことになります。

■仮想ルータの仮想MACアドレス

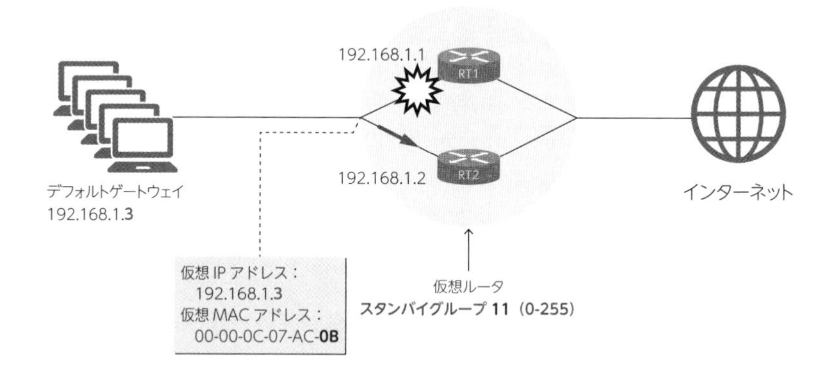

5 アクティブルータとスタンバイルータ

　HSRPが動作している環境では、**アクティブルータ**と**スタンバイルータ**で役割が分かれています。アクティブルータとは実際にパケットの転送を行うルータのことです。スタンバイルータとはアクティブルータが障害でダウンした際に、アクティブルータに変わってパケットを転送するルータのことです。アクティブルータとスタンバイルータのどちらになるかは、プライオリティ値で決まります。

プライオリティ値はデフォルトで**100**です。**HSRPではプライオリティ値が大きいほどアクティブルータとして優先されます。**なお、HSRPでは、プライオリティ値を手動で変更することができます。

アクティブルータとスタンバイルータが決定するまでの流れ

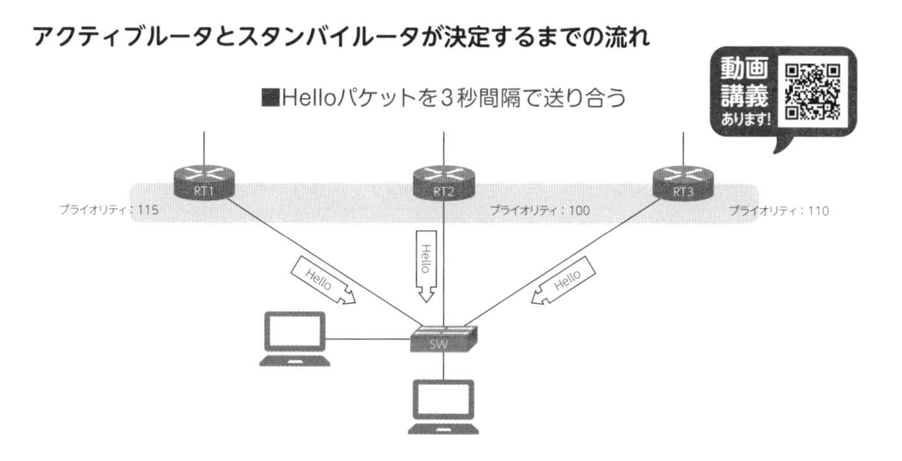

上の図では、RT1は「115」、RT2は「100」RT3は「110」のプライオリティ値です。まず初めに、ルータ間で、Helloパケットと呼ばれるHSRPの情報を、３秒間隔で送り合います。

続いて各ルータがプライオリティ値を比較し、115の一番高いプライオリティ値を持つRT1がアクティブルータとなります。そして、次に大きい110のプライオリティ値を持つRT2がスタンバイルータです。最後に残ったRT2は、「その他のルータ」となります。なお、プライオリティ値が同じ場合は、物理IPアドレスの大きい順で、アクティブルータとスタンバイルータが決まります。

役割が決定したあとは、アクティブルータとスタンバイルータのみがHelloパケットを送信し続けます。

6　障害発生時の動作

では、障害が発生したときの動作を見ていきましょう。アクティブルータのRT1に障害が発生したとしましょう。すると、RT2とRT3はRT1からのHelloパケットを受け取れなくなります。スタンバイルータは、アクティブルータからHelloパケットを10秒間受け取らなかった場合、アクティブルータがダウンしたと判断します。そして、RT3はスタンバイルータからアクティブルータに役割を変え、パケットを転送し始めます。また、RT2は「その他のルータ」からスタンバイルータに切り替わります。

■スタンバイルータからアクティブルータに切り替わる

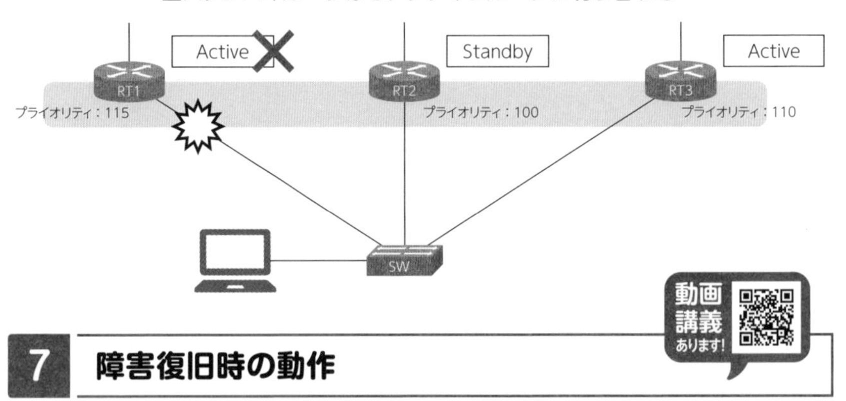

7 障害復旧時の動作

動画講義あります！

障害発生後、もともとアクティブルータだったRT1が復旧するとどうなるのでしょうか。HSRPで何も設定をしていない場合（デフォルトの状態）であれば、スタンバイルータからアクティブルータになったRT3がアクティブルータとして稼働し続けます。RT1を再びアクティブルータとして稼働させたい場合は事前に**プリエンプト**という設定をしておきます。プリエンプトという機能を有効にしておくと、プライオリティ値が大きいルータが常にアクティブルータになります。これによってRT1は障害から復旧したタイミングで再びアクティブルータに戻ることができます。

8 その他

本書では割愛していますが、デフォルトゲートウェイに冗長性を持たせるプロトコルはHSRP（シスコ独自）以外にも**GLBP（シスコ独自）**や**VRRP（標準化）**などがあります。

もともとの英単語を覚えておきましょう。最初に通るルータ（First Hop）を冗長化（Redundancy）するプロトコル（Protocol）といった意味合いですね。

これらのプロトコルを総称して**FHRP（First Hop Redundancy Protocol）**といいます。

標準編

STEP 3-4

IPサービス Ⅲ

この章では、出題割合の10%を占める項目であるIPサービス分野について、その標準知識を学習していきます。主にDHCP、DNS、NATのプロトコルを取り扱いますが、いずれも試験では頻出の項目です。

DHCPは比較的理解しやすい内容ですが、IPコネクティビティやセキュリティ基礎分野でも少しだけ登場するので油断しないようにしてください。

DNSやNATの学習をすると、身近な通信のしくみをよりイメージできるようになるはずです。ルーティング分野を学習しただけでは「で、実際にスマホはどんなしくみでデータ通信をしているの?」という疑問には答えにくいですからね（笑）

NATは要注意です。ここも常に学習者からの質問が多い項目です。NATにおける4つのアドレス定義が学習者を混乱させるのですが、ここも丁寧に解説しているのでゆっくり読み進めていってください。

標準編 STEP 3-4.1

重要度 ★★★

DHCPの概要

わずらわしいIPアドレスの設定を自動で行うしくみ

ポイントはココ!!

- パソコンなどの機器に、IPアドレスやデフォルトゲートウェイなどの情報を自動で設定させるプロトコルを**DHCP**という。
- IPアドレスなどの情報を提供するサーバを**DHCPサーバ**という。
- IPアドレスを要求する端末を**DHCPクライアント**という。
- DHCPサーバは**67番ポート**を、DHCPクライアントは**68番ポート**を利用する。
- DHCPクライアントは**ブロードキャスト通信**で**DHCP DISCOVER**を流す。
- DHCPサーバを用意しなくても、ルータをDHCPサーバとして稼働させることができる。

考えてみよう

皆さんが自宅のパソコンでインターネットを利用していると思います。ここまで勉強してきたように、通信の際にはIPアドレスが必要ですので、皆さんがインターネットを利用しているときも、もちろんIPアドレスは使われているわけです。ところで、皆さんはいつ、自分のパソコンにIPアドレスを設定しましたか？

1 DHCPの概要

皆さんのパソコンが、IPアドレスを設定してないのに、インターネットに接続できる理由は、皆さんの代わりに、DHCPサーバというサーバが、パソコンに自動でIPアドレスを割り当ててくれているからです。このプロトコルを**DHCP (Dynamic Host Configuration Protocol)** といいます。CCNAの勉強で「Dynamic」がつくものは、すべて「自動」という意味でとらえてください。つまりDHCPとは、そのまま「自動でホストを設定するプロトコル」という意味です。

次のDHCPの概要の図を見てください。左のネットワークはクラスCのネットワークで、プレフィックス24ビットなので、192.168.10番ネットワークです。このネットワークに1番から184番までのホストを所属させて、インターネットを利用できるようにします。IPアドレスとしては、192.168.10.1から192.168.10.184を想定しています。

■DHCPの概要

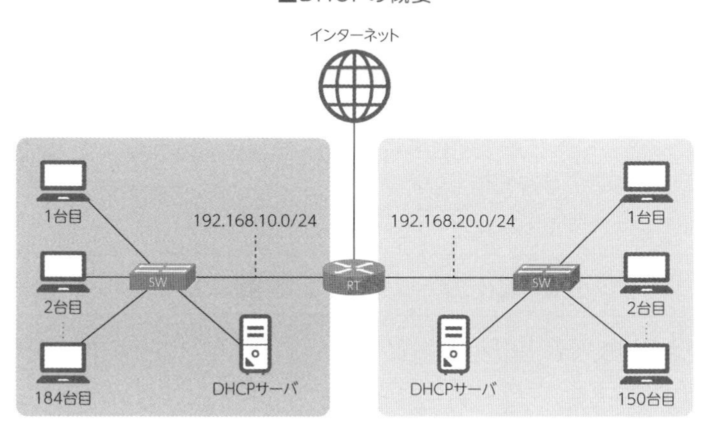

設定作業の際に、1台1台のIPアドレスやデフォルトゲートウェイ（STEP1-3.2）を設定していては、かなりの労力がかかります。しかも、もしも将来的にデフォルトゲートウェイのアドレスが変わったら、またすべてのホストの設定をし直さなければいけなくなります。そこで、DHCPサーバを活用します。

2 DHCPを利用するときの構成

IPアドレスの自動割り当てでは、IPアドレスなどの情報を提供する**DHCPサーバ**と、IPアドレスを要求する**DHCPクライアント**が登場します。皆さんの自宅だと、WiFiルータがDHCPサーバの役割を果たしており、パソコンがDHCPクライアントになります。DHCPではUDPが使用され、DHCPサーバは**67番ポート**、

DHCPクライアントは**68番ポート**を使用してDHCPの通信を行います。

DHCPクライアントがIPアドレスを要求するときは、**ブロードキャスト通信**をします。この通信のことを特に**DHCP DISCOVER**といいます。ネットワーク上のすべてのノードに対して「DHCPサーバさん！ IPアドレスをください！」と投げかけるイメージです。DHCPサーバがそのブロードキャストを受け取ると、IPアドレスなどの情報のやり取りが始まります。DHCPの概要の図を見ると、ブロードキャスト通信の範囲（つまり１つのネットワーク）に１台のDHCPサーバが配置されていることがわかりますね。

皆さんがカフェのアクセスポイントに接続した場合は、パソコンからDHCP DISCOVERがブロードキャストされ、カフェのWiFiルータが応答してくれるのですね。

DHCPではDHCP DISCOVER以外にも、DHCP OFFER、DHCP REQUEST、DHCP ACKメッセージがありますが、細かくなりすぎるので本書では割愛しています。

ウェルノウンポート番号はSTEP3-1.7の語呂合わせを参考にして覚えてしまいましょう!

3 ルータをDHCPサーバとして稼働させる

なお、DHCPサーバを用意しなくても、ルータをDHCPサーバとして稼働させることができます。その場合、冒頭のネットワークは以下のような構成になります。

■ルータをDHCPサーバにする場合

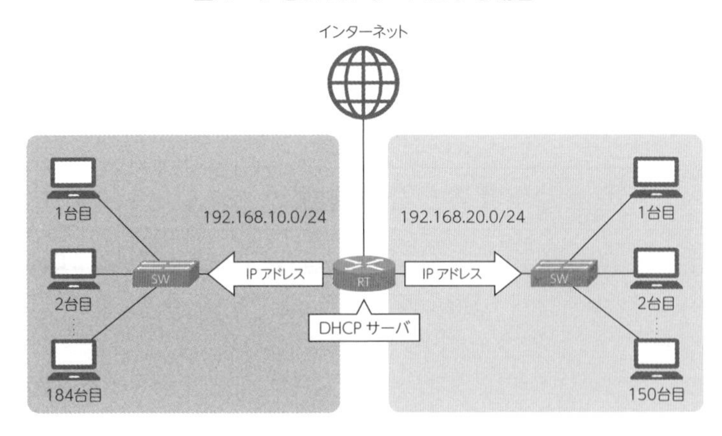

標準編
STEP
3-4.2

重要度 ★★

GARP

DHCPサーバが割り当てたIPアドレスがすでに使われていたら？

ポイントはココ!!

- DHCPによりIPアドレスが割り当てられた際に、自分自身に設定するIPアドレスが重複（コンフリクト）していないかどうかをチェックするために**GARP**というプロトコルが利用される。
- IPアドレスが重複していた場合、IPアドレスを要求した新しいホストは、そのIPアドレスを使用することはできない。
- 一度コンフリクトが起きたIPアドレスは記録され、次からは配布されなくなる。

●学習と試験対策のコツ

GARPはDHCPだけでなく、ルータに冗長性を持たせるHSRPの項目でも出てきます。HSRPの項目では内容が細かくなりすぎるので割愛しました。出題頻度は高くありませんが、ARPとセットで基本的なしくみを理解しておきましょう。

考えてみよう

DHCPの設定ではDHCPクライアントに割り振るIPアドレスの範囲を指定することができます。たとえばIPアドレスの範囲を「192.168.10.0 255.255.255.0」と設定すれば、192.168.10.1から192.168.10.254までのIPアドレスがクライアントに自動で割り振られます。

この設定でIPアドレスを割り振るとき、右の図のようにもしも192.168.10.50のアドレスが、すでに

■IPアドレスが重複する場合

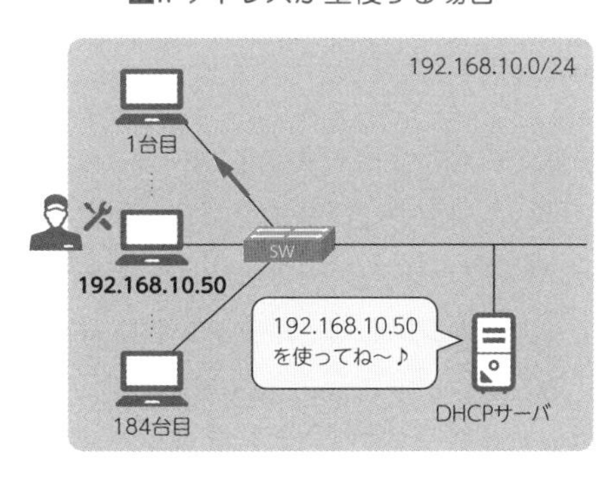

STEP3 標準編

管理者によって手動でホストに設定されていた場合はどうなるのでしょうか？

1 IPアドレスの除外

1つ目の解決策として、DHCPサーバが割り振るIPアドレスの範囲から、あらかじめ特定のIPアドレスを除外しておく方法があります。以下のコマンドを実行すると、指定したIPアドレスがDHCPクライアントに配布されなくなります。終了アドレスを省略すると、開始アドレス1つのみが除外対象になります。

```
(config)#ip dhcp excluded-address [開始アドレス] [終了アドレス]
例 (config)#ip dhcp excluded-address 192.168.10.50
```

2 GARP

あらかじめ、特定のIPアドレスを除外しておいても、何らかの理由でIPアドレスが重複する可能性があります。IPアドレスの重複を避けるため、DHCPクライアントでは、IPアドレスが割り当てられたタイミングで**GARP（Gratuitous ARP、グラチューイタスアープ、ジーアープ、ガープ）**というプロトコルを利用して重複をチェックします。GARPはARPパケットの1つで、主に以下の2つの機能を持っています。

- 自分自身に設定するIPアドレスが重複していないかどうかをチェックする
- 同じネットワークに属している機器の、ARPキャッシュを更新させる

皆さん、ARPの内容をちゃんと覚えていますか？
忘れている人はSTEP1-2.3に戻って復習しましょう。

通常のARPでは宛先のIPアドレスに対してMACアドレスを解決しようとしますが、GARPでは自身のIPアドレスに対してMACアドレスを解決しようとします。「192.168.10.50のIPアドレスを使っている人はいますか？」と問い合わせて、返信がなければ、IPアドレスは重複していないと考えます。

もしも、いずれかのホストがすでにそのIPアドレスを使用している場合、そのホストから「そのIPアドレスは私が使っていて、私のMACアドレスは○○です」

という応答が返ってきます。

■IPアドレスの重複

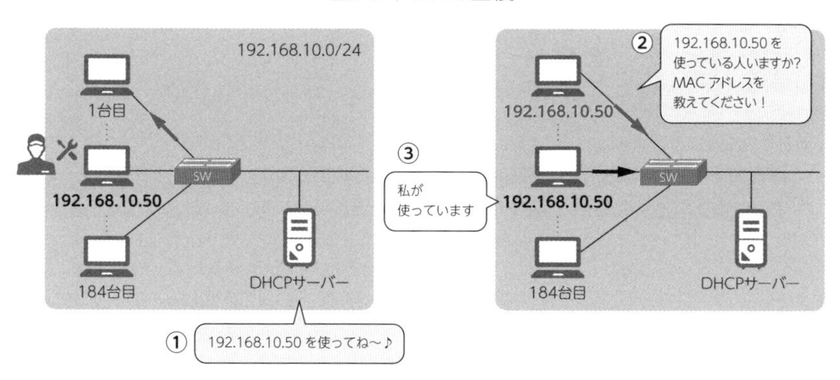

3 IPアドレスのコンフリクトが発生した場合

IPアドレスの重複（コンフリクト）が発生した場合、既存のホストは引き続きそのIPアドレスを使用できますが、新しいホストはIPアドレスを使用できません。新しいホストは次のタイミング（タイミングの詳細は割愛します）で再度DHCP DISCOVERを送信して、IPアドレスを取得することになります。

なお、一度コンフリクトが起きたIPアドレスはサーバに記録され、次からは配布されなくなります。DHCPを設定したルータでは、IPアドレスの重複（コンフリクト）一覧を確認することができます。次の図からは、192.168.10.50というIPアドレスが重複しており、コンフリクトは4月15日にGARPによって検出されたことが読み取れます。

```
Router#show ip dhcp conflict
IP address     Detection method   Detection time           VRF
192.168.10.50  Gratuitous ARP     Apr 15 2020 06:18 PM
```

標準編
STEP
3-4.3

重要度 ★★★

DHCPリレーエージェント

ネットワークごとにDHCPサーバを用意するのは大変

ポイントはココ!!

- DHCPクライアントからのDHCPメッセージを受け取り、異なるネットワークにいるDHCPサーバに転送するしくみを**DHCPリレーエージェント**という。

考えてみよう

DHCPクライアントがIPアドレスを要求するとき、DHCP DISCOVERという通信をブロードキャストすると学習しました。ブロードキャスト通信は、1つのネットワーク内のすべてのノードにデータを送る通信です。ということは、DHCPサーバは1つのネットワークに1つ用意しなければいけないのでしょうか？　サブネッティングなどでネットワークがたくさんある場合、DHCPサーバの設置はかなり大変そうですね。

■DHCPサーバはネットワークごとに必要なのか？

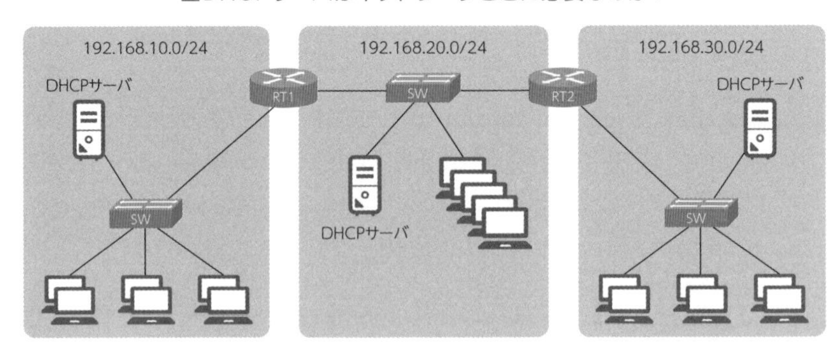

1　DHCPリレーエージェントとは

ネットワークごとにDHCPサーバを用意したり、ルータに設定するのは大変です。そこで、DHCPでは、1台のDHCPサーバでIPアドレスの管理ができるように、ルータにDHCPリレーエージェントという設定をすることができます。**DHCPリレーエージェント**の設定をすると、DHCPクライアントは異なるネットワークにあるDHCPサーバとやり取りをすることができるようになります。

■DHCPリレーエージェント

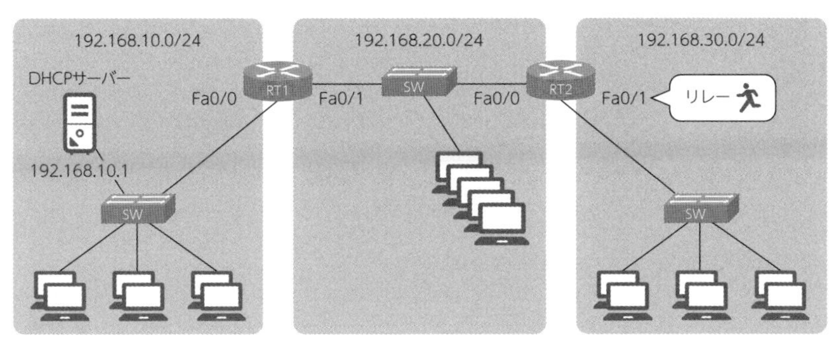

しくみはとてもシンプルです。たとえば、RT2であれば次の2行のコマンドで設定が完了します。

```
RT2(config)#interface FastEthernet 0/1
RT2(config-if)#ip helper-address 192.168.10.1
```

RT2のFa0/1はDHCPのメッセージを受信すると、DHCPサーバである192.168.10.1にユニキャスト通信で転送します。その後、RT2のFa0/1はDHCPサーバとDHCPクライアントのリレー役として通信を仲介してくれます。

2　学習者が誤解しやすいポイント

DHCPリレーエージェントについては、「DHCP通信をリレーするのだから、RT1のFa0/1にもリレーエージェントの設定が必要なのでは？」という誤解をしてしまう学習者が多いので、皆さんも注意してください。

■DHCPリレーエージェントはユニキャストで転送している

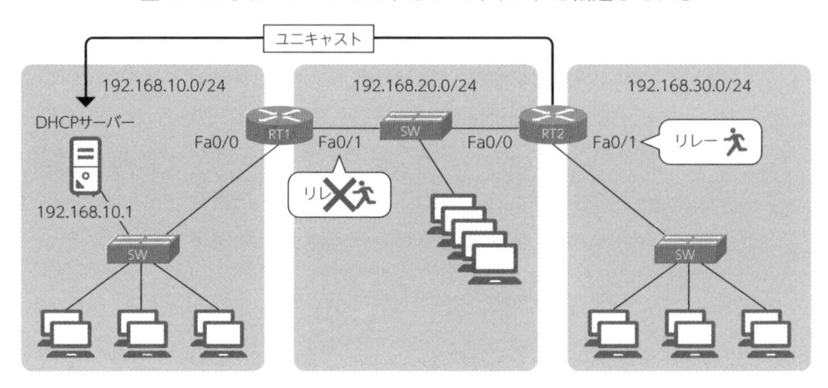

一番右の192.168.30.0/24ネットワークでDHCPを有効にしたい場合、RT2のFa0/1の設定は必要ですが、RT1のFa0/1には設定しません。RT2のFa0/1は、DHCPのメッセージを受け取った後、DHCPサーバに向けてユニキャスト通信をします。つまりルーティングをしているのです。

リレーという言葉から、各ルータでバケツリレーのようにやり取りをすると誤解しがちです。注意してください。

ただし、もしも真ん中の192.168.20.0/24ネットワークでもDHCPを有効にしたい場合は、RT1のFa0/1にリレーエージェントの設定が必要になります。

重要度 ★★★

DNSの概要

通信にIPアドレスは必要だが、人間がIPアドレスを扱うのは難しい

ポイントはココ!!

- 「https://uzuz.jp/company/」この文字列の最初から最後までがURL。
- URLの一部である「uzuz.jp」の部分を**ドメイン**という。
- ドメイン名とIPアドレスの対応情報を管理するしくみを**DNS（Domain Name System）**という。
- ドメイン名からIPアドレスを割り出すこと、またその逆を**名前解決**という。

考えてみよう

突然ですが「次の日曜は、35.685752,139.689004に12時集合ね！」と言われたら皆さんはどうしますか？　地理が好きな人であれば、緯度と経度のことかとピンとくるかもしれませんが、具体的な場所まではわかりませんよね。

これと同じような話になりますが、「IPアドレス172.217.25.206で情報収集してくれ」と頼まれたらどうしますか？　人間にとってはIPアドレスだけ見せられてもまったくわかりませんよね。

これまで学習したように、異なるネットワークと通信するためには、もちろんIPアドレスが必要になります。ネットワーク機器はIPアドレスをもとに、どこにパケットを転送するのかを決めています。しかし、ルーティングに必要なIPアドレスを人間はうまく覚えることができません。私たちは普段、どのようにしてサイトにアクセス（ルーティング）しているのでしょうか？

1　DNSとは

緯度：35.685752、経度：139.689004の場所は「東京都新宿区西新宿３丁目11-20」で、弊社、UZUZ（ウズウズ）のオフィスがある場所です。このように住所で表現されれば、ほとんどの人が集合場所にたどり着けるはずです。そして、IPアドレスが172.217.25.206のページは「https://google.com」です。このようにURLで表現されれば、ほとんどの人が「あ、Googleのページなんだな」とわかるはずです。

■DNSの概要

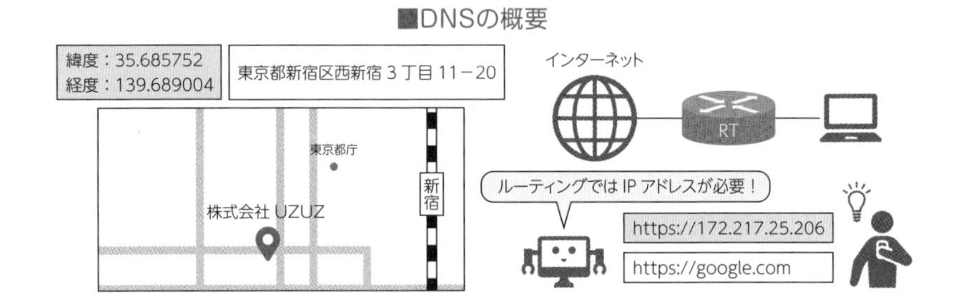

ルーティングではIPアドレスが必須ですが、人間がさまざまなIPアドレスを覚えるのは現実的ではありません。そこで、人間が扱うときはURLで、ネットワーク機器が扱うときはIPアドレスで処理をします。人間が打ち込んだURLをIPアドレスに変換するしくみを**DNS（Domain Name System）**といいます。

もともとの英語単語の意味も覚えましょう！ なお、domainとは領域や分野のことをさす言葉です。

2 名前解決

人間がURL（ドメイン）を入力すると、コンピュータは通信を開始しますが、まずはドメインからIPアドレスを割り出さなければいけません。ドメインとIPアドレスの対応はDNSサーバが管理しています。ホストはDNSサーバに問合せをしてIPアドレスを取得します。これを**名前解決**といいます。なお、逆にIPアドレスからドメインを割り出すことも名前解決と呼ばれます。

皆さんも、DNSの概要の図にあるように「https://172.217.25.206」をブラウザに入力してみてください。Googleの検索ページにアクセスできるはずです（ブラウザのセキュリティ設定によってはアクセスできないことがあります。Webサイトによっては、サーバの設定などによって、単純にIPアドレスを入力するだけではページが表示されない場合もあります）。

3　ドメインとURLの違い

「URL」と「ドメイン」を混同する人が多いので、注意してください。「https://uzuz.jp/company/」の文字列の最初から最後までがURLで、「uzuz.jp」の部分がドメインと呼ばれます。つまり、**ドメインとはURLの一部のこと**なのです。また、ドメインもいくつかの種類に分かれます。

■URLの構造

4　ドメインは全世界で分散管理されている

DNSではドメイン名とIPアドレスを管理しますが、全世界のドメインとIPアドレスを１か所で管理することは不可能です。そこで、ドメイン管理を階層構造にすることで、分散して管理しています。

たとえば、「URLの構造」の図中のURLであれば、jpというトップレベルドメイン（領域）の中でセカンドレベルドメインのcoが管理されています。そしてcoという領域の中でサードレベルドメインのdaini2が管理されています。そして、daini2という領域の中でWebサーバのIPアドレスが管理されているのです。名前解決のしくみは次項で学習します。図中のURLのざっくりとした意味は次のようになります。

> この＜URL＞は＜プロトコル＞を使って通信します。通信先は＜トップレベルドメイン＞内の＜セカンドレベルドメイン＞内の＜サードレベルドメイン＞内のWebサーバです。このURLはそのWebサーバが管理している＜ディレクトリ＞の中にある＜ファイル名＞の場所を表しています。

標準編 STEP 3-4.5

重要度 ★★★

DNSの名前解決のしくみ

ドメインからIPアドレスを解決するために、何度も問合せをしている

ポイントはココ!!

- 名前解決の問合せをする機器のことを**DNSクライアント**という。
- DNSクライアントの代理としてDNSサーバに繰り返し問合せをするサーバを**DNSキャッシュサーバ**という。
- ドメインとIPアドレスの対応関係を管理しているサーバを**DNSサーバ**という。
- DNSクライアントやDNSキャッシュサーバでは、**キャッシュ**を利用して迅速に名前解決をできるようにしている。

1 DNSを構成する3要素

DNSは主に３つの要素で構成されています。DNSクライアント、DNSキャッシュサーバ、DNSサーバの３つです。それぞれの役割を確認していきましょう。

■DNSの構成要素

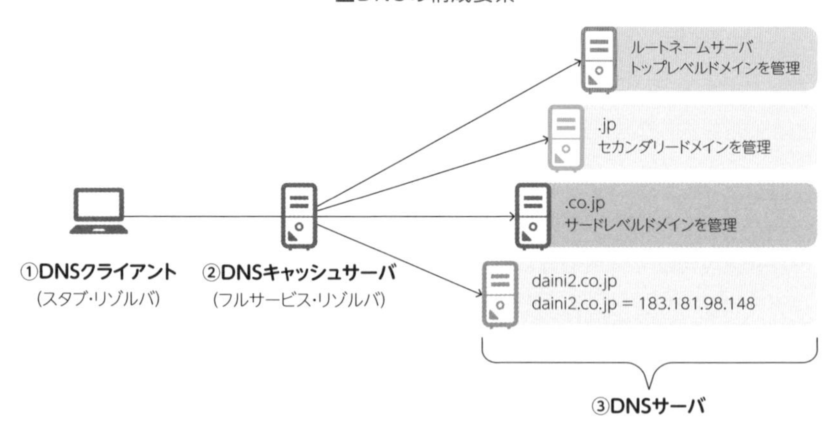

①DNSクライアント

私たちがWebで検索をする際、私たちのパソコンは「http://daini2.co.jpのIPアドレスを教えてください」というリクエストを送っています。名前解決の問合せをする機器のことを**DNSクライアント**といいます。また、名前解決の要求を送るだけのDNSクライアントのことを特に、**スタブ・リゾルバ**といいます。

resolver（リゾルバ）とは「resolve（リゾルブ）」の名詞で「解決するもの」という意味があります。

②DNSキャッシュサーバ

DNSクライアント（スタブ･リゾルバ）は、名前解決をする際に、**DNSキャッシュサーバ**に名前解決の要求を行います。DNSキャッシュサーバはDNSクライアントの代理としてDNSサーバに問合せを行い、名前解決が完了すると、DNSクライアントに結果を返します。DNSサーバは、管理するドメインによっていくつかの種類に分かれているため､DNSキャッシュサーバはそれぞれのDNSサーバに繰り返し問合せを行います。このように、繰り返し問合せを行うことを再帰検索（再帰問合せ）といいます。再帰検索によってDNS解決が完結するまで検索を続けるリゾルバを**フルサービス・リゾルバ**といいます。

つまり、DNSキャッシュサーバは、DNSサーバに問合せをする点ではDNSクライアントであるともいえますが、再帰検索を行う点ではフルサービス・リゾルバであるといえます。

③DNSサーバ

DNSサーバは、管理するドメインによっていくつかの種類に分かれています。DNSサーバは主に次の情報を保持しています。

・自身の下位ドメインに何があるのか。
・そのドメイン情報を持っているDNSサーバはどれか。
・自身に所属するホスト（IPアドレス）の情報など。

トップレベルドメインを管理しているサーバを特にルートネームサーバといいます。DNSキャッシュサーバから問合せがあると、ルートネームサーバは「jpのドメインを管理しているサーバのIPアドレスは○○です」というような応答をします。DNSキャッシュサーバは、このような問合せを繰り返して、IPアドレスを保持しているサーバを検索していきます。

2 http://daini2.co.jpの名前解決の手順を確認してみよう

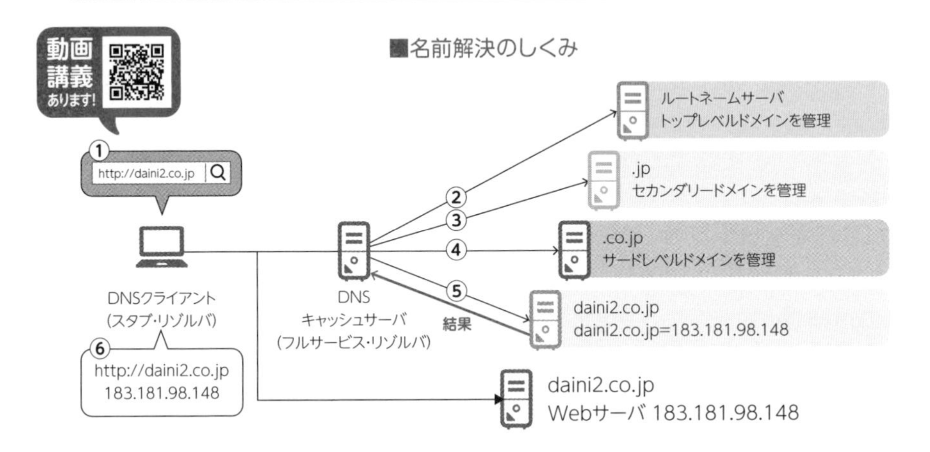

①ユーザーがブラウザに「http://daini2.co.jp」を入力すると、DNSクライアントであるパソコンはDNSキャッシュサーバに名前解決の要求を送ります。

②DNSキャッシュサーバは、まずルートネームサーバに「jpを管理しているサーバはどこですか？」と問合せをします。すると、ルートネームサーバは「jpを管理しているサーバのIPアドレスは○○ですよ」と応答します。

③次に、DNSキャッシュサーバは、jpを管理しているサーバに、「coの管理をしているサーバはどこですか？」と問合せをします。すると、jpを管理しているサーバは「coを管理しているサーバのIPアドレスは○○ですよ」と応答します。

④次に、DNSキャッシュサーバは、coを管理しているサーバに、「daini2の管理をしているサーバはどこですか？」と問合せをします。すると、coを管理しているサーバは「daini2を管理しているサーバのIPアドレスは○○ですよ」と応答します。

⑤次に、DNSキャッシュサーバは、daini2を管理しているサーバに、「daini2.co.jpのIPアドレスを教えてください」と問合せをします。すると、daini2を管理しているサーバは「daini2.co.jpのIPアドレスは○○ですよ」と応答します。

⑥DNSキャッシュサーバは、ドメインからIPアドレスを解決できたので、結果をDNSクライアントに返却します。

3　過去の問合せ記録（キャッシュ）

ユーザーがURLを入力するたびに、ルートネームサーバまで問合せをしていては、かなり非効率です。各DNSサーバの負荷もかなり大きくなります。毎回DNSサーバに問い合わせなくてもいいように、DNSクライアントやDNSキャッシュサーバでは、過去の問合せ記録を一定期間保持しており、この情報のことを**キャッシュ**といいます。

たとえば、ユーザーが「http://daini2.co.jp」を入力したとき、DNSクライアントにキャッシュが残っていれば、DNSクライアントは問合せをせずに、その情報を使用します。キャッシュが残っていない場合、DNSクライアントはDNSキャッシュサーバに問合せを行います。

DNSキャッシュサーバも同様に、問合せ内容のキャッシュが残っていれば、それをそのままDNSクライアントに返します。

4　シスコルータでのDNS設定

シスコルータでもDNSの設定ができます。たとえば、pingというコマンドで接続確認をする際、「ping 192.168.10.5」といようにコマンドを打つこともできますが、ルータにDNSの設定をしていると「ping uzuz-computer1」のようにホスト名を指定してコマンドを実行することができます。この場合、DNSを設定したルータでは「uzuz-computer1」のホスト名と「192.168.10.5」のIPアドレスが紐づけられて管理されています。

pingコマンドについてはSTEP3-5.7のコラムでも紹介しています。

標準編
STEP
3-4.6

重要度 ∞

NATの概要と4つのアドレス定義

NAT独自のアドレス定義がややこしいので頑張ろう！

ポイントはココ!!

- IPヘッダ内のIPアドレスを変換するしくみを**NAT**という。
- NATを利用することで、LAN内のコンピュータがインターネットに接続することができるようになる。
- NATの設定では**内部ネットワーク**と**外部ネットワーク**を指定する。
- パケットが内部ネットワークを流れているときに、パケット内で使用されるアドレスをローカルアドレスと表現する。
- パケットが外部ネットワークを流れているときに、パケット内で使用されるアドレスをグローバルアドレスと表現する。
- 通常、外部ローカルアドレスと外部グローバルアドレスは同じIPアドレスになる。

●学習と試験対策のコツ

NATの４つのアドレス定義に関しては、学習者からの質問が非常に多いので、本項ではかなり丁寧に解説します。試験での出題頻度はあまり高くありませんが、この後のNATの学習を進めていくうえでは前提知識となりますので、しっかりと整理しながら読み進めてください。

考えてみよう

自社であるA社のLAN内のパソコンからインターネット通信をすることを考えます。たとえばホスト192.168.0.1からインターネット通信をするとき、送信元IPアドレスは192.168.0.1になります。しかしIPアドレス192.168.0.1はプライベートIPアドレスなので、インターネット通信では利用できません。インターネット通信をするためにはグローバルIPアドレスが必要だからです。さて、いったいどのようなしくみでこのホストはインターネットに接続しているのでしょうか？

プライベートIPアドレスとグローバルIPアドレスの違いはSTEP2-1.3で学習しました。

1　NATの概要

LAN内のパソコンがインターネット通信をする際には、プライベートIPアドレスをグローバルIPアドレスに変換してパケットを転送します。この変換のしくみを**NAT（Network Address Translation）**といいます。

「ネットワーク　アドレス　変換」という意味で、英単語の意味そのままのしくみなので、必ず英単語と一緒に覚えてください。

■プライベートIPアドレスをグローバルIPアドレスに変換する

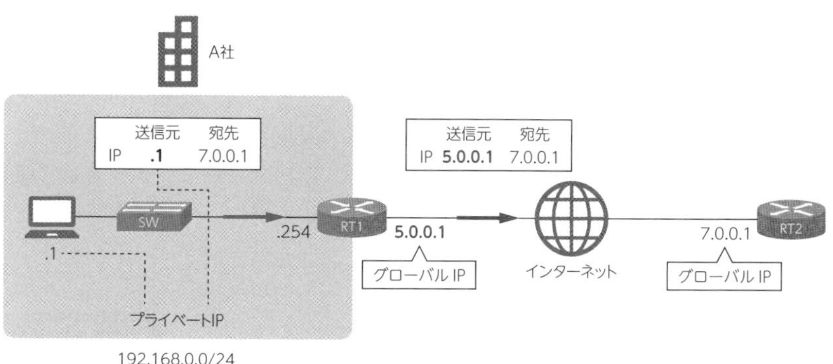

図中のRT1にNATの設定をすることで、LAN内のパソコンがインターネット通信をすることができるようになります。パケットに格納されているIPアドレスは、LAN内では192.168.0.1のようなプライベートIPアドレスですが、ルータを経由する際に、5.0.0.1のようなグローバルIPアドレスに変換されます。なお、パケットがRT2に届くと、基本的には、RT2でもNATによる変換が行われます。NATのしくみを確認する前に、まずはNATで使用する用語を確認しましょう。

■NATの4つのアドレス定義

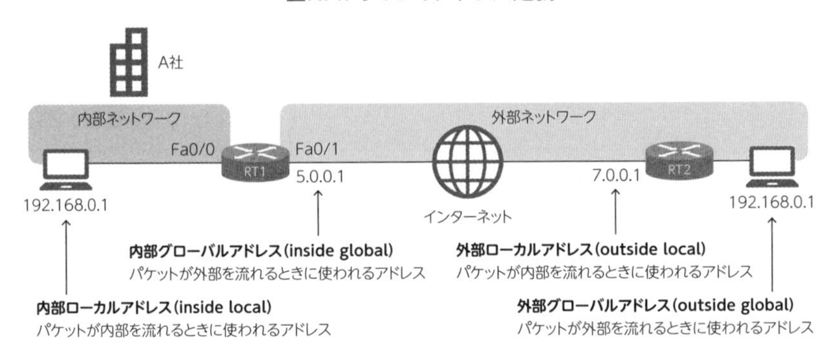

ここからの話はA社の視点に立って考えてください。そしてプライベートIPアドレスとグローバルIPアドレスはいったん脇に置いてください。

NATではアドレス変換を行うルータを境界にして**内部ネットワーク**と**外部ネットワーク**に区別します。RT1のFa0/0にip nat inside、Fa0/1にip nat outsideと設定することで、内部ネットワークと外部ネットワークを指定することができます。

また、**パケットが内部ネットワークを流れているとき（つまり、RT1による変換前）にパケット内に格納されるアドレスをローカルアドレス、外部ネットワークを流れているとき（つまり、RT1による変換後）に格納されるアドレスをグローバルアドレス**と表現します。内部と外部、ローカルとグローバルの組合せで、図のように4種類のアドレスが表現されます。ここは非常に混乱しやすいポイントなので注意してください。

動画講義あります！

2 学習者が混乱しやすいポイント

学習者が混乱しやすいポイントの1つは「内部グローバルアドレス」が「外部ネットワーク」にあることです。字面に注目してしまうと、「内部が外部にある」と読めてしまうので混乱しますね。これは「外部ネットワークを流れているときに格納される（つまりRT1の変換後であり、グローバルアドレス）、内部（送信元）のアドレス」のことなので、「外部ネットワーク」にあってもおかしくありませんね。

パケット内のIPアドレスについても確認しましょう。ややこしい内容ですが、少しずつ読み進めていってください。

■パケット内のIPアドレス

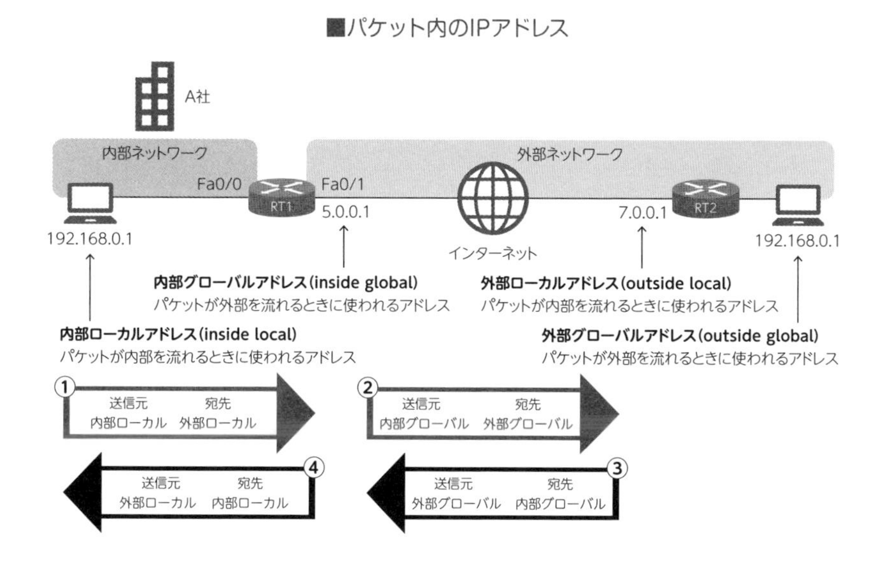

①A社の内部ネットワークにパケットが流れているとき、パケットで利用されるアドレスはローカルアドレスです。送信元には内部ローカルアドレス、宛先には外部ローカルアドレスが格納されます。

②RT1で変換が行われ、パケットが外部ネットワークを流れているとき、パケットで利用されるアドレスはグローバルアドレスです。送信元には内部グローバルアドレス、宛先には外部グローバルアドレスが格納されます。

③宛先のホストから返信がある場合も同様に考えます。パケットが外部ネットワークを流れているときは、送信元には外部グローバルアドレス、宛先には内部グローバルアドレスが格納されます。

④そして、RT1で再度変換が行われ、パケットが内部ネットワークに入ってくると、ローカルアドレスが使用されます。です。送信元には外部ローカルアドレス、宛先には内部ローカルアドレスが格納されます。

3　通常、外部ローカルアドレスと外部グローバルアドレスは同じIPアドレスになる。

具体的なIPアドレスを当てはめると、次の図のようになります。ここで注目

■パケット内の具体的なIPアドレス

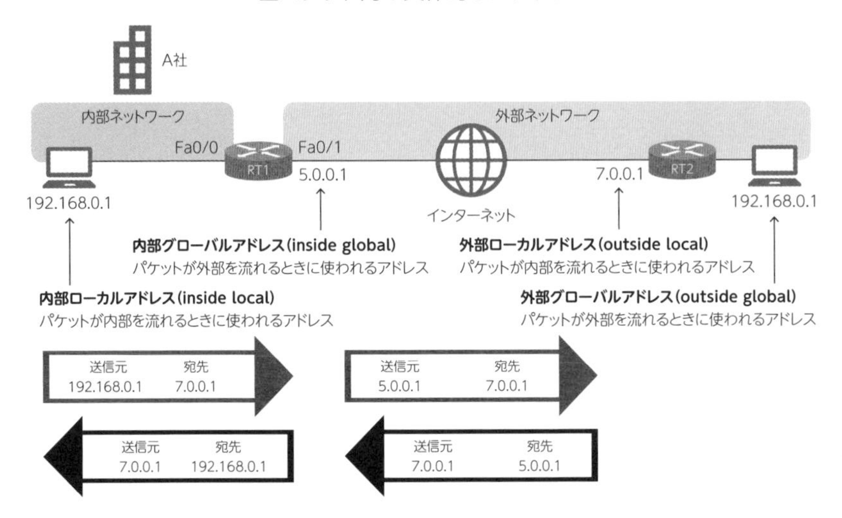

したいのは、外部ローカルアドレスと外部グローバルアドレスです。いずれも7.0.0.1になっていますね。A社のホストがわかるのはグローバルIPアドレスだけです。他社のプライベートIPアドレスはわからないのです。したがって、A社からパケットを送信する場合、パケットが内部ネットワークを流れていようが、外部ネットワークを流れていようが、宛先は常に7.0.0.1になるのです。多くの文献ではこの状態を「**(内部から見たら)通常、外部ローカルアドレスと外部グローバルアドレスは同じIPアドレスになります**」と表現しています。

毎回、学習者からの質問がかなり多い部分なので、丁寧に解説してみました。

なお、今回はRT1側の内部からとらえていますが、RT2でもNAT処理が行われている可能性はあります。その場合、7.0.0.1のグローバルIPアドレスが192.168.0.1などのプライベートIPアドレスに変換されていると考えられます。しかし、繰り返しになりますが、RT1側の内部のホストには外部の192.168.0.1などのアドレスはわからないので、宛先IPアドレスには常に7.0.0.1を利用することになります。つまり、外部ローカルアドレスと外部グローバルアドレスは同じIPアドレスですね。

4 この疑問の意味がわかりますか？

さて、意外とややこしいNATのアドレス定義ですが、皆さんは理解できましたか？ ここまで理解できると、次のような疑問も理解できると思います。

■どうやってB社の192.168.0.1に届けるのか？

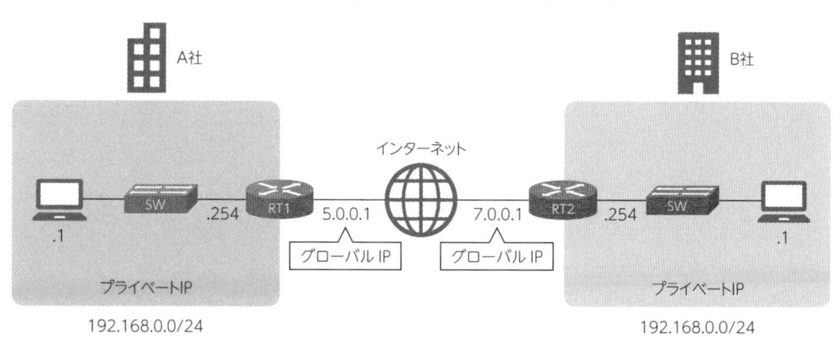

・A社からパケットを送信する場合、宛先IPアドレスは常に7.0.0.1になる。これではB社の192.168.0.1のホストに届かないのでは？
・RT2が7.0.0.1でパケットを受信して、LANに転送する場合、宛先をどうやって判断するのか？

これらの疑問に関しては次項以降で学習していきましょう。

標準編 STEP 3-4.7

重要度 ★★★

スタティックNATとダイナミックNAT

結局、内部グローバルアドレスの数だけしか外部と通信できない……

ポイントはココ!!

- NATは、**スタティックNAT**、**ダイナミックNAT**、**NAPT**の３つに分類することができる。
- スタティックNATでは、ある１つの内部ローカルアドレスは、常に同じ内部グローバルアドレスに変換される。
- スタティックNATは**双方向NAT**に分類され、外部ネットワーク発の通信は内部ネットワークにアクセスできる。
- ダイナミックNATはアドレスプールから内部グローバルアドレスを任意に選んで対応づける。
- ダイナミックNATは**一方向NAT**に分類され、外部ネットワーク発の通信は内部ネットワークにアクセスできない。
- スタティックNATもダイナミックNATも、１対１の変換をするので、用意されている内部グローバルアドレスの数だけが外部ネットワークにアクセスできる。

●学習と試験対策のコツ

スタティックNATとダイナミックNATについては、「こんなの本当に使うの？」と皆さん思うかもしれません。そう疑問に思う気持ちが大事です。ちゃんと意味や意義を理解しながら学習している証拠です。その疑問は別の項目で解消するのでご安心ください。

1 NATの分類

NATは図のように3種類に分類することができます。まず、IPアドレスの変換の組合せを手動で管理するか自動で管理するかによって、**スタティックNAT**と**ダイナミックNAT**に分かれます。通常のダイナミックNATは、1つの内部ロー

■NATの種類

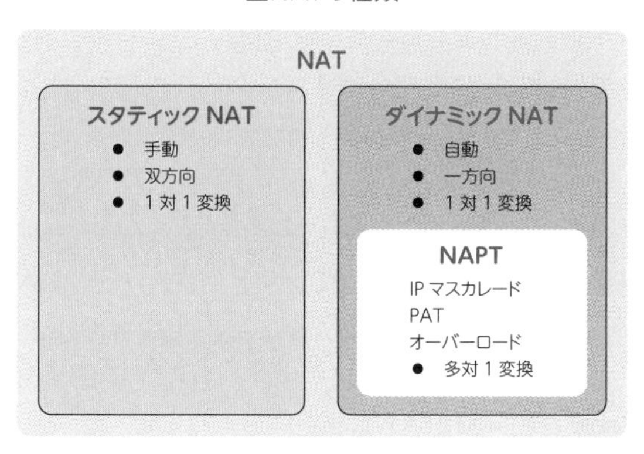

カルアドレス（一般的にはプライベートIPアドレス）を、１つの内部グローバルアドレス（一般的にはグローバルIPアドレス）に変換するものですが、**NAPT**（**ナプト、IPマスカレード、PAT、オーバーロード**）は複数の内部ローカルアドレスを、１つの内部グローバルアドレスに変換することができます。普段、私たちがインターネットに接続する際に利用しているのはNAPTになります。

なお、現場で「NAT」というときは「NAPT」のことをさすことが一般的です。本項ではスタティックNATとダイナミックNATの特徴を確認していきます。

2　スタティックNAT

■スタティックNAT

送信元 192.168.0.1　宛先 7.0.0.1

送信元 **5.0.0.1**　宛先 7.0.0.1

nat inside　　nat outside

192.168.0.1　⋮　192.168.0.130　SW　RT1　**5.0.0.1**　インターネット　7.0.0.1　RT2　Webサーバ

【NAT テーブル】
Inside local ＝ inside global
192.168.0.1 ＝ 5.0.0.1
192.168.0.2 ＝ 5.0.0.2

送信元 7.0.0.1　宛先 **5.0.0.1**

STEP3 標準編

スタティックNAT（静的NAT）では、１つの内部ローカルアドレス（一般的にはプライベートIPアドレス）を、１つの内部グローバルアドレス（一般的にはグローバルIPアドレス）に変換します。アドレスの変換の組合せ表のことを**NATテーブル**といいます。管理者はあらかじめルータでNATテーブルを作成しておきます。

前のスタティックNATの図では、内部ネットワークに192.168.0.1から192.168.0.130までのホストが所属しており、スタティックNATの設定として192.168.0.1が5.0.0.1に、192.168.0.2が5.0.0.2に変換されるように組合せが指定されています。変換の組合せは固定なので、設定された内部ローカルアドレスは、常に同じ内部グローバルアドレスに変換されます。

内部ネットワークのホストが外部ネットワークのWebサーバにアクセスする状況を考えてみましょう。送信元IPアドレスが192.168.0.1のパケットがルータに到着すると、NATによって送信元IPアドレスが5.0.0.1に変換され、外部ネットワークに出ていきます。Webサーバからの応答では、宛先IPアドレスが5.0.0.1になっている点に注目してください。応答がルータに到着すると、ルータはNATテーブルに従って、宛先IPアドレスを5.0.0.1から192.168.0.1に変換し、内部ネットワークに転送します。

スタティックNATではアドレスを1対1で変換するため、最大でも内部グローバルアドレスの数だけしか変換できません。前の図であれば、内部グローバルアドレスは5.0.0.1と5.0.0.2の2つですので、外部ネットワークと通信できるホス

■スタティックNATは双方向NAT

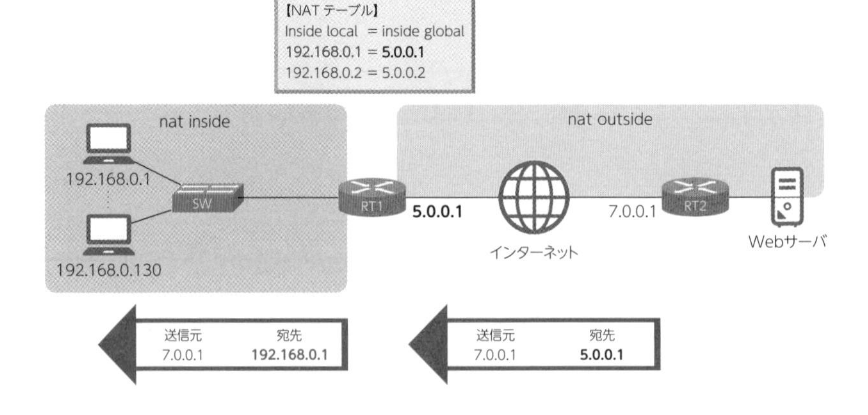

トは最大で２台ということになります。192.168.0.1と192.168.0.2のホストは外部ネットワークと通信できますが、それ以外のホストは通信できません。

また、スタティックNATは変換の組合せが固定されているので、外部ネットワークから内部ネットワークのホストに通信することもできます。内部ネットワーク発でも外部ネットワーク発でも通信ができるNATのことを**双方向NAT**（**Bi-derectionalNAT、Two-Way NAT、Twice NAT**）といいます。なお、次に説明するダイナミックNATでは外部ネットワークからの通信はできません。

スタティックNATのしくみは非常にシンプルですが、学習者からの質問が多い項目でもあります。皆さんは次のような疑問を持ちませんでしたか？　これらの疑問については別の項目で解説しますね。

・内部グローバルアドレスの数だけしか変換できないのなら、ほぼ使い道がないのでは？
・こんな使いにくそうなしくみ、いったいどんな場面で使われているの？

3　ダイナミックNAT

スタティックNATではアドレス変換の組合せが固定されているので、外部ネットワークと通信できるホストは限定されます。しかし**ダイナミックNAT（動的NAT）**を使用すると、内部ネットワークのすべてのホストが外部ネットワークと通信できる可能性があります。ただし、すべてのホストが同時に外部ネットワークと通信することはできません。ダイナミックNATのしくみを確認していきましょう。

管理者は、ISP（Internet Service Provider）から割り当てられたグローバルIPアドレスを、あらかじめ**アドレスプール**に登録しておきます。ダイナミックNATの図では5.0.0.1～5.0.0.4までの４つのグローバルIPアドレスが登録されています。

外部ネットワークと通信するときは、このアドレスプールの中で使用していないアドレスを内部グローバルアドレスとして利用します。図中では、内部ネットワークに192.168.0.1から192.168.0.130までのホストが所属しており、すでに192.168.0.1が5.0.0.1に、192.168.0.4が5.0.0.2にNAT変換されています。ここで、送信元IPアドレスが192.168.0.57のパケットがRT1に届くと、RT1は

192.168.0.57を未使用の5.0.0.3に変換して、外部ネットワークに転送します。アドレスが変換されたタイミングでNATテーブルの情報が更新されます。

■ダイナミックNAT

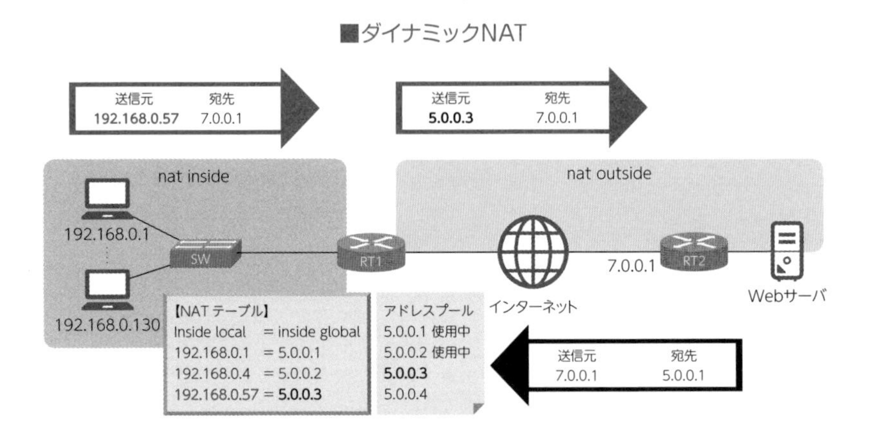

この方法であれば、**すべてのホストが外部ネットワークと通信できる可能性がありますね**。ただし、変換可能なアドレス数の上限はアドレスプールの数で決まります。そして、アドレスプールのアドレスをすべて使用している場合は、追加でNAT変換をすることはできないので、図の場合では５番目以降のホストは外部ネットワークと通信することはできません。**アドレスを1対1で変換している点や、用意されている内部グローバルアドレスの数だけしか、外部ネットワークと通信できないという点ではダイナミックNATもスタティックNATと同様です。**

内部から出て外部から返ってきたパケットはどうなるでしょうか。宛先IPアドレスが5.0.0.1のパケットが返ってきたとき、NATテーブルには変換の組合せが記録されているので、192.168.0.1に正しく変換され、内部ネットワークに転送されます。

一方でダイナミックNATでは変換の組合せが固定されていないので、外部ネットワークから内部ネットワークのホストに通信することはできません。外部ネットワーク発の通信が内部にアクセスできないNATのことを**一方向NAT**（**Unidirectional NAT、Traditional NAT、Outbound NAT**）といいます。一方向だと利用しにくいと思われるかもしれませんが、外部ネットワーク発の通信が内部にアクセスできないということは、内部ネットワークの保護につながります。

標準編
STEP
3-4.8

重要度 ★★★

NAPT

内部の多くのホストが、1つの内部グローバルアドレスを使用して外部と通信する方法

ポイントはココ!!

- NATは、**スタティックNAT**、**ダイナミックNAT**、**NAPT**の３つに分類することができる。
- 複数の内部ローカルアドレスを1つの内部グローバルアドレスに変換する技術を**NAPT**（シスコでは**PAT**）という。
- NAPTではIPアドレスに加えて、ポート番号も変換される。
- 多対１の変換ができるので、**内部グローバルアドレスを節約することができる**。
- NAPTは**一方向NAT**に分類され、外部ネットワーク発の通信は内部ネットワークには入れない。

動画講義あります!

1 NAPTとは

スタティックNATとダイナミックNATでは、アドレスを１対１で変換しているため、用意されている内部グローバルアドレスの数だけしか、外部ネットワークと通信できません。内部のすべてのホストを外部ネットワークと通信させるには、大量の内部グローバルアドレス（グローバルIPアドレス）が必要になります。これは現実的ではありません。そこで、**NAPT**（**ナプト、Network Address Port Translation**）という技術を使います。別で**IPマスカレード**、**オーバーロード**と呼ぶこともあります。シスコでは**PAT（Port Address Translation）**と呼ばれます。

NAPTでは、複数の内部ローカルアドレスに対して、１つの内部グローバルアドレスを対応させて変換することができます。**多対１の変換ができるので、内部グローバルアドレスを節約することができます**。しくみは単純で、IPアドレスに加えて、TCPやUDPのポート番号も変換します。

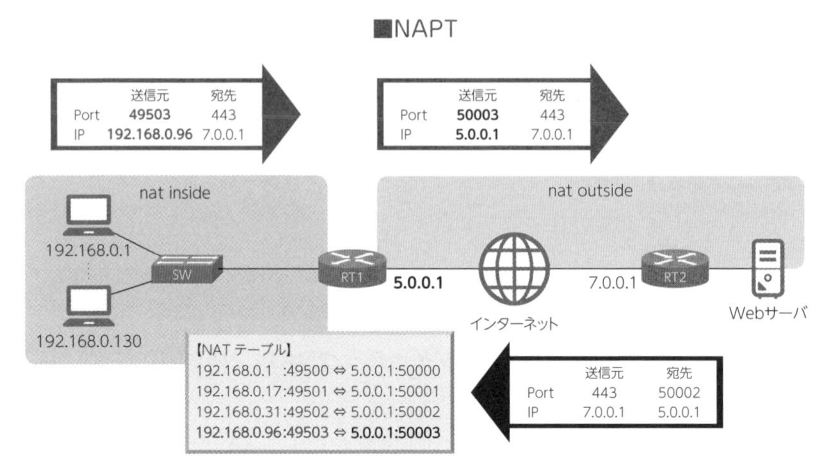

これがPort Translationという名前が付いている理由ですね。ところでポート番号443などのウェルノウンポート番号はもう覚えましたか？（STEP3-1.7）

NAPTの図を見てください。内部ネットワークに192.168.0.1から192.168.0.130までのホストが所属しており、すでに3つのアドレスがNAT変換されています。ここで、送信元IPアドレスが192.168.0.96で、ポート番号が49503のパケットがRT1に届いたとします。するとRT1はIPアドレスを5.0.0.1に、ポート番号を50003に変換して、外部ネットワークに転送します。IPアドレスと一緒にポート番号も変換することで、**同じ内部グローバルアドレスを使用していても、ポート番号の違いでホストを区別することができる**のです。

内部から出て外部から返ってきたパケットはどうなるでしょうか。宛先IPアドレスが5.0.0.1、ポート番号が50002のパケットがRT1に返ってきたとき、NATテーブルには変換の組合せが記録されているので、IPアドレスは192.168.0.31に、ポート番号は49502に正しく変換され、内部ネットワークに転送されます。

また、NAPTではダイナミックNATと同様に、変換の組合せが固定されていないので、外部ネットワークから内部ネットワークのホストに通信することはできません。つまり**一方向NAT**に分類されます。

普段、私たちがインターネットに接続する際に利用しているのはNAPTです。なお、現場で「NAT」というときは慣例的に「NAPT」のことをさすことが多いです。

DNS、NATの疑問あれこれ

これまでに学習した内容はこんなところで使われている！

ポイントはココ!!

- スタティックNATはクライアント側ではなくサーバ側でよく利用されるしくみ。
- メールの送信のしくみはSMTP、DNS、NAT、POPなどで簡易的に説明できる。

●学習と試験対策のコツ

本項の内容はCCNA試験で問われることはほぼありません。学習者から質問が多い項目で、なおかつ身近な例なので、ここで紹介します。

1　考えてみよう～スタティックNATの使い道～

スタティックNATではアドレスを１対１で変換するため、最大でも内部グローバルアドレスの数だけしか変換できません。次の図の内部グローバルアドレスは

■スタティックNAT

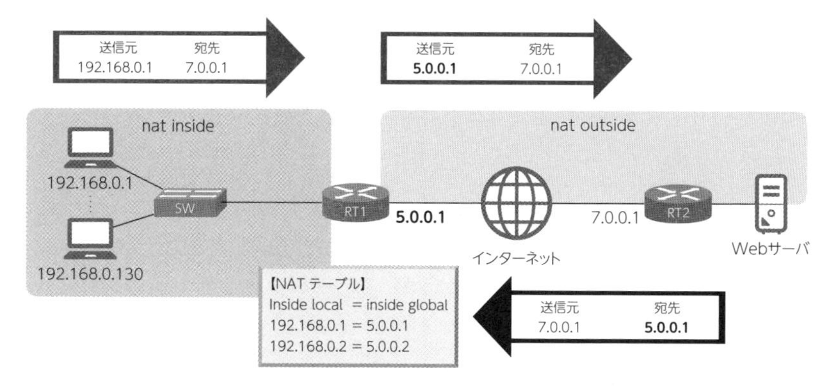

5.0.0.1と5.0.0.2の２つですので、外部ネットワークと通信できるホストは最大で２台ということになります。こんな使いにくそうなしくみ、いったいどんな場面で使われているのでしょうか？

2 スタティックNATの使い道

実はスタティックNATは、一般のユーザ側ではなく、サービス提供者のサーバ側で利用されているしくみです。サーバを公開する際にはスタティックNATの双方向性が必要になるのです。双方向NATは、外部ネットワーク発の通信でも内部ネットワークにアクセスできるため、ユーザからのリクエストを対象のサーバに転送することができます。

■スタティックNATの使い道

nat outside
nat inside
インターネット
RT
Webサーバ
ポート番号:443
IPアドレス:192.168.0.1

【NAT テーブル】
Inside global = inside local
200.10.10.1 = 192.168.0.1

	送信元	宛先
Port	○○○	443
IP	×××	200.10.10.1

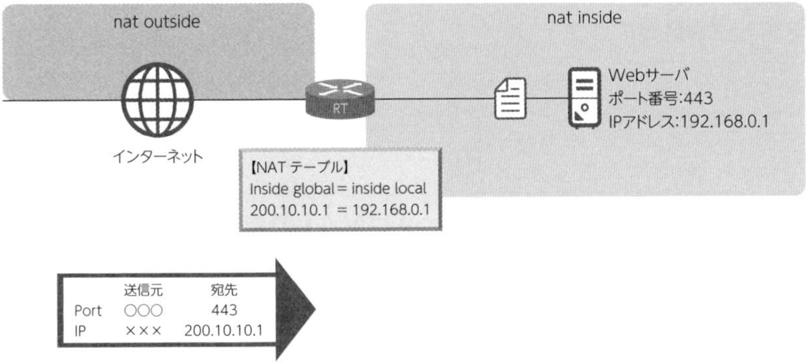

サーバを公開している状況でのパケットの流れを確認しましょう。今、インターネット側からHTTPリクエストがルータに届きました。HTTPリクエストとは、Webページを見せてくださいという要求のことです。宛先IPアドレスは200.10.10.1になっていますし、Webサーバへアクセスしようとしているので、ポート番号は443番になっています。サービス提供者のルータは、NATテーブルに従って200.10.10.1をWebサーバの内部ローカルアドレスである192.168.0.1に変換して、内部ネットワークに転送します。このようにして、ユーザのHTTPリクエストはサーバまで到達します。

3　考えてみよう～メール送信のしくみ～

　さて、ここまで学習を進めると、メールが届くしくみをある程度説明できるようになっています。A社のホスト192.168.0.1から、B社の渦々太郎さん（192.168.0.1、uzuz.taro@b-company.co.jp）にメールを送信します。どのようなしくみでメールが届くのでしょうか。

■メールが届くしくみを確認しよう

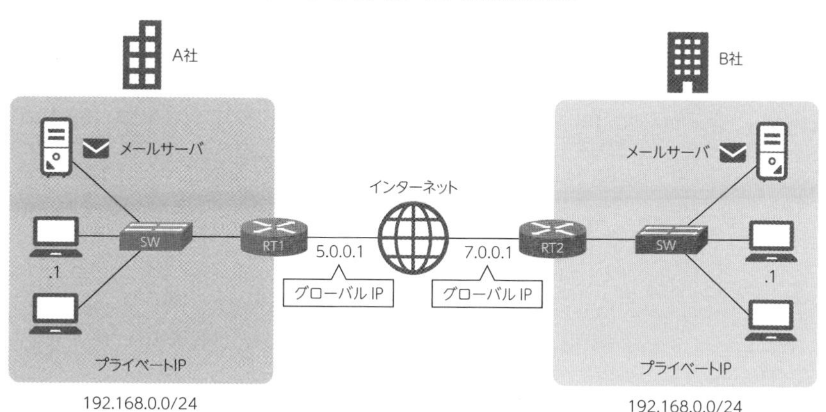

4　メールが届くしくみ

　A社のホストがメールソフトでメールを送信すると、パケットはまずA社のメールサーバに届きます。ちなみにメールを送信するときに利用しているプロトコルが**SMTP**です。

ウェルノウンポート番号はSTEP3-1.7の語呂合わせを参考にして覚えてしまいましょう!

　A社のメールサーバは、メールアドレスの**ドメイン**（b-company.co.jp）からIPアドレスを割り出すために、**DNSサーバ**に問合せをします。ここで宛先IPアドレスとなるグローバルIPアドレス7.0.0.1を取得します。B社のメールサーバは7.0.0.1で運用されているとします。

　メールサーバは、右のようなパケットを送信します。SMTPでは**25番ポート**を使用するのでしたね。

	送信元	宛先
Port	49000	25
IP	192.168.0.1	**7.0.0.1**

パケットがRT1に到着すると、ルータは**NAPT**を使用して、送信元IPアドレスである**内部ローカルアドレス**(192.168.0.1)を右のように、**内部グローバルアドレス**(5.0.0.1)に変換します。NAPTなのでポート番号も変換します。

	送信元	宛先
Port	**50000**	25
IP	**5.0.0.1**	7.0.0.1

パケットがRT2に到着すると、ルータは**スタティックNAT**の**NATテーブル**に従って、宛先IPアドレスの7.0.0.1を右のように192.168.0.200に変換して転送します。192.168.0.200はB社のメールサーバのプライベートIPアドレスです。

	送信元	宛先
Port	50000	25
IP	5.0.0.1	**192.168.0.200**

渦々太郎さんのメールソフトはB社のメールサーバからメールをダウンロードします。ちなみに、メールを受信(ダウンロード)するときに利用しているプロトコルが**POP3**などです。

さて、ここまで学習した内容を使って、メール送信のしくみを確認しました。「あ～実際にこんなところで使われているのか!」と少しでも思ってもらえたら幸いです。

読者の中には「グローバルIPの7.0.0.1に届くパケットは、すべてMailサーバに転送されてしまうの!?」と思われた方もいるかもしれません。今回のケースでは、B社の内部ネットワークにメールサーバだけがある想定でスタティックNATの説明をしました。もしもB社内部にメールサーバ以外の公開サーバ(Webサーバなど)があれば、ポートフォワーディングという設定をします。スタティックNATではIPアドレスだけを変換しますが、ポートフォワーディングではIPアドレスに加えてポート番号も変更します。そうすることで、同じグローバルIPの7.0.0.1宛のパケットがやってきても、内部にあるメールサーバ(25番)やWebサーバ(443番)などにパケットを振り分けて転送することができるのです。

標準編

STEP 3-5

セキュリティ基礎 Ⅲ

この章では、出題割合の15%を占める項目であるセキュリティ基礎の分野について、その標準知識を学習していきます。

スプーフィング（なりすまし）攻撃ではSTEP3-4で学習したDHCPも少しだけ登場しますので、復習をしながら読み進めてください。また、「スプーフィング」「スヌーピング」など混同しやすい言葉も登場するので気をつけてください。

章の後半ではアクセスコントロールリスト（ACL）の学習をします。この項目は試験で頻出の項目です。ネットワークの要件を確認して、どんなアクセスリストが必要なのか、それをどのルータで作成するのか、そして作成したリストをルータにどの向きで設置するのかなど、総合的に考えていく難しさがあります。他の分野に比べて学習のしかたが少し違うので、ここも学習者が戸惑いやすい項目です。順を追ってかみくだいて説明しているので、焦らず着実に読み進めてください。

標準編
STEP
3-5.1

重要度 ★★

スプーフィング攻撃①
DoS攻撃、DDoS攻撃

悪意のある攻撃者によってサーバに過剰な負荷がかかってしまう

ポイントはココ!!

- なりすまし攻撃のことを**スプーフィング攻撃**ともいう。
- 攻撃対象のサーバに過剰な負荷をかけることでサービスを妨害することを**DoS攻撃**という。
- ウイルスなどに感染した複数のPCからDoS攻撃を行うことを**DDoS攻撃**という。

考えてみよう

チャットツールではアカウントの乗っ取りが問題になっていますよね。乗っ取られたアカウントからなりすましメッセージを受信した人も多いのではないかと思います。皆さんはどうやってなりすましメッセージを見分けていますか？

1 なりすまし攻撃の種類

ネットワークの世界でもIPアドレスやMACアドレスなどを偽装して攻撃する手法があります。なりすまし攻撃のことを**スプーフィング攻撃**ともいいます。

①DoS攻撃

スプーフィング攻撃の１つに**DoS（ドス、Denial of Service Attack）攻撃**があります。DoS攻撃は、スプーフィングしたIPアドレスを使用して、攻撃対象のサーバに過剰な負荷をかけることで、サービスを妨害します。DoS攻撃を受けるとサーバは攻撃者に対して応答し続けてしまうため、正規のユーザーのアクセスを処理することができなくなります。

ちなみに、悪意のある攻撃に限らずサーバがユーザーのアクセスを処理できない事例自体はたくさんあります。たとえば、コンサートチケットの申し込みの際、ホームページにアクセスが集中すると、ホームページが表示されなくなりますよね。あれは、Webサーバが大量の通信を処理しきれずに、一部のユーザーに対してホームページ情報を提供できていない状態なのです。

さて、DoS攻撃では、意図的にサーバに過剰な負荷をかけます。ではどうやってサーバに負荷をかけるのでしょうか？

その１つとして、**スリーウェイハンドシェイク**という正規の通信手段を逆手にとって悪用する手段があります。攻撃者は、次の図のようにサーバにSYNパケットを大量に送り付けることで、サーバに過剰な負荷をかけるのです。その結果、サーバは正規のユーザーのリクエストを処理できなくなってしまいます。

■スリーウェイハンドシェイクを利用したDoS攻撃

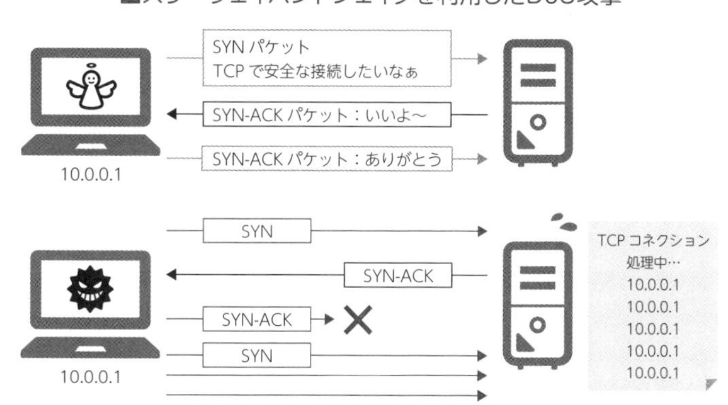

②DDoS攻撃

ウイルスなどに感染した複数のパソコンからDoS攻撃を行うことを**DDoS(ディードス、Distributed Denial of Service Attack) 攻撃**といいます。ウイルスに感染したコンピュータのことを**ボット**といいます。ボットは、通常は正常に動いていますが、攻撃者がボットに対して攻撃命令を下すと、一斉にボットからサーバに対して攻撃を仕掛けます。複数のボットから分散して攻撃が行われるため、攻撃者を特定するのが難しい攻撃です。

標準編 STEP 3-5.2

重要度 ★★

スプーフィング攻撃② 中間者攻撃

あなたがメッセージを送っている相手は本当に本人ですか？

ポイントはココ!!

- 通信内容を盗聴・改ざんすることを目的とする攻撃のことを**中間者攻撃**という。
- ARPリプライ（応答）を偽装して、ニセの情報を伝える攻撃手法のことを**ARPスプーフィング（ARPポイズニング）**という。

●学習と試験対策のコツ

スプーフィング攻撃への対処法は重要な話なので説明したいところですが、CCNAの試験範囲から外れるので割愛します。CCNAの試験対策としては、攻撃手法の名称と内容を一致させておきましょう。

考えてみよう

悪意のあるユーザーは、サーバを攻撃をするためだけにスプーフィングを行うとは限りません。悪者はなりすましをして何をたくらんでいるのでしょうか？

1 中間者攻撃とは

対象への直接攻撃ではなく、通信内容を盗聴・改ざんすることを目的とする攻撃のことを**中間者攻撃（man-in-the-middle attack）**といいます。代表的な攻撃に**ARPスプーフィング（ARPポイズニング）**があります。ARPスプーフィングとは**ARPリプライ（応答）を偽装して、ニセの情報を伝える攻撃手法のこと**です。この説明だけでピンときた人はすごいですね。ピンとこなかった人もたとえ話を交えて確認していきましょう。

①引っ越してきたあなたは、市役所に書類を提出しなければいけません。

②すると人が近づいてきて「私、○○市役所の担当です」と紹介を受けたの

で、あなたはその人に書類を渡しました。

③後日、市役所から正しく書類が受理された旨の通知が届きました。

④便利なので、その後もあなたは○○市役所の担当者を利用し続けました。

さて、ちょっと乱暴なたとえですがこんな感じでしょうか。上記の例でいうと、あなたの書類はすべて「ニセ担当者」に盗み見されています。市役所から通知が来たのは、ニセ担当者があなたの書類を盗み見したうえで、本来の市役所に提出しているからです。このようなことがネットワークの世界でも行われます。今回は、正規のホストからサーバへ通信する例で見ていきましょう。具体的には、以下の流れです。

実際には、市役所は本人確認をするので、ニセ担当者の悪事はバレます。このように本人確認をすることを「認証」というのでしたね。(STEP1-5.2)

①攻撃者が対象のネットワークに盗聴用コンピュータを接続する

②ホストがサーバとやり取りをするためにARPを送信する

ホストはサーバとやり取りをするためにARPします。ARPとは対象の機器のIPアドレスからMACアドレスを割り出すことでしたね。

③盗聴用コンピュータが自身のMACアドレスを正規ホストに返す

正しいサーバから応答が返ってくれれば、ホストはMACアドレス「00-00-00-11-11-11」を得ますが、タイミングによっては、盗聴コンピュータのMACアドレス「00-00-00-44-44-44」をARPテーブルに登録してしまいます。ホストは盗聴用コンピュータを正規のサーバだと認識してしまうのです。

④ホストがサーバと通信する際には盗聴用コンピュータを経由することになる

ホストが盗聴用コンピュータのMACアドレスをARPテーブルに登録した場合、データは盗聴用コンピュータを経由することになります。このような状況になってしまうと、盗聴用コンピュータがデータを盗聴または改ざんしたうえで、正規のサーバへ転送する危険性があります。

■ホストとサーバの通信は常に盗聴用コンピュータを経由する

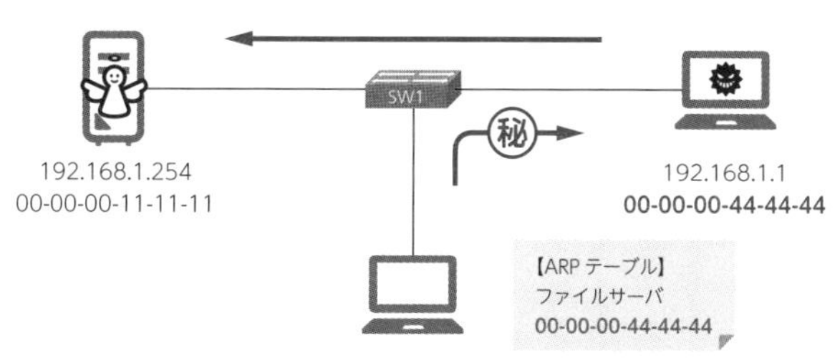

標準編 STEP 3-5.3

重要度 ★★★

スイッチで設定できるセキュリティ機能

スイッチだけでもさまざまなセキュリティ対策を実施できる

ポイントはココ!!

- 想定外の端末によるスイッチへの不正な通信を防ぐための技術に**ポートセキュリティ**がある。
- ポートセキュリティでは送信元MACアドレスを登録済みの**セキュアMACアドレス**と比較して転送判断をする。
- ポートセキュリティ違反時の動作モードには**protect**、**restrict**、**shutdown**の３つのモードがある。
- **DHCPスプーフィング**を防ぐためのしくみに**DHCPスヌーピング**がある。
- ARPスプーフィング（ARPポイズニング）を防ぐためのしくみに**ダイナミックARPインスペクション**がある。

●学習と試験対策のコツ

ファイアウォールなどとは別に、スイッチでもセキュリティ機能を設定することができます。これまでに紹介したスプーフィング攻撃や中間者攻撃への対策にもなります。スプーフィングやスヌーピングなど、紛らわしい言葉が出てきますので、しっかりと区別をつけてください。

1 ポートセキュリティ

STEP3-2では、VLANの利用は一定のセキュリティ機能を果たすと説明しました。しかし、たとえば社員が私物のパソコンを会社のネットワークに不正に接続してしまうような事例は、VLANでは防ぐことはできません。

そこで、管理者が想定していないホストがスイッチに接続されてネットワークにアクセスされることを防ぐために、スイッチの各ポートでは**ポートセキュリティ**という機能を設定することができます。ポートセキュリティでは、あらかじめ安全なMACアドレス（**セキュアMACアドレス**）を登録しておき、データを転送する際に、送信元のMACアドレスと比較します。そして、送信元のMACアドレスが登録されているMACアドレスと一致すれば、そのままデータを転送します。

■ポートセキュリティのしくみ

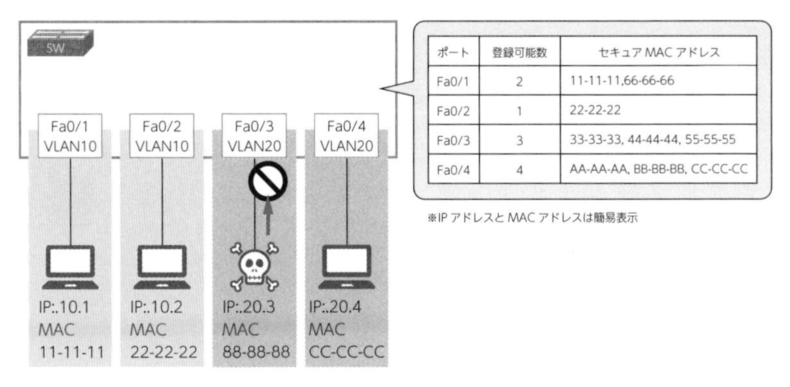

ポート	登録可能数	セキュアMACアドレス
Fa0/1	2	11-11-11,66-66-66
Fa0/2	1	22-22-22
Fa0/3	3	33-33-33, 44-44-44, 55-55-55
Fa0/4	4	AA-AA-AA, BB-BB-BB, CC-CC-CC

※IPアドレスとMACアドレスは簡易表示

図のFa0/3に注目してください。悪意のあるホストがVLAN20にアクセスしようとして、IPアドレスを192.168.20.3に偽装しています。スイッチは、この悪意のあるホストからの通信があると、その送信元MACアドレス（88-88-88）がセキュアMACアドレスに登録されているかを確認します。今回、MACアドレス88-88-88は、Fa0/3のセキュアMACアドレスとして登録されていないので、このデータは破棄されます。

ポートセキュリティに違反した際にどのような処理をするかについては、**protect**、**restrict**、**shutdown**の３つのモードがあります。デフォルトでは一番厳しいshutdownモードになります。

■ポートセキュリティ違反時の動作モード

モード	フレームの破棄	SNMPトラップの送信	Syslogメッセージの送信	違反カウンタの増加	シャットダウン
protect	○	×	×	×	×
restrict	○	○	○	○	×
shutdown	○	○	○	○	○

2 DHCPスプーフィングを防ぐためのDHCPスヌーピング

スプーフィング（なりすまし）攻撃の項目で、悪意のあるコンピュータがサーバになりすまし、ホストの通信を盗聴する事例を紹介しました。同じようにDHCPサーバになりすまして、ホストの通信を盗聴する攻撃を特に**DHCPスプーフィング**といいます。

DHCPはDynamic Host Configuration Protocolの略で「自動でホストを設定するプロトコル」という意味でしたね。（STEP3-4.1）

■DHCPスプーフィング

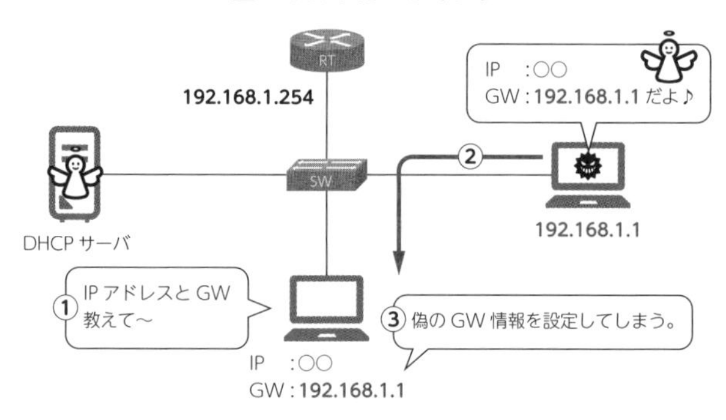

DHCPサーバのなりすましを検知するためのしくみに**DHCPスヌーピング**があります。スプーフィングは「なりすまし」という意味ですが、スヌーピングは「のぞき見する」という意味です。管理者が意図的にDHCPメッセージをのぞき見し

■DHCPスヌーピング

て、なりすましを検知するようなイメージですね。

DHCPスヌーピングでは、各ポートを**信頼できるポート（trust）**と、**信頼できないポート（untrust）**に分けます。信頼できるDHCPサーバが接続されているポートだけをtrustにして、あとのポートはすべてuntrustにすることで、DHCPスプーフィング攻撃を防ぎます。

3　ダイナミックARPインスペクション

DHCPスヌーピングを設定することでDHCPメッセージを監視できるようになりました。これと同じしくみでARPメッセージを監視することを**ダイナミックARPインスペクション**といいます。(ARPスヌーピングとはいいません)

ダイナミックARPインスペクションも、DHCPスヌーピングと同様に、各ポートを信頼できるポート（trust）と､信頼できないポート（untrust）に分けます。ARPスプーフィング（ARPポイズニング）を防ぐためにARPメッセージを監視する方法がダイナミックARPインスペクションです。

ARPとは、IPアドレスをもとにしてMACアドレスを割り出すことでしたね。（STEP1-2.3）

標準編 STEP 3-5.4

重要度 ∞

アクセスコントロールリストの概要

許可された通信だけを、ルータに転送させるしくみ

ポイントはココ!!

- ルータを通過するパケットを監視し、通信の許可・拒否を制御する機能のことを**アクセスコントロールリスト（ACL）**という。
- ACLは任意のルータで作成して、そのルータのインターフェースに設置する。
- ACLには大きく分けて、**標準ACL**と**拡張ACL**がある。
- ACLをインターフェースに設置する際には**インバウンド方向**と**アウトバウンド方向**の２種類を使い分けなければいけない。

●学習と試験対策のコツ

ACLの設定では、どのルータで、どのようなアクセスリストを作成して、どのインターフェースに、どの方向で設置するのかをよく考えなければいけません。また、番号つきACLでは、標準ACLと拡張ACLで使用できる番号が違うので暗記しましょう。

考えてみよう

次の図を見てください。ルータの左側には一般社員が使う通常のネットワークがあり、右側には役員が使うネットワークがあります。重要な財務データを持ったサーバが、役員ネットワークにある状態です。このネットワークでは、もしも一般社員がサーバのIPアドレスを知っている場合、一般社員がサーバにアクセスできてしまいます。会社の機密情報が流出するリスクがありますね。サーバへのアクセスを制限するにはどのようにすればいいのでしょうか。

■機密データへアクセスされるリスク

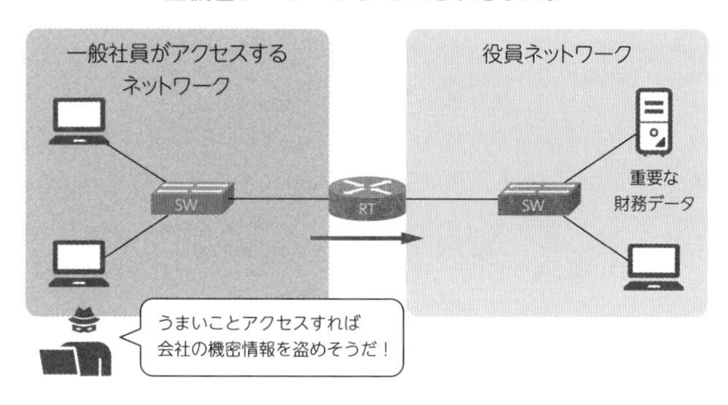

1　アクセスコントロールリストとは

ルータでは**アクセスコントロールリスト**（Access Control List、ACL、エーシーエル、アクル）という設定をすることで、ルータを通過するパケットを監視し、通信の許可・拒否を制御することができます。ACLを利用して許可する通信と拒否する通信を分けることを**パケットフィルタリング**といいます。

■ACLによるパケットフィルタリング

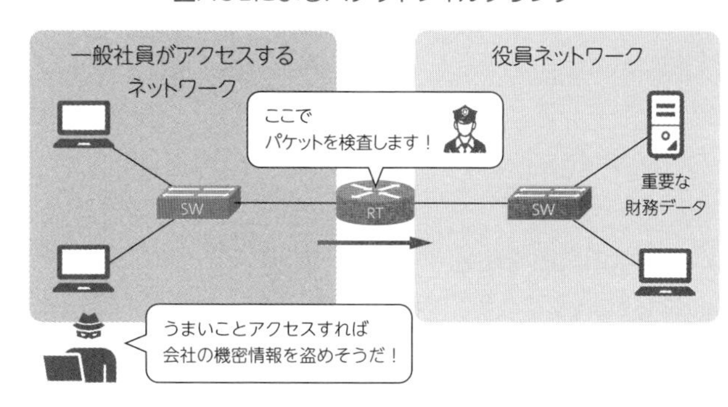

ACLの設定方法は大きく分けて２ステップあります。１ステップ目はフィルタリングの基準となるACLを作成すること。２ステップ目は作成したACLをルータのインターフェースに設置することです。ここではACLの概要を確認していきましょう。

2 ACLの作成

ACLには大きく分けて、**標準ACL**と**拡張ACL**があります。さらに、ACLの管理方法として番号をつけて管理するか、名前をつけて管理するかに分かれるので、全部で４種類のアクセスリストがあります。

■アクセスリストの種類

番号付き標準 ACL	**番号付き拡張 ACL**
「13」 ・送信元 IP が○○は OK ・送信元 IP が××はダメ ・その他の送信元は OK	「150」 ○○から××への tcp は許可 △△から◇◇へのエコー応答は許可 その他は全部拒否
名前付き標準 ACL	**名前付き拡張 ACL**
リスト「UZUZSt」 ・送信元 IP が○○は OK ・送信元 IP が××も OK ・その他は全部ダメ	「UZUZEx」 ○○ネットから×× ネットへの icmp は許可 △△から◇◇への ip は許可 その他は全部許可

上の図の左側のイメージで示されたのが標準ACLです。「13」のように番号で管理する場合は**番号付き標準ACL**と呼ばれ、「UZUZSt」のように名前で管理する場合は**名前付き標準ACL**と呼ばれます。標準ACLで指定できるフィルタリング項目は**送信元IPアドレス**だけです。「○○からやってきた通信は拒否する」というような設定が可能になります。

一方で右側のイメージで示されたのが拡張ACLです。「150」のように番号で管理する場合は**番号付き拡張ACL**と呼ばれ、「UZUZEx」のように名前で管理する場合は**名前付き拡張ACL**と呼ばれます。拡張ACLは標準ACLに比べてより細かい指定が可能で、**送信元IPアドレス**、**宛先IPアドレス**、**プロトコル**、**送信元ポート番号**、**宛先ポート番号**でフィルタリングができます。

なお、番号付きACLの場合、使用する番号によって標準ACLか拡張ACLが決まります。**１から99、1300から1999までの番号が標準ACL**と決められています。一方、**番号付き拡張ACLは100から199、2000から2699**です。

たとえば「13」というアクセスリストは自動で標準ACLとしてルータに認識されます。ACLの詳しい作成方法は次項で確認します。

■標準ACLと拡張ACLの違い

	標準ACL	拡張ACL
番号	1～99 1300～1999（IOS12.0以降）	100～199 2000～2699（IOS12.0以降）
送信元IP	○	○
宛先IP	×	○
プロトコル	×	○
送信元ポート番号	×	○
宛先ポート番号	×	○

3　ACLの設置（インターフェースへの適用）

作成したACLはルータのインターフェースに設置しなければ機能しません。インターフェースへの適用方法は**インバウンド方向**と**アウトバウンド方向**の２種類あります。インバウンド（in）で適用した場合、ルータのインターフェースにパケットが届いた段階で、アウトバウンド（out）で適用した場合、ルータのインターフェースからパケットが出ていく段階でパケットフィルタリングが行われます。

ACLの適用方法を間違えると、まったく意図しない動作になるので、特に注意が必要です。ACLの詳しい適用方法はあとで確認します。

■ACLを設置する方向

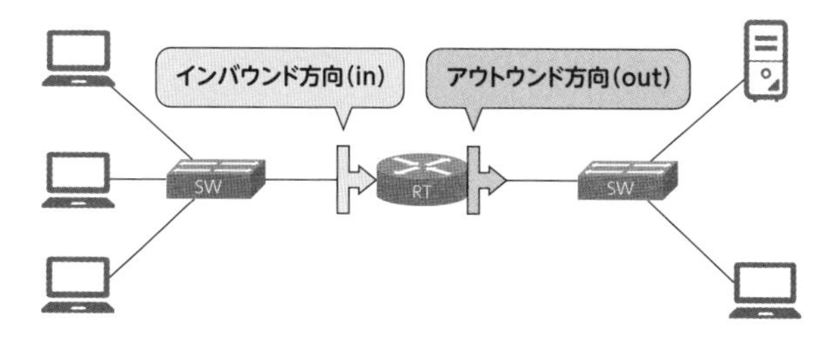

標準編
STEP
3-5.5

重要度 ∞

ACLをもとにルータがパケットを判定する手順

「すべて許可」と「暗黙のdeny（すべて拒否）」に気をつけよう！

ポイントはココ!!

- ACLはリストの上の行から検索する。
- 該当するエントリがあった場合、それ以降は検索しない。
- ACLの最後には暗黙のdeny（ディナイ、「すべて拒否」）が入る。

●学習と試験対策のコツ

ACLの作成では、実現したいフィルタリングの内容をよく踏まえて、各エントリを書いていく必要があります。エントリを書く順番を間違えると、意図しない挙動をする可能性があります。また、意図的に「すべてのIPアドレスを許可」を入れるか否かでフィルタリングの結果がかなり変わるので注意しましょう。そして、ACLの最後には目に見えない暗黙のdenyが入ることを忘れないようにしてください。

1 ACLのフィルタリングルール

ACLが通信を許可または拒否するしくみを確認しましょう。次の図のようにルータに「13番」という番号付き標準ACLと、「UZUZSt」という名前付き標準ACLを作成します。それぞれのACLをルータのFa0/0にインバウンド方向で設置した時、どのようにパケットをフィルタリングするか見てみましょう。ルータがACLをもとに判断する手順は以下のとおりです。

・ACLはリストの上の行からチェックしていきます。
・該当する行（エントリ）があった場合、それ以降は検索しません。
・該当するエントリがない場合、最後には暗黙のdeny（ディナイ、「すべて拒否」）が入ります。

■ACLのフィルタリングルール

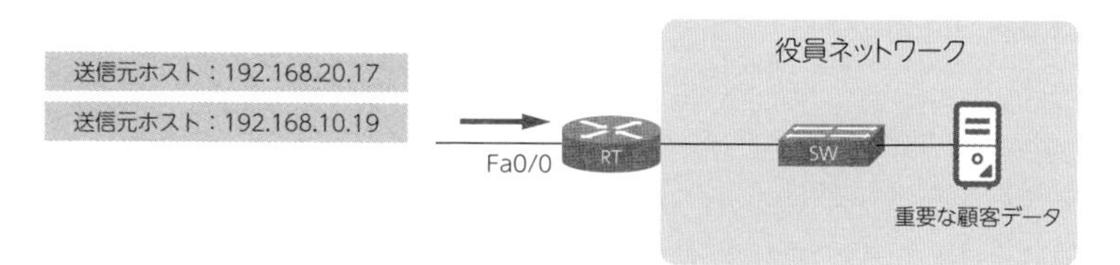

リスト 13
①192.168.10.20のホストは**拒否×**
②192.168.20.17のホストは**許可○**
③192.168.20.0/24に属するものは**拒否×**
④192.168.30.0/24に属するものは**許可○**
⑤すべてのIPアドレスを**許可○**
⑥暗黙のdeny（すべて拒否）

リスト UZUZSt
①192.168.10.20のホストは**拒否×**
②192.168.20.17のホストは**拒否×**
③192.168.20.0/24に属するものは**拒否×**
④192.168.30.0/24に属するものは**拒否×**
⑤暗黙のdeny（すべて拒否）

例１：番号付き標準ACL「13」の場合

192.168.20.17という送信元IPアドレスを持ったパケットがルータに届きました。この通信を許可して通すのか、拒否して通さないのかを今から判断していきます。このパケットは②の条件に該当するので、通信を許可します。

①192.168.10.20のホストは拒否×	該当しない
②192.168.20.17のホストは許可○	該当する
③192.168.20.0/24に属するものは拒否×	チェックしない
④192.168.30.0/24に属するものは許可○	チェックしない
⑤すべてのIPアドレスを許可○	チェックしない

次に192.168.10.19という送信元IPアドレスを持ったパケットがルータに届いた場合を考えましょう。このパケットは⑤の条件に該当するので、通信を許可します。

①192.168.10.20のホストは拒否×	該当しない
②192.168.20.17のホストは許可○	該当しない
③192.168.20.0/24に属するものは拒否×	該当しない
④192.168.30.0/24に属するものは許可○	該当しない
⑤すべてのIPアドレスを許可○	該当する

例2：名前付き標準ACL「UZUZSt」の場合

まず192.168.20.17という送信元IPアドレスを持ったパケットがルータに届いた場合を考えましょう。このパケットは②の条件に該当するので、通信を拒否します。

①192.168.10.20のホストは拒否×	該当しない
②192.168.20.17のホストは拒否×	該当する
③192.168.20.0/24に属するものは拒否×	チェックしない
④192.168.30.0/24に属するものは拒否×	チェックしない

次に192.168.10.19という送信元IPアドレスを持ったパケットがルータに届いた場合を考えましょう。このパケットは①〜④のどのエントリにも該当しません。**どのエントリにも該当しない場合は、最後に暗黙のdenyが適用され、通信は拒否されます。**

①192.168.10.20のホストは拒否×	該当しない
②192.168.20.17のホストは拒否×	該当しない
③192.168.20.0/24に属するものは拒否×	該当しない
④192.168.30.0/24に属するものは拒否×	該当しない

さて、ここまで名前付き標準ACL「UZUZSt」がどのような判断手順でフィルタリングを行うかを見てきましたが、皆さん何か感じませんでしたか？「①〜④のエントリって意味がないのでは？」などと感じてほしいですね。

2 ACLの内容を修正してみよう

これまでに見てきたACLには無駄なエントリや不備があります。まず番号付き標準ACL「13」を修正しましょう。このACLでは⑤の条件ですべての送信元IPアドレスを許可します。つまりそれ以前の②と④のエントリは不要です。

■番号付き標準ACL「13」の修正

リスト 13（修正前）
①192.168.10.20のホストは**拒否×**
②192.168.20.17のホストは**許可○**
③192.168.20.0/24に属するものは**拒否×**
④192.168.30.0/24に属するものは**許可○**
⑤すべてのIPアドレスを**許可○**
⑥暗黙のdeny（すべて拒否）

➡

リスト 13（修正後）
①192.168.10.20のホストは**拒否×**
③192.168.20.0/24に属するものは**拒否×**
⑤すべてのIPアドレスを**許可○**
⑥暗黙のdeny（すべて拒否）

次に、名前付き標準ACL「UZUZSt」を修正します。今のACLのままではすべての通信が拒否されてしまいます。今回は特定の送信元だけを拒否して、残りは通信を許可したいので、エントリの最後に「すべてのIPアドレスを許可」を入れなければいけません。

■名前付き標準ACL「UZUZSt」の修正

リスト UZUZSt
①192.168.10.20のホストは**拒否×**
②192.168.20.17のホストは**拒否×**
③192.168.20.0/24に属するものは**拒否×**
④192.168.30.0/24に属するものは**拒否×**
⑤暗黙のdeny（すべて拒否）

リスト UZUZSt
①192.168.10.20のホストは**拒否×**
②192.168.20.17のホストは**拒否×**
③192.168.20.0/24に属するものは**拒否×**
④192.168.30.0/24に属するものは**拒否×**
⑤すべてのIPアドレスを**許可○**
⑤暗黙のdeny（すべて拒否）

このように、意図的に「すべてのIPアドレスを許可」を入れるか否かでフィルタリングの結果がかなり変わるので注意しましょう。また、暗黙のdenyはルータの操作画面上にも表示されません。ACLの最後には目に見えない暗黙のdenyが入ることを忘れないようにしてください。

標準編
STEP
3-5.6

重要度 ★★★

標準ACLの作成方法とワイルドカードマスク

ワイルドカードマスクとサブネットマスクの区別をつけよう！

ポイントはココ!!

- ACLのエントリ中のIPアドレスについて、ワイルドカードマスクが「0」になっているビットは、チェック対象のIPアドレスとの一致をチェックする。
- ACLのエントリ中のIPアドレスについて、ワイルドカードマスクが「1」になっているビットは、チェック対象のIPアドレスとの一致をチェックしない。
- ワイルドカードマスク「0.0.0.0」は32ビットすべての一致をチェックするので、ACLの作成コマンドでは「host」で省略表記できる。
- ワイルドカードマスク「255.255.255.255」は32ビットすべての一致をチェックしないので、ACLの作成コマンドでは「any」で省略表記できる。

●学習と試験対策のコツ

ここでは標準ACLの設定コマンドを読み取れるようになりましょう。ワイルドカードマスクを見て、対象のIPアドレスがACLの条件に該当するかどうかを判断できるようになればOKです。

1 番号付き標準ACLの作成方法

番号付き標準ACLはグローバルコンフィギュレーションモード（config）で作成します。番号は１～99（IOS12.0以降では1300～1999も可）である点に注意してください。なお、ACLでは送信元や宛先を指定する際にサブネットマスクではなく**ワイルドカードマスク**を使用します。詳しくは後述します。

コマンド構文と意味

```
RT(config)# access-list [ACL番号][permit|deny][送信元IPアドレス][ワイルドカードマスク]
```

（アクセスリストを作りなさい、リスト管理は[ACL番号]
内容は[permit|deny]、フィルタリング条件は[送信元IPアドレス][ワイルドカードマスク]）

作成例

右のイメージのような番号付き標準ACLを作成するコマンドは次のようになります。

リスト 13
①192.168.10.20のホストは**拒否**×
②192.168.20.0/24に属するものは**拒否**×
③すべてのIPアドレスを**許可**○

```
① RT(config) #access-list 13 deny host 192.168.10.20
② RT(config) #access-list 13 192.168.20.0 0.0.0.255
③ RT(config) #access-list 13 permit any
```

2　名前付き標準ACLの作成方法

名前付き標準ACLは標準ACLコンフィギュレーションモード（config-std-nacl）で作成します。こちらも、送信元や宛先を指定する際にサブネットマスクではなく**ワイルドカードマスク**を使用します。

コマンド構文と意味

```
RT(config)#ip access-list standard [ACL名]
RT(config-std-nacl)#[permit|deny][送信元IPアドレス][ワイルドカードマスク]
```

（[ACL名]の標準ACLコンフィギュレーションモードにしなさい
内容は[permit|deny]、フィルタリングの条件は[送信元IPアドレス][ワイルドカードマスク]）

作成例

右のイメージのような名前付き標準ACLを作成するコマンドは次のようになります。

リスト UZUZSt
①192.168.10.20のホストは**拒否**×
②192.168.20.17のホストは**拒否**×
③192.168.20.0/24に属するものは**拒否**×
④192.168.30.0/24に属するものは**拒否**×
⑤すべてのIPアドレスを**許可**○

```
    RT(config) #ip access-list standard UZUZSt
①  RT(config-std-nacl) #deny host 192.168.10.20
②  RT(config-std-nacl) #deny 192.168.20.17 0.0.0.0
③  RT(config-std-nacl) #deny 192.168.20.0 0.0.0.255
④  RT(config-std-nacl) #deny 192.168.30.0 0.0.0.255
⑤  RT(config-std-nacl) #permit any
```

3 ワイルドカードマスク

ACLでは送信元や宛先のIPアドレスが、条件に一致しているかをチェックしますが、その際にワイルドカードマスクというものを利用します。ワイルドカードマスクを利用すると、チェック対象のIPアドレスのどのビットをチェックする必要があるのかを指定することができます。ワイルドカードマスクもIPアドレスと同様に32ビットあり、8ビット（1オクテット）ごとに10進数表記でドット「.」で区切られています。サブネットマスクと混同しないように注意してください。

ワイルドカードマスクのルールは次の２つです。ワイルドカードマスクのルールの図を見ながら、設定例を確認していきましょう。

・ACLのエントリ中のIPアドレスについて、ワイルドカードマスクが「0」になっているビットは、チェック対象のIPアドレスとの一致をチェックする。

・ACLのエントリ中のIPアドレスについて、ワイルドカードマスクが「1」になっているビットは、チェック対象のIPアドレスとの一致をチェックしない。

■ワイルドカードマスクのルール

	第1オクテット	第2オクテット	第3オクテット	第4オクテット
エントリ中のアドレス: 192.168.20.38	1 1 0 0 0 0 0 0	1 0 1 0 1 0 0 0	0 0 0 1 0 1 0 0	0 0 1 0 0 1 1 0
①32ビットの一致をチェックしない	1 1 1 1 1 1 1 1	1 1 1 1 1 1 1 1	1 1 1 1 1 1 1 1	1 1 1 1 1 1 1 1
②32ビットの一致をチェックする	0 0 0 0 0 0 0 0	0 0 0 0 0 0 0 0	0 0 0 0 0 0 0 0	0 0 0 0 0 0 0 0
③24ビット目までの一致をチェックする	0 0 0 0 0 0 0 0	0 0 0 0 0 0 0 0	0 0 0 0 0 0 0 0	1 1 1 1 1 1 1 1
④サブネットまでの一致をチェックする	0 0 0 0 0 0 0 0	0 0 0 0 0 0 0 0	0 0 0 0 0 0 0 0	0 0 0 1 1 1 1 1

例1：access-list 15 deny 192.168.20.38 255.255.255.255

ワイルドカードマスクはすべて255となっており、2進数に直すと32ビットすべてが「1」になります。このワイルドカードマスクは、ACLのエントリ中のIPアドレス（192.168.20.38）について、チェック対象のIPアドレスとの一致を32ビットすべてチェックしないという意味になります。一致しているかをチェックしないので、チェック対象のIPアドレスは必ずこのエントリに該当することになります。つまり、**すべてのIPアドレスを対象にすることができます。**32ビットすべてをチェックしないので、たとえば、次のように書き換えても同じ意味になります。ACLエントリ中のIPアドレスがどんなものだろうと、ビットが一致しているかをチェックしないので、結果は同じになります。

access-list 15 deny **0.0.0.0** 255.255.255.255

access-list 15 deny **1.1.1.1** 255.255.255.255

なお、ACLでのワイルドカードマスクには省略表記があり、「すべてのIPアドレスを対象とする」と指定したいときはanyを利用して次のように記述することもできます。

access-list 15 deny **any**

「32ビットすべてチェックしない」という意味がピンとこない人は、まずは「すべてのIPアドレスを対象にする場合はanyを利用する」と覚えておきましょう。

例2：access-list 15 deny 192.168.20.38 0.0.0.0

ワイルドカードマスクはすべて0になっています。このワイルドカードマスクは、ACLエントリ中のIPアドレス（192.168.20.38）について、チェック対象のIPアドレスとの一致を32ビットすべてチェックするという意味になります。完全一致しているかをチェックするので、**ただ1つのIPアドレス（ホスト）を対象にすることができます。**ACLの省略表記である「host」を利用すると次のように記述することもできます。

access-list 15 deny **host** 192.168.20.38

例3：access-list 15 deny 192.168.20.38 0.0.0.255

このワイルドカードマスクは、ACLエントリ中のIPアドレス（192.168.20.38）について、チェック対象のIPアドレスとの一致を、第3オクテットまではチェックし、第4オクテットはチェックしないという意味になります。つまり、このワイルドカードマスクでは**ネットワーク（今回はクラスC）を対象にしているとい**

えます。対象のIPアドレスが192.168.20.0～192.168.20.255の範囲内にあるものは、すべてこのACLの条件文に該当することになります。なお、ACLを次のように書き換えても同じ条件文になります。

access-list 15 deny 192.168.20.0　0.0.0.255
access-list 15 deny 192.168.20.**255** 0.0.0.255

例4：access-list 15 deny 192.168.20.38 0.0.0.31

このワイルドカードマスクは、ACLエントリ中のIPアドレス（192.168.20.38）について、チェック対象のIPアドレスとの一致を、27ビット目まではチェックし、残りの5ビットはチェックしないという意味になります。つまり、このワイルドカードマスクでは**サブネットを対象にしているといえます**。念のため2進数で確認しておきましょう。第4オクテットだけ2進数で表記します。

IPアドレス	：192.168.20.001**00110**	（192.168.20.38）
ワイルドカードマスク	：0.　0.　0.000**11111**	（0.　0.　0.31）
ネットワークアドレス	：192.168.20.001**00000**	（192.168.20.32）
ブロードキャストアドレス	：192.168.20.001**11111**	（192.168.20.63）

対象のIPアドレスが192.168.20.32～192.168.20.63の範囲内にあるものは、すべてこのACLの条件文に該当することになります。なお、ACLを次のように書き換えても同じ条件文になります。

access-list 15 deny 192.168.20.**32** 0.0.0.31
access-list 15 deny 192.168.20.**63** 0.0.0.31

標準編 STEP 3-5.7

重要度 ★★

拡張ACLの作成方法

標準ACLよりもより細かいフィルタリング内容を指定できる

ポイントはココ!!

- 拡張ACLは標準ACLに比べてより細かな指定が可能で、送信元IPアドレス、宛先IPアドレス、プロトコル、送信元ポート番号、宛先ポート番号でフィルタリングができる。

●学習と試験対策のコツ

拡張ACLの設定コマンドを読み取れるようになりましょう。各プロトコルでどんなオプションを指定できるのかを覚えられるとよいですね。

1 拡張ACLの作成方法

拡張ACLの作成方法を理解するためには、ワイルドカードマスクとポート番号の理解が必要です。

ワイルドカードマスクがわからない人は前項（STEP3-5.6）へ、プロトコル名とポート番号の組合せを覚えていない人はSTEP3-1.7へ戻って復習しましょう!

番号付き拡張ACLのコマンド構文

```
RT(config)#access-list [ACL番号][permit|deny][プロトコル]
    [送信元IPアドレス][ワイルドカードマスク]（送信元ポート番号）
        [宛先IPアドレス][ワイルドカードマスク]（宛先ポート番号）
            [オプション]
```

STEP3 標準編

名前付き拡張ACLのコマンド構文

```
RT(config)#ip access-list extended [ACL名]
RT(config-ext-nacl)#(指定する内容は番号付きと同じ)
```

■各プロトコルで指定できるオプションの一例

プロトコル	指定できるオプション
ip	基本的なトラフィックをすべて。dscpなど。
icmp	echo(エコー要求)、echo-reply(エコー応答) icmpについては本項末のコラムを参照
tcp	パラメータとポート番号またはポート名で指定する。 パラメータは、eq(等しい)、lt(小さい)、gt(大きい)など ポート番号とポート名は、HTTP通信であれば「80」か「www」
udp	tcpと同じ。パラメータとポート番号またはポート名で指定する。

拡張ACLの作成モードは標準ACLと同じです。番号付き拡張ACLはグローバルコンフィギュレーションモード(config)で作成します。番号は100～199、(IOS12.0以降では2000～2699も可)である点に注意してください。名前付き拡張ACLはグローバルコンフィギュレーションモード(config)から、拡張ACLコンフィギュレーションモード(config-ext-nacl)に移行して作業します。

2 拡張ACLの条件文を読み取る練習

拡張ACLでは送信元IPアドレスの他に、宛先IPアドレス、プロトコル、送信元ポート番号、宛先ポート番号を指定することができます。また、指定するプロトコルに対応したオプションをつけることもできます。拡張ACLの条件文を読み取れるように練習していきましょう。

```
access-list 110 permit ip any any
(許可する　IP通信を　すべてのIPアドレスから　すべてのIPアドレスへの)
```

ワイルドカードマスクの省略表記は標準ACLと同じです。

```
access-list 132 deny tcp host 192.168.20.38 host 172.16.10.1 eq www
(拒否する　ホスト192.168.20.38から　Webサーバ172.16.10.1への　TCPのHTTP通信を)
```

TCPとUDPではオプションとしてポート番号やポート名を指定することができます。この例ではHTTP通信（80番ポート、ポート名はwwwで表す）を指定しています。「eq」とは「等しい」という意味です。CCNA試験で出題されるのは、ほぼ「eq」だけです。

```
access-list 180 deny tcp 192.168.50.0 0.0.0.255 host 10.1.1.1 lt 24
（拒否する　192.168.50.0ネットワークから　ホスト10.1.1.1への　ポート番号24未満の通信を）
```

この例ではポート番号が24未満（23のTELNETなどがある）の通信を拒否しています。「lt」とは「less than」のことです。今回は例として紹介しましたが、CCNA試験では「eq」だけわかっていればいいので、ltなどを覚える必要はありません。

```
access-list 174 permit udp 192.168.20.0 0.0.0.255 host 172.16.11.1 eq 53
（許可する　192.168.20.0のネットワークから　DNSサーバ172.16.11.1へのDNS通信を）
```

UDPもTCPと同様にポート番号をオプションとして指定することができます。指定するルールはTCPのときと同じです。

```
access-list 199 deny icmp host 192.168.20.38 192.168.40.0 0.0.0.255 echo
（拒否する　ホスト192.168.20.38から　192.168.40.0ネットワークへの　icmpのエコー要求を）
```

icmpではオプションとしてecho（エコー要求）やecho-reply（エコー応答）などを指定することができます。

```
access-list 156 permit udp any eq 123 host 172.16.10.1 eq 123
（許可する　すべてのIPアドレスから　NTPサーバ172.16.10.1への　NTP通信を）
```

CCNA試験ではほぼ出題されない形式ですが、紹介だけしておきます。試験では宛先ポート番号を指定する問題がほとんどですが、送信元ポート番号を指定することもできます。たとえば、時刻を同期するプロトコルであるNTPでは、クライアントもサーバも123番ポートを利用します。NTPサーバでは、123番ポートを利用している通信だけを許可して、あとの通信は拒否することでセキュリティ対策になるのです。

Column ICMPプロトコルとは

ICMP（Internet Control Message Protocol）とはOSI参照モデルでのネットワーク層（TCP/IPモデルでのインターネット層）に属しているプロトコルです。主にノード間の通信状態を確認するために利用されます。宛先との通信が可能かどうかを調べるコマンドにpingコマンドがありますが、pingはICMPを利用しています。

次の図はRT1でRT2宛にpingコマンドを実行している様子です。宛先IPアドレスにエコー要求パケットを送信し、宛先からのエコー応答を待ちます。たとえば、拡張ACLの設定をする際に、icmpのオプションでecho-replyを指定すると、宛先から返ってくるエコー応答をフィルタリングできます。

```
RT1#ping 192.168.10.2
Type escape sequence to abort.
Sending 5, 100-byte ICMP Echos to 192.168.10.2, timeout is 2 seconds:
!!!!!
Success rate is 100 percent (5/5), round-trip min/avg/max = 4/6/8 ms
```

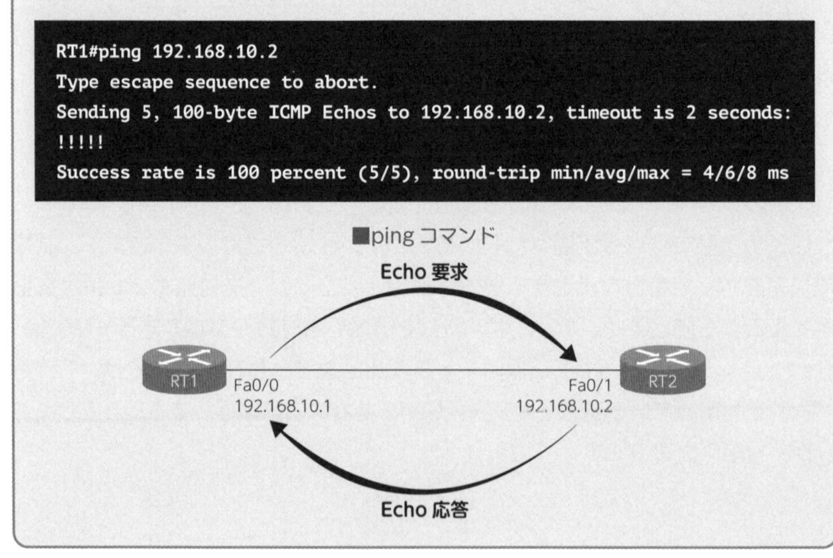

■ping コマンド

標準編 STEP 3-5.8

重要度 ★★

ACLのインターフェースへの適用方法

ACLの適用方向を間違えると、まったく意図しない動作をすることがある……

ポイントはココ!!

- ACLをインターフェースに設置する際には**インバウンド方向**と**アウトバウンド方向**の２種類を使い分けなければいけない。
- 標準ACLは宛先の近くに設置することが推奨される。
- 拡張ACLは送信元の近くに設置することが推奨される。

●学習と試験対策のコツ

ACLの設定では、どのルータで、どのようなアクセスリストを作成して、どのインターフェースに、どの方向で設置するのかをよく考えなければいけません。

CCNA試験ではACLが頻出します。ACLの内容を読み取らせ、インターフェースへの適切な設置方向を考えさせる問題などが出題されます。

1　ACLをインターフェースに設置する方向

これまでに、標準ACLと拡張ACLの作成方法を勉強しました。作成したACLはルータのインターフェースに設置しなければ機能しません。インターフェースへの適用方法は**インバウンド方向**と**アウトバウンド方向**の２種類あります。インバウンド（in）で適用した場合、ルータのインターフェースにパケットが届いた段階で、アウトバウンド（out）で適用した場合、ルータのインターフェースからパケットが出ていく段階でパケットフィルタリングが行われます。**ACLの適用方向を間違えると、まったく意図しない動作になるので、特に注意が必要です。**

2　どのルータでACLを作成してどの方向でACLを設置すべきか

たとえば、次の図で「役員ネットワークへのアクセスについて、営業部の通信は拒否して、その他の通信は許可する」という標準ACLを設定する場合を考えます。この場合、どのルータで作成して、そのルータのどのインターフェースに、どの方向で設置するかを考えます。送信元が営業部からのパケットを、役員ネットワークにアクセスさせたくない場合、どのように作成すればよいでしょうか？

■どのルータでACLを作成して設置すればよいのか？

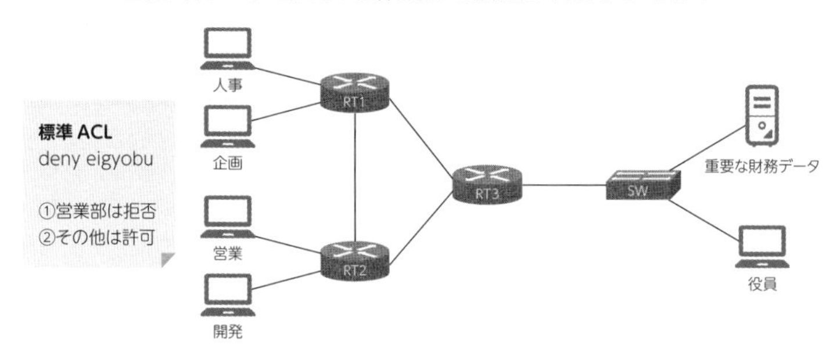

今回の場合、ACLの設定方法は複数考えられます。１つの例を紹介します。作成するルータはRT3を選びます。フィルタリングの内容は「営業部の通信は拒否して、その他の通信は許可する」です。このACLをRT3の役員ネットワーク側にアウトバウンドで設定します。次の図のように設置すると、意図したとおりのフィルタリング効果を得ることができます。

■アクセスリストの設置例①

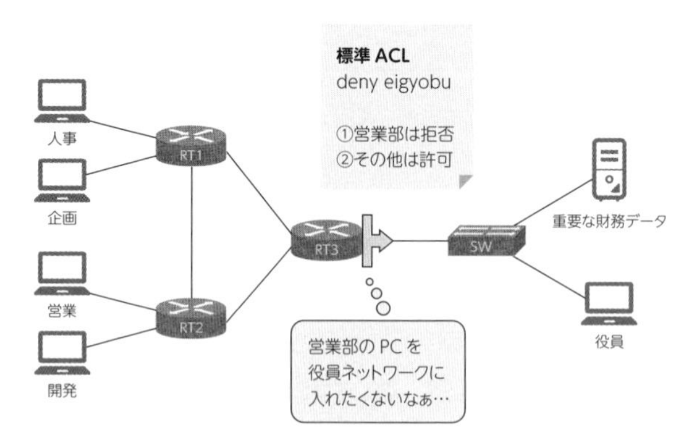

別の設定方法も考えられます。図のRT3の上と下のインターフェースにそれぞれインバウンドで設置しても同様のフィルタリング効果を得られます。ただし１つ目の例と比べると設定作業は煩雑ですし、管理も大変になります。

■アクセスリストの設置例②

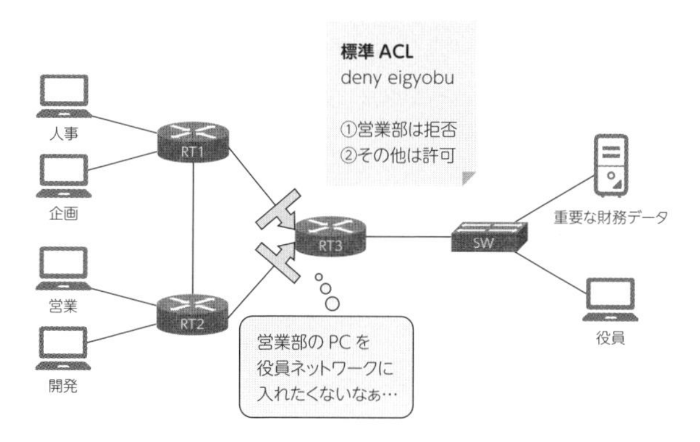

ここで、推奨されているACLの設置方法を紹介しておきます。**標準ACLは宛先の近くに設置することが望ましい**です。送信元近くに設置してしまうと、宛先に関係なくフィルタリングがかかり、意図しないパケットを拒否する可能性があるからです。一方で、**拡張ACLは送信元の近くに設置することが望ましい**です。できるだけ早めにフィルタリングを行って、ネットワークに不要なパケットを流さないためです。

■推奨されるACLの設置方法

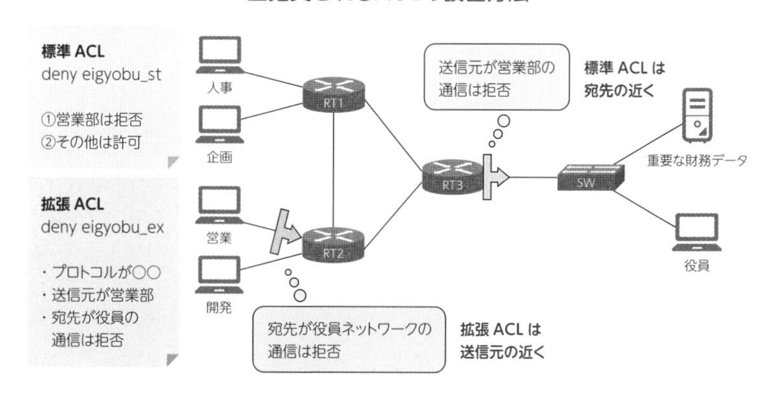

3　ACLの設置に関する失敗例

ACLの設置に関する失敗例も確認しておきましょう。たとえば、次の図のようにACLをRT3の役員ネットワーク側にインバウンドで設定すると、まったくフィルタリングの役目を果たしません。なぜなら、役員ネットワーク側からは、送信元が営業部の通信は届かないからです。

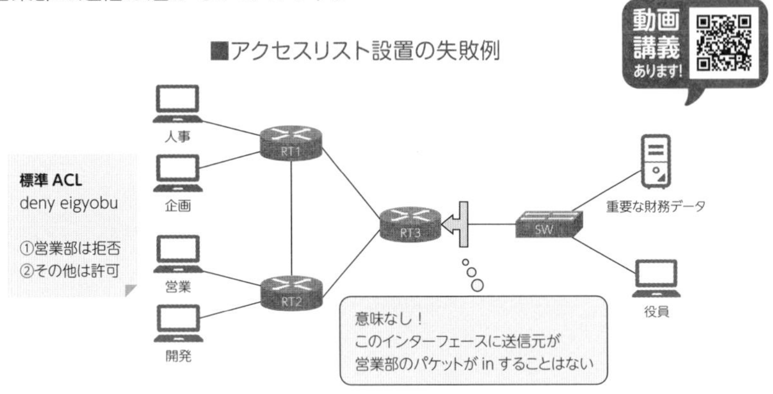

このように、ACLを設置する際に、インバウンドとアウトバウンドを間違えると、まったく意図しない動作になることがあるので、特に注意が必要です。

ACLの設定では、どのルータで、どのようなアクセスリストを作成して、どのインターフェースに、どの方向で設置するのかをよく考えなければいけません。

CCNA試験でもACLの項目は頻出します。ACLの内容を読み取らせ、インターフェースへの適切な設置方向を考えさせる問題などが出題されます。

標準編

STEP 3-6

自動化とプログラマビリティⅢ

この章では、出題割合の10%を占める項目である自動化とプログラマビリティの分野について、SDN技術を中心にその標準知識を学習していきます。

さて、皆さんここまでの学習お疲れさまでした！　いよいよ最後の章ですね。これまでに、STEP1-6では自動化の必要性を確認しました。STEP2-6ではSDNの概要と基本的なしくみを学習しました。このSTEP3-6ではSDNのしくみについて、もう少し深く説明していきます。

この章のポイントは「SDNでは物理的なレイヤ3ネットワークをまたいで論理的なレイヤ2ネットワークが構築されている」という文章の意味が理解できるかどうかです。これを理解するためにはSTPや仮想化技術の知識が必要です。本文では復習ポイントについてもコメントしていますので、これまでの知識を総動員して読み進めてください。

この章を読み終えれば、皆さんはCCNA試験の全範囲について主要な知識を身につけたことになります。あともう少し頑張っていきましょう！

標準編 STEP 3-6.1

重要度 ★★★

ファブリックネットワーク

STPが不要!? 次世代のレイヤ2ネットワーク

ポイントはココ!!

- データセンターなどの大規模ネットワークでは、次世代のレイヤ2ネットワークである**ファブリックネットワーク**が採用されている。
- Cisco ACIでは**スパイン・リーフ型**のファブリック型ネットワークが採用されている。

●学習と試験対策のコツ

スパイン・リーフ型のファブリックネットワークの接続ルールや特徴を押さえましょう。本項の内容を納得するためにはSTPやネットワークの３階層設計モデルに関する理解が必要です。忘れている人はSTP（STEP2-2）や３階層設計モデル（STEP1-1.9）に戻って復習をしましょう。

考えてみよう

■３階層設計モデルでのサーバの仮想化

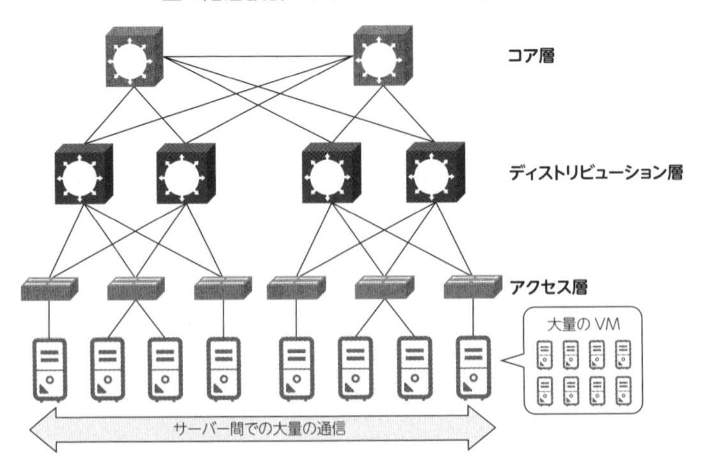

サーバの仮想化が進み、大量のバーチャルマシン（VM）が利用され始めると、従来の３階層設計モデル（３ティア）では、通信の効率が大幅に低下してしまいました。仮想環境での通信の特徴としては、物理サーバの中で大量のVMが稼働しており、それらのVM間で大量の通信が行われている点が挙げられます。では、なぜこの状況が３階層設計モデルにとって不都合なのでしょうか？

1　仮想化の進展により3階層設計モデルで通信効率が低下する理由

３階層設計モデルでの仮想環境において、通信効率が低下する要因の一つにSTPがあります。ネットワーク機器は確かにケーブルでつながっていますが、実際にはループを防止するために、STPで通信を止めている経路があります。図示すると次のようになります。STPのおかげできれいなツリー構造になっているのがわかります。

■通信経路を見やすくした３階層設計モデル

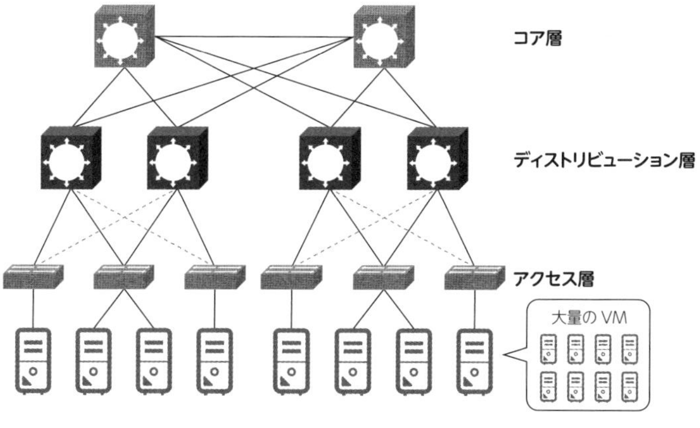

仮想環境にとって、この状況の何が不都合かというと、サーバ間で通信をする際に、毎回上位の層まで上り、アクセス層まで下がってこなければいけない点です。物理的にすぐ隣にサーバがあっても、STPにより経路が非アクティブになっているため、毎回大きく迂回することになるのです。

■サーバ間の通信は毎回大きく迂回することになる

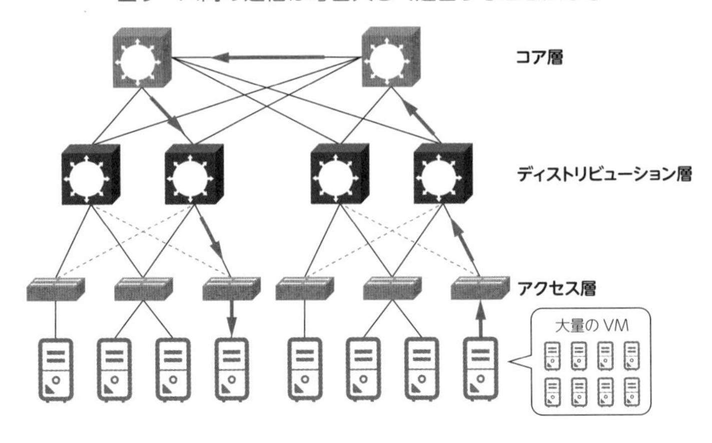

2 STPに代わるレイヤ2ネットワークのファブリックネットワーク

データセンターなどの大規模ネットワークでは、３階層設計モデルやSTPの機能制限により、ネットワークの広帯域化や低遅延化、均一性を確保することが難しくなってきました。そこで登場したのが、新しいレイヤ２ネットワークの形となる**ファブリックネットワーク**です。ファブリックにはもともと布地や繊維などの意味があります。図のようにメッシュ状にネットワークが構成されます。

■どちらもファブリック型のネットワークといえる

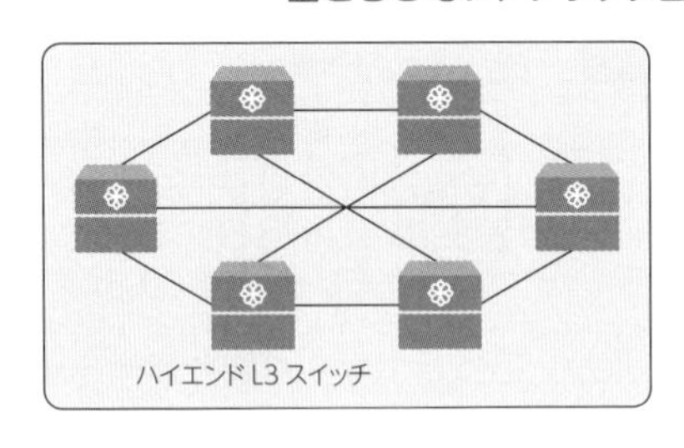

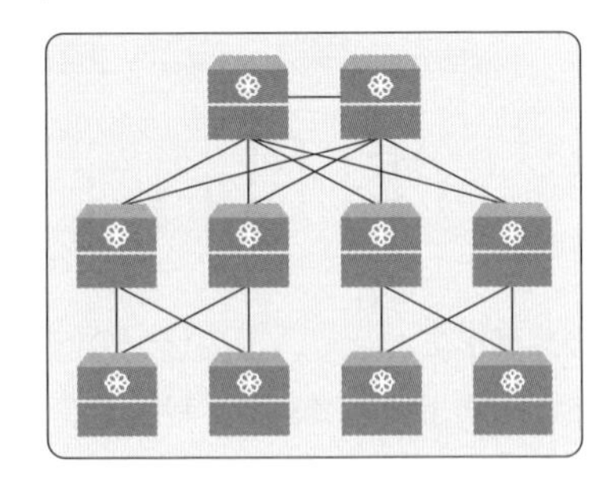

ここでも学習者から多くの質問が来ます。「ファブリック型とは結局メッシュ型なのだから、循環経路になりループが発生してしまうのでは？」という質問です。

確かに**トポロジとしては従来のメッシュ型といえますが、ファブリック型ネッ**

トワークはそもそも次世代の技術である点に注意してください。循環経路になっていてもループを発生させず、すべてのリンクを稼働させられるような技術なのです。ファブリック型のネットワークはデータセンター向けに開発された高性能なスイッチで構成されます。

3 Cisco ACIで利用されるファブリック型ネットワーク

シスコのデータセンター向けサービスであるCisco ACIでもファブリック型ネットワークを採用しています。そのファブリック型ネットワークは**スパイン・リーフ型**と呼ばれています。高性能スイッチを、スパインという役割とリーフという役割に分けてファブリックネットワークを構成します。

■スパイン・リーフ型のファブリックネットワーク

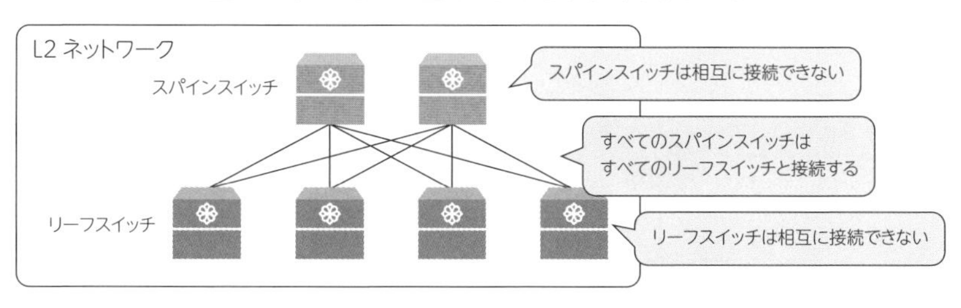

スパイン・リーフ型ネットワークの構成ルールは次のようになっています。

・スパインスイッチは相互に接続しない。
・リーフスイッチは相互に接続しない。
・すべてのスパインスイッチはすべてのリーフスイッチと接続される。
・エンドポイントとなるサーバはリーフスイッチに接続する。

4 スパイン・リーフ型ネットワークの特徴

スパイン・リーフ型ネットワークは高性能なL3スイッチで構成されるので、従来のディストリビューション層の機器に集中していた負荷をリーフスイッチに分散できます。

また、どこかのリンクで障害が起こったとしても、別の経路がたくさんあるので、強い冗長性があります。システムが停止することなく稼働し続ける能力のことを可用性といいますが、ファブリックネットワークには大きな可用性があります。

STPを使わなくていいので、すべての経路がアクティブになり、ネットワークの利用効率が大幅に向上します。

サーバ間の水平的な通信は、サーバがどこに接続されていても1～2ホップで通信できるのでレイテンシー（遅延）を一定に保つことができます。

通信の品質を下げる要因である、レイテンシー（遅延）とジッタ（ゆらぎ）の区別はついていますか？（STEP2-4.1）

■接続場所にかかわらず1～2ホップで通信できる

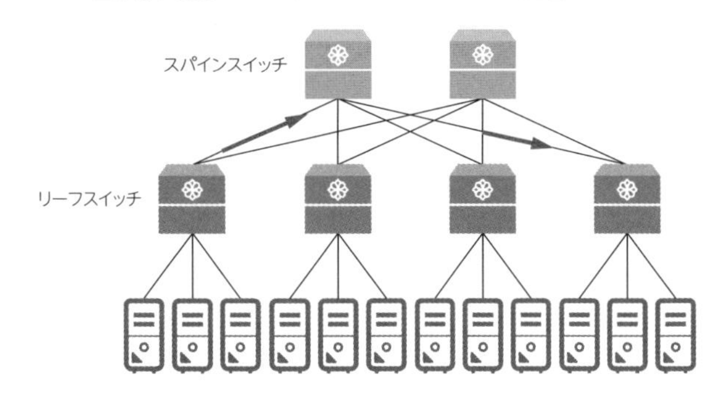

スイッチングの機能を増強したければ、スパインスイッチを追加すれば済みます。そうすれば通信経路が増えるので帯域も増えることになります。

■スイッチング機能の増強はスパインスイッチを追加するだけ

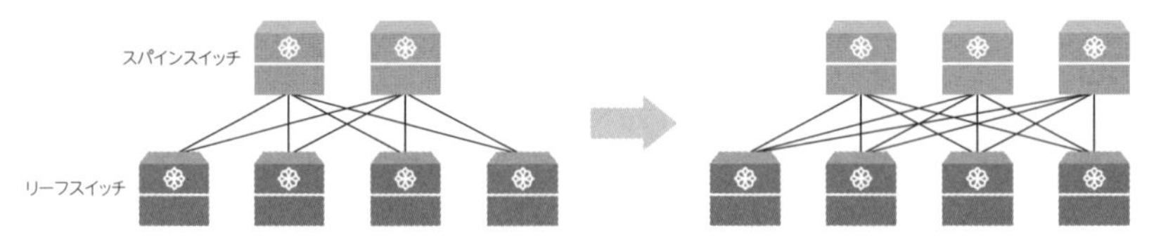

エンドポイントを接続するポートが不足したら、リーフスイッチを追加すれば済みます。

■ポートが不足したらリーフスイッチを追加するだけ

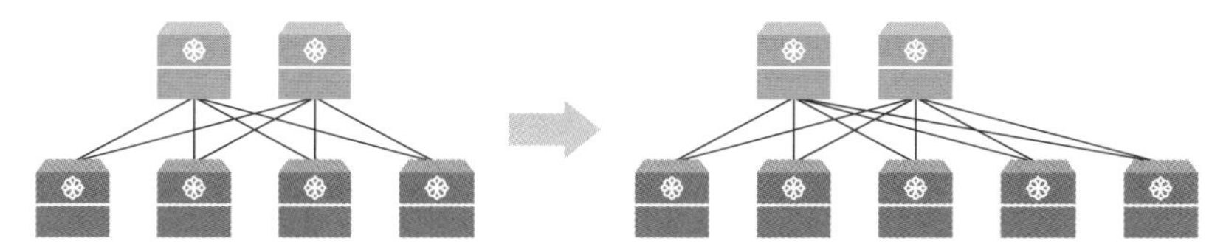

　ファブリックネットワークを利用すると、SDNコントローラーが１つの巨大な論理スイッチにつながっているかのように制御することができます。

■ファブリックネットワークを1つの論理スイッチのように制御できる

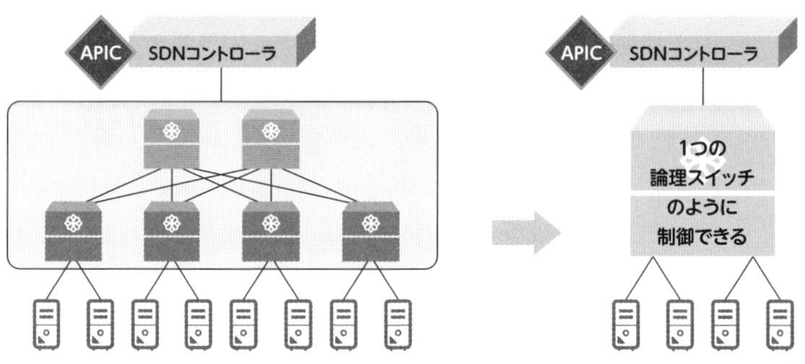

「論理スイッチ」とは「仮想的なスイッチ」という意味と同じです。
(STEP3-1.9　サーバの仮想化)

標準編
STEP
3-6.2

重要度 ★★★

アンダーレイとオーバーレイ

異なるレイヤ3ネットワーク上で論理的なレイヤ2ネットワークを作成する!?

ポイントはココ!!

- SDNのファブリックネットワークは**アンダーレイネットワーク**と**オーバーレイネットワーク**で構成されている。
- オーバーレイネットワークは**VXLAN**と**LISP**という技術で成立している。
- オーバーレイネットワークでは、物理的なレイヤ3ネットワークをまたいで論理的なレイヤ2ネットワークが構築されている。
- 論理的なレイヤ2ネットワークのおかげで、バーチャルマシンを移動させてもIPアドレスはそのまま使用できる。

●学習と試験対策のコツ

CCNAの学習の最終部分ですが、学習者がとても混乱する項目です。この項目のポイントは「オーバーレイネットワークでは、物理的なレイヤ3ネットワークをまたいで論理的なレイヤ2ネットワークが構築されている」という文章を納得できるかどうかです。もちろんこの文章を丸暗記してもまったく意味はないですよ。

考えてみよう

サーバの仮想化が発展している近年ではバーチャルマシン（VM）間の大量の通信が発生したり、物理サーバ間でVMを移動させるたりすることが非常に多くなってきました。このような水平的な通信を効率よく行うために、3階層設計モデルではなくファブリックネットワークが採用されているのですね。しかし、まだ問題があります。ある物理サーバから別の物理サーバへVMを移動させることは簡単にできますが、そこに問題はないでしょうか？　次の図を見てください。

今、SV3でVMを稼働させるための物理リソースが足りなくなってきました。そこで物理リソースに余裕のあるSV1にVMを移動させようと思います。しかし、SV3とSV1はそもそも別のネットワークに属しているため、VMを移動させると

■物理サーバ間をVMが移動するときの問題

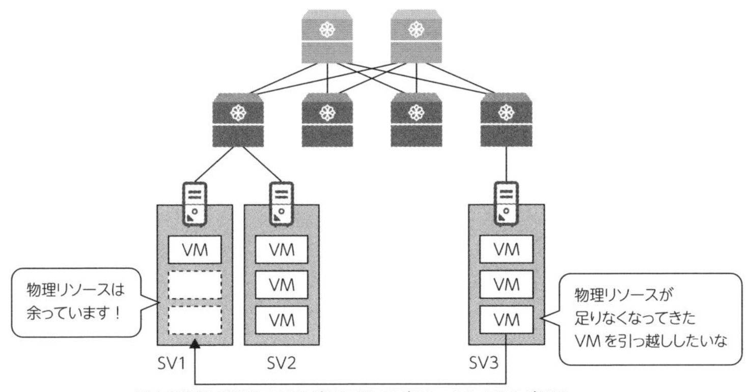

VMのIPアドレスも変わってしまいます。サービスを提供しているVMのIPアドレスが頻繁に変わってしまっては、設定の変更が大変です。ファブリックネットワークではどのようにしてこの問題を解決しているのでしょうか？

「物理リソースが足りない」という意味をちゃんと理解していますか？
「1台の物理サーバ」「複数の仮想サーバ」という言葉を利用して説明できればOKです！　忘れている人はSTEP3-1.9に戻りましょう！

1　SDNで採用されているネットワーク構成

■アンダーレイネットワークとオーバレイネットワーク

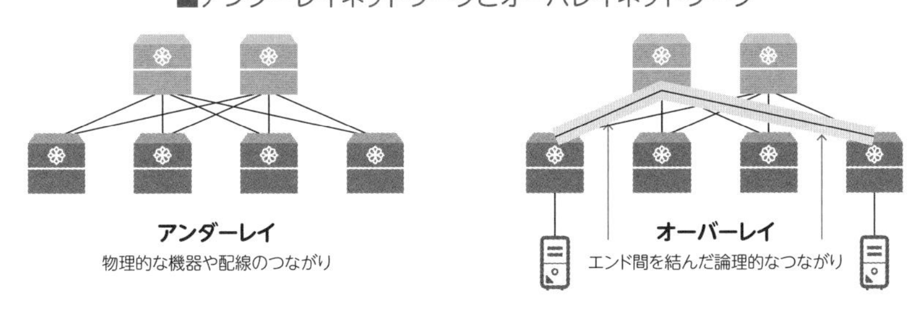

SDNのファブリックネットワークでは、**アンダーレイネットワーク**と**オーバーレイネットワーク**という２つの考え方を採用しています。アンダーレイネット

ワークとは物理ネットワークのことで、物理的な機器や配線のことをさします。オーバーレイネットワークとは、アンダーレイネットワーク上に構築される論理的なネットワークのことです。SDNではオーバーレイネットワークを制御することによって、柔軟なネットワーク管理を可能にしています。

動画講義あります!

2 L3ネットワーク上に論理的なL2ネットワークを構築する

学習者の多くが「わからん！」となるのがこの部分です。まず結論から確認しておきましょう。VMのIPアドレスが変わってしまうのはネットワーク（L3）をまたいでいるからです。１つのネットワーク（L2）の中での移動であればIPアドレス（ネットワークアドレス）は変わりませんね。つまり、物理的に異なるレイヤ３ネットワークでも、論理的なL2ネットワークのように扱うことができればよいのです。

■論理的なL2ネットワークを構築すれば同じIPアドレスを使い続けることができる

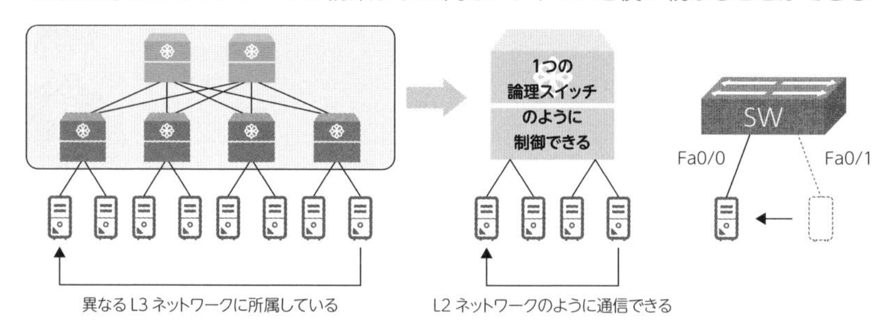

このように、レイヤ３ネットワーク上に論理的なL2ネットワークを構築して通信を可能にする技術に**VXLAN**（Virtual eXtensible LAN：ブイエックスラン）と**LISP**（Locator/ID Separation Protocol）があります。これらはオーバーレイネットワークを構成する主要機能です。物理サーバ間でVMを移動させても、VMは同じIPアドレスを使い続けることができます。なぜなら（論理的な）L2ネットワークの中を移動しただけですから。

図中の右の例のように、サーバをFa0/1からFa0/2につなぎ変えても、レイヤ２ネットワーク内での移動なのでIPアドレスは変わりません。VXLANやLISPはこれと同じようなことを大規模にやっているのです。

索　引

数字

A－D

E－I

L－Q

R－W

あ

い

う

え

お

か

き

く

こ

本書を読み終えてからどういう対策をすべきか

皆さん、ここまでの学習お疲れさまでした！知識ゼロの状態から最後の自動化とプログラマビリティ（STEP3-6）まで読み進められたことは、とてもすごいことです。本書では、入門書には記載されていない内容で、技術書の記載では難しすぎるような項目を丁寧に解説してきました。「意外とできるかも！」と思ってもらえたでしょうか？

さて、本書を読み終えた皆さんは、ネットワーク技術やCCNA試験に関する基本的な学力が身についているはずです。今後の学習では技術書などの専門的な書籍を活用できるようになっていることでしょう。ここでは、本書で扱わなかった学習項目の紹介と、今後のおすすめの勉強方法を紹介しますね。

▶本書で扱わなかった主な学習項目

次に紹介する学習項目は本書では扱わなかった項目ですが、**これらを理解するための前提知識はすべて本書で説明しましたので安心してください。**本書で説明した知識が木の幹だとすると、下記の項目はほとんどが枝葉にあたる細かい知識になります。基本的には暗記項目ばかりですので、CCNA試験に向けてどんどん覚えていってください。

1.ネットワーク基礎

・ケーブルの種類

・ケーブルの問題の特定（コリジョン、デュプレックスのミスマッチ）

・クライアントOS（Windows、Mac OS、Linux）のIPパラメータの確認

・ワイヤレスの原理

2.ネットワークアクセス

・CDPとLLDP

・ワイヤレスLAN

3.IPコネクティビティ

（基本的な項目はすべて本書で扱いました）

4.IPサービス

・SSHを使用したリモートアクセスの設定

・TFTP/FTPの機能の説明

5.セキュリティ基礎

・ワイヤレスセキュリティプロトコル（WPA、WPA2、および WPA3）

6.自動化とプログラマビリティ

・RESTベースAPIの特徴の説明

・構成管理ツール（Puppet、Chef、Ansible）

・JSONエンコードデータの解釈

▶今後のおすすめの勉強方法

●技術書で知識の補充

本書で扱わなかった項目を技術書や試験対策などの書籍で補充する方法です。シスコ機器の操作コマンドなども紹介されている書籍を選ぶとよいでしょう。これらの書籍を活用する場合は、最初から読み進めるのではなく、未学習の項目を抽出して辞書的に利用すると効率がよくなります。本書を読み終えた皆さんであれば、技術書でもこの方法で十分に理解できるはずです。

●ウズウズカレッジのYouTubeチャンネルで知識の補充

ウズウズカレッジでは、IT分野のリスキリング、就職活動をサポートするためのYouTubeチャンネルを運営しています。CCNA試験対策の動画講義も多数掲載していますのでぜひご活用ください。右ページのQRコードからウズウズカレッジのサイトにアクセスして詳細をご確認ください。

●ウズウズカレッジの動画講義で知識の補充

ウズウズカレッジでは、CCNA合格講座という動画講義を販売しています。動画講義では、本書で扱っている内容はもちろん、CCNA試験に合格できるレベルまで学習を進めることができます。シミュレータを利用したハンズオンのレッスンなども完備しています。右ページのQRコードからウズウズカレッジのサイトにアクセスして詳細をご確認ください。

●インターネットで知識の補充

インターネットにはCCNAの試験対策に関する情報がたくさんあります。未学習の項目を検索して知識を補充していきましょう。ただし有料の技術書や動画講義に比べて、自分で検索する手間がかかる分、学習効率は下がってしまいます。

●ウズウズカレッジのウズカレテストで問題演習

ウズウズカレッジが提供している問題演習サイト「ウズカレテスト」では、CCNAに関する基本問題や試験想定問題に無料で取り組むことができます。登録不要でも利用できますが、アカウントを作成すると学習履歴を残すことができるようになります。下記のQRコードからウズウズカレッジのサイトにアクセスして詳細をご確認ください。

▶ウズウズカレッジのサイトにアクセスして学習を進めよう

［編者紹介］

ウズウズカレッジ

IT 分野での転職・リスキリング・スキルアップを目的としている方向けの学習支援サービス。IT 学習用の動画教材や講師による個別指導サポートを提供しており、サービス利用者は累計 5 万人を超える。動画教材は受講生から最高レベルの評価を得ており、ベストセラーにもなっている。個人ユーザーだけでなく企業研修や公共事業でも多くの実績があり、IT 分野の大企業でも新入社員研修の教材として活用されている。ウズウズカレッジの教材は「誰でもわかる」「勉強しやすい」をコンセプトにし、IT 業界未経験者でもストレスなく学習できる教材設計となっている。

Site：https://uzuz-college.jp/　　YouTube：https://www.youtube.com/@UZUZCOLLEGE/featured

河合 大輔（執筆）

元中学校社会科教諭。教員時代に Excel VBA を独学し業務を自動化。ウズウズカレッジでは IT 教材や社内システムの開発を担当。学習者の学力を把握することに長けており、知識がゼロの学習者でも無理なく学習を進められるようなカリキュラムを設計する。

浦川 晃（執筆・監修）

ネットワーク構築やシステム開発の現場を経験後、現在は書籍やテキストの執筆、エンジニア育成の指導にあたる。業界未経験の初学者を合格に導く指導は定評がある。講義は CCNA や LPIC、Azure に加えて、プログラミングや情報処理技術者試験（IT パスポート～応用情報）などマルチにこなす。本書では監修も行う。

●本書の内容に関するお問合わせについて

本書の内容に誤りと思われるところがありましたらまずは，小社ブックスサイト（jitsumu.hondana.jp）中の本書ページ内の訂正表をご確認ください。訂正表がない場合は，書名，発行年月，お客様のお名前，連絡先と該当箇所の具体的な誤りの内容・理由等をご記入のうえ，メールにてお問い合わせください。

実務教育出版第二編集部問合せ窓口 e-mail:jitsumu_2hen@jitsumu.co.jp

【ご注意】

＊電話での問い合わせは一切受け付けておりません。

＊内容の正誤以外のお問合わせにはお答えできません。

本文デザイン・図版制作・DTP：Isshiki
イラスト：kikii クリモト
装丁：マツヤマ チヒロ

基礎からわかる！ CCNA 最短合格講義

2023 年 10 月 5 日　初版第 1 刷発行　　＜検印省略＞

編　者　ウズウズカレッジ
執筆者　河合大輔／浦川晃
発行者　小山隆之
発行所　株式会社実務教育出版
〒 163-8671 東京都新宿区新宿 1-1-12
編集　☎ 03-3355-1812　販売　☎ 03-3355-1951
振替　00160-0-78270

印　刷　文化カラー印刷
製　本　東京美術紙工

ISBN：978-4-7889-2034-7 C3055 Printed in Japan
乱丁・落丁本は本社にてお取り替えいたします。